COMPUTER AIDED MANUFACTURING

컴퓨터응용가공
CNC 선반 실무

김화정 저

제1편 CNC 공작기계의 개요 | 제2편 CNC 선반 | 제3편 V-CNC | 제4편 CNC 선반 운전 및 조작
제5편 자격검정 필기 기출 및 예상문제 | 제6편 부록

국가기술자격시험 및 산업현장 실무자의 학습서

예문사

PREFACE

현대 산업사회는 제품의 다양화와 고급화로 부품은 더욱 복잡해지고 고정밀도를 요구하고 있다. 이와 같은 요구를 충족시키기 위해 CNC공작기계도 갈수록 복합화·고기능화되고 있다. 이와 같이 복합화·고기능화된 CNC 공작기계를 원활히 운용하려면 수동 프로그램 작성과 직접 운전할 수 있는 기본 지식을 가지고 있어야 한다.

본 교재는 CNC 선반을 처음 공부하기에 적합하도록 CNC 선반의 기초 이론을 바탕으로 프로그램을 작성하고, CNC 선반을 조작 및 운전할 수 있도록 이론과 실기를 통합하여 산업현장 실무자의 학습서로 활용되도록 다음 사항에 역점을 두고 집필하였다.

1. 본 교재는 많이 보급되어 있는 Fanuc-Series와 Sentrol 기종을 기본으로 단계별 학습이 가능하게 편집하였다.
2. 본 교재의 내용 구성은 프로그램과 가공방법 위주로 단계별로 작성되었으며 각 단원별 관련지식과 보조과제의 수록으로 본 단원을 이해하는 데 도움이 되도록 노력하였다.
3. 본 교재는 프로그램의 이해를 돕도록 가공 단계별로 도면과 프로그램을 수록하였으며, 복합형 고정 Cycle 지령 형식을 11T와 0T로 구분하여 프로그램을 제시하였다.
4. CNC 선반의 공구 세팅에서 가공까지를 Fanuc-Series와 Sentrol 기종으로 각 기계의 공작물 세팅에서 가공까지의 순서를 체계적으로 정리하였다.
5. 대학교재, 산업현장 실무자의 학습서로 국가기술자격 시험 준비에 도움이 되도록 필기와 실기 예상과제, 수검자 유의사항을 수록함으로써 자격검정을 준비하는 수험생에게는 좋은 교재가 될 것이다.

본 교재는 대학 및 산업현장에서 CNC 선반 프로그램과 가공기술의 기초능력을 배양하는 데 중점을 두기 위해 노력하였다. 본 교재의 내용을 충분히 학습하여 컴퓨터응용선반기능사와 컴퓨터응용가공산업기사 국가기술자격을 취득하여 유능한 전문기술인으로 성장할 수 있기를 기대한다.

끝으로 이 책의 출판을 허락해 주신 예문사 출판사의 정용수 사장님과 수고해 주신 직원 여러분께 감사의 말씀을 드린다.

김화정

CONTENTS

PART 01 CNC 공작기계의 개요

CHAPTER 01 CNC의 개요 — 3
- SECTION 01 CNC의 정의 — 3
- SECTION 02 CNC 공작기계의 역사 — 4
- SECTION 03 CNC 공작기계의 특징 및 응용 — 6
  1. CNC 기계의 정보 처리 과정 — 6
  2. CNC 공작기계 작업 특징 — 6
  3. CNC 공작기계의 특징 — 6
- SECTION 04 CNC 공작기계의 경제성 — 7
- SECTION 05 CNC 공작기계의 발전 방향 — 8
  1. 고속화 — 8
  2. 복합화 — 8
  3. 초정밀화 — 9
  4. 자동화 — 9

CHAPTER 02 CNC 시스템의 구성 — 10
- SECTION 01 CNC 시스템의 구성 — 10
  1. CNC 시스템의 구성 — 10
- SECTION 02 서보기구 — 12
  1. 서보기구 — 12
  2. 엔코더(Encoder) — 12
  3. 서보기구의 펄스 지령 방식 — 13

CHAPTER 03 절삭제어방식 — 15
- SECTION 01 위치결정제어방식 — 15
- SECTION 02 직선절삭제어방식 — 16
- SECTION 03 윤곽절삭제어방식 — 17

CHAPTER 04 자동화와 CNC 공작기계   18
- SECTION 01 DNC   18
- SECTION 02 FMC   19
- SECTION 03 FMS   20
- SECTION 04 CIMS   21

CHAPTER 05 CNC 프로그래밍   22
- SECTION 01 CNC 프로그래밍   22
  - 1 CNC 프로그래밍   22
  - 2 가공 계획   22
- SECTION 02 CNC 프로그래밍 방법   23
  - 1 워드(Word)와 블록(Block)   23
- SECTION 03 프로그래밍 기초   25
  - 1 준비 기능(G 기능)   25
  - 2 보조 기능   26
  - 3 서브 및 메인프로그램 호출   26
- SECTION 04 프로그램의 구성   27
  - 1 프로그램 구성의 규칙   27
  - 2 프로그램의 구성   27
  - 3 Block을 나누는 조건   28

PART 02 CNC 선반

CHAPTER 01 CNC 선반의 개요   31
- SECTION 01 CNC 선반의 구성   31
  - 1 주축 방향에 따른 분류   31
  - 2 주축대   32
  - 3 척   33
  - 4 공구대   33
  - 5 심압대   34
  - 6 조작판   35

SECTION 02 선반의 공구 — 36
    1 공구 선택의 중요도 — 36
    2 스로어웨이(Throw Away) 공구 — 37
    3 CNC선반 절삭 공구의 종류 — 37
    4 공구 재료 — 38
    5 CNC선반 공구의 표시법 — 39

SECTION 03 CNC 선반의 절삭조건 — 41
    1 CNC 선반의 절삭 조건 — 41
    2 절삭 저항 — 42
    3 선반가공 절삭 조건표 — 43

CHAPTER 02 CNC 선반 프로그래밍 — 44

SECTION 01 절대좌표와 증분좌표 — 44
    1 절대 지령 방식(Absolute) — 44
    2 증분 지령 방식(Incremental) — 44
    3 절대 지령 방식과 증분 지령 방식의 차이점 — 44

SECTION 02 프로그램 원점과 좌표계 설정 — 45
    1 기계 좌표계 — 46
    2 공작물 좌표계 — 46
    3 기계 좌표계와 절대 좌표계를 이용한 프로그램 비교 — 46
    4 상대 좌표계 — 47
    5 공작물(Work) 좌표계 설정(G50) — 47
    6 원점복귀 — 48
    7 원점복귀Check(G27) — 49
    8 제2, 제3, 제4, 원점복귀(G30) — 50

SECTION 03 주축기능(S) — 51
    1 주속 일정 제어 ON(G96) — 51
    2 주속 일정 제어 OFF(G97) — 52
    3 주축 최고 회전수 지정(G50) — 52

SECTION 04 공구기능(T) — 53
    1 공구 기능 표기 — 53
    2 공구 보정화면 — 53

SECTION 05 이송기능(F) — 55
    1 회전당 이송 — 55
    2 분당 이송(G98) — 55

SECTION 06 보조기능(M) — 57

SECTION 07 준비기능(G) — 58

SECTION 08 위치결정(G00) — 59

SECTION 09 보간기능(G01,G02,G03)	60
① 직선보간(G01)	60
② 원호보간(G02/G03)	60
③ 자동 모떼기 및 코너 R기능	63
SECTION 10 드웰(G04)	65
SECTION 11 공구 보정(G40,G41,G42)	67
① 공구 보정 기능(G40,G41,G42)	67
② 공구 날 끝 번호 및 방향	68
SECTION 12 사이클 가공(G90,G92,G94)	69
① 내,외경 절삭 Cycle(G90)	69
② 단면 절삭 Cycle (G94)	73
③ 나사 절삭 Cycle(G92)	77
SECTION 13 복합 반복 사이클 가공(G70~G76)	80
① 복합형 고정 Cycle(G70~G76)	80
② 내, 외경 황삭 Cycle(G71)	81
③ 정삭 Cycle(G70)	85
④ 단면 황삭 Cycle(G72)	85
⑤ 모방절삭(유형반복) Cycle(G73)	90
⑥ 팩 드릴링(Peck Drilling)가공 Cycle(G74)	94
⑦ 내, 외경 홈가공 Cycle(G75)	98
⑧ 자동 나사 가공 Cycle(G76)	101
SECTION 14 보조 프로그램(M98, M99)	105
SECTION 15 종합 프로그램 공정 이해	106

CHAPTER 03 응용 프로그램   108

SECTION 01 프로그램 따라잡기	108
SECTION 02 프로그램 완성 1단계	120
SECTION 03 프로그램 완성 2단계	132
SECTION 04 내경 가공	152
SECTION 05 프로그램 연습 도면	166
SECTION 06 컴퓨터응용선반기능사 자격검정 실기 예상문제	182

PART 03 V-CNC

CHAPTER 01 V-CNC 실행 및 종료 — 195
1. 실행 — 195
2. 화면구성 — 195
3. 주요 아이콘 — 199

CHAPTER 02 V-CNC 운전 및 조작 — 200
1. 원점복귀 — 200
2. 핸들운전 — 200
3. 반자동운전 — 201
4. 초기화 — 202

CHAPTER 03 V-CNC 작업 과정 — 203
1. 작업과정 — 203
2. 도면 및 NC코드 — 204
3. 가공 시뮬레이션 및 검증 — 206

CHAPTER 04 V-CNC 시뮬레이션 — 213
1. 도면 및 NC코드 — 213
2. 컨트롤러 설정 — 215
3. 공작물 설정 — 216
4. 공구 설정 — 217
5. 원점 설정 — 222
6. NC 입력 — 227
7. NC 수정 및 적용 — 228
8. 가공 시뮬레이션 — 230
9. 공작물 검사 — 231

PART 04 CNC 선반 운전 및 조작

CHAPTER 01 FANUC 컨트롤러의 공구보정방법 ... 237

CHAPTER 02 SENTROL 컨트롤러의 제2원점 설정방법 ... 238

CHAPTER 03 CNC 선반 작동순서[Sentrol] ... 241
    1 실습 1단계 ... 241
    2 실습 2단계 ... 242
    3 실습 3단계 ... 243
    4 실습 4단계 ... 244

CHAPTER 04 CNC 선반 작동순서[FANUC] Series – $0i(i)$ ... 245
    1 실습 1단계 ... 245
    2 실습 2단계 ... 246
    3 실습 3단계 ... 247

CHAPTER 05 CNC 선반 작동순서[FANUC] Series – i ... 249
    1 1단계 : 두산인프라코어 Lynx 200A ... 249
    2 2단계 ... 251

CHAPTER 06 NC DATA 전송 및 그래픽 방법 ... 252
    1 NC DATA 전송 – 프로그램 입력 · 출력 방법 ... 252
    2 그래픽 확인 방법 ... 253
    3 조작기 사용 방법 ... 254

PART 05 자격검정 필기 기출 및 예상문제

CHAPTER 01 필기 예상문제 261

CHAPTER 02 필기 기출문제 283
- SECTION 01 컴퓨터응용선반기능사 283
- SECTION 02 컴퓨터응용선반기능사 298
- SECTION 03 컴퓨터응용선반기능사 311
- SECTION 04 컴퓨터응용선반기능사 324
- SECTION 05 컴퓨터응용선반기능사 336
- SECTION 06 컴퓨터응용선반기능사 350

PART 06 부록

- SECTION 01 컴퓨터응용선반기능사 실기 문제 367
- SECTION 02 수험자 유의사항 368
  - 1 요구사항 368
  - 2 유의사항 369
  - 3 공통사항 369
- SECTION 03 나사 가공 절입 깊이 371
- SECTION 04 선반 공구의 형상 및 명칭 372
  - 1 선삭용 공구 표시법 373
  - 2 바이트의 종류 373
- SECTION 05 CNC선반의 공구 선정 방법 374
- SECTION 06 공구 손상 및 대책 375
- SECTION 07 공구 수명 판정법 376
- SECTION 08 주요 절삭 공식 377
- SECTION 09 추천 절삭 조건 378
  - 1 재종 대비표 378
  - 2 선삭가공 절삭 조건표 379
- SECTION 10 V-CNC 프로그램 다운로드 및 라이선스 신청 과정 380
  - 1 V-CNC 프로그램 다운로드 380
  - 2 제품 라이선스 신청 381

PART

01

CNC 공작기계의 개요

Chapter 01 | CNC의 개요
Chapter 02 | CNC 시스템의 구성
Chapter 03 | 절삭제어방식
Chapter 04 | 자동화와 CNC 공작기계
Chapter 05 | CNC 프로그래밍

CNC의 개요

SECTION 01 | CNC의 정의

NC(Numerical Control)란 '수치제어 공작기계에서 공작물에 대한 공구의 위치를 그에 대응하는 수치정보로 지령하는 제어'라고 1975년에 제정된 KS B 125에 정의되어 있다.
CNC란 컴퓨터에 의한 수치제어를 의미하며 CNC는 Computerized Numerical Control의 약자입이다.

NC(수치제어 또는 그 장치)는 일종의 전자장치이며, 각종의 논리소자, 기억소자 등을 조합시켜 원하는 기능을 발휘하도록 전자회로를 조립하여 사용하던 것이 시초이다.
그러던 중 컴퓨터의 발달로 인하여 컴퓨터를 내장한 NC가 탄생하였으며 Computerized NC 혹은 Computer NC라고 부르고 이를 간략화하여, CNC라는 말이 만들어지게 되었다.
CNC기계를 구동하기 위해서는 기계에 맞는 프로그램언어가 필요하게 되었으며, 이를 NC Language 또는 NC언어라고 한다.

한편, 머리에 해당하는 CNC장치가 있으므로, 그 손발에 해당하는 구동 기구가 있는데, 이를 서보기구라고 합니다. 서보기구를 이루는 주 구성품은 위치 제어가 가능한 서보모터이다.
CNC기계는 위의 서보기구 외에 솔레노이드 밸브와 공압실린더 등의 공압기기나, 유압기기 등으로 기구를 작동하기도 한다.

그러나 생산 시스템 분야에서 보면, NC 파트 프로그램(Part Program)을 컴퓨터 또는 수동 펀칭기를 사용, NC테이프의 수치정보를 정보처리 회로에서 읽어 지령 펄스열(Pulse Data)로 변환시켜 가공물을 가동하도록 하는 생산 시스템을 말한다.

따라서 CNC 공작기계의 출현은 작업자가 손으로 움직였던 기계의 조작이 자동화됨은 물론이고, 손동작으로는 불가능했던 헬리콥터 날개 등과 같은 형상이 복잡한 부품도 가공할 수 있게 되어, 정밀도 및 기계 제작 능률을 더욱 높일 수 있게 되었다.

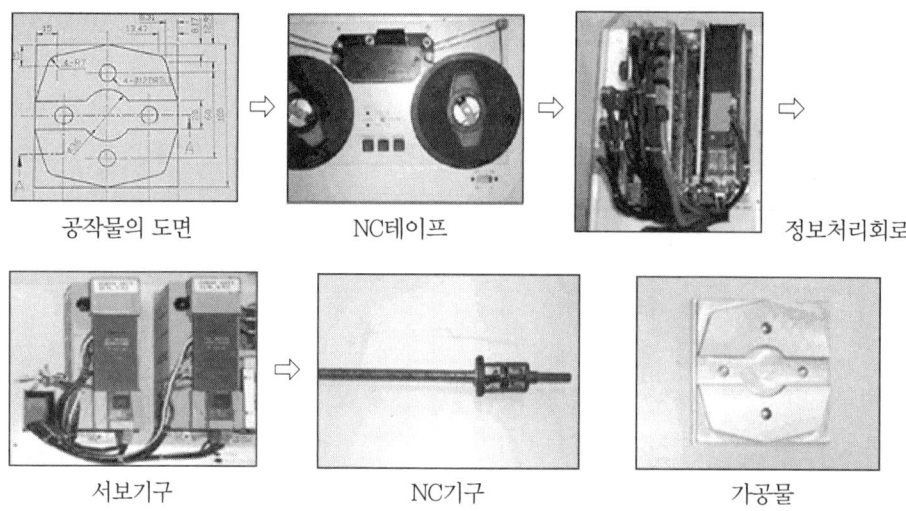

[CNC공작기계의 정보흐름]

위의 그림은 CNC 공작기계의 정보흐름을 나타내는 단면도이다.
종래에는 보통 선반이나 밀링 작업에서 작업자가 도면을 해독하여 절삭조건과 공구의 경로 등을 미리 생각한 후, 수동 또는 자동 조작으로 공작물과 공구를 상대 운동시켜 부품을 가공하였다.

그러나 NC 공작기계에서는 도면을 해독하여 제품의 치수와 가공조건 등을 NC 테이프에 천공한 후 정보처리 회로에 입력시켜 주면, 자동적으로 기계가 가공을 완료하게 된다.

SECTION 02 | CNC 공작기계의 역사

NC의 역사를 보면 제2차 세계대전 이후, 미 공군에서는 복잡한 부품에 대한 고정밀 가공과 이것을 검사할 수 있는 고정밀의 검사용 게이지(Gauge)의 제작에 필요한 고정밀 기계가 요구되었다.

이때, 파슨즈(John. C. Parsons)는 자신이 고안한 NC개념의 공작 기계에 대한 개발을 제안하였고, 그 결과 1948년 미 공군은 파슨즈 회사와 NC의 가능성 조사 연구에 관한 계약을 체결하게 되어, 1949년에는 MIT 공과대학의 연구팀이 참여하여 약 3년간의 연구 끝에 NC 밀링 머신(Milling Machine)을 발표하였다.

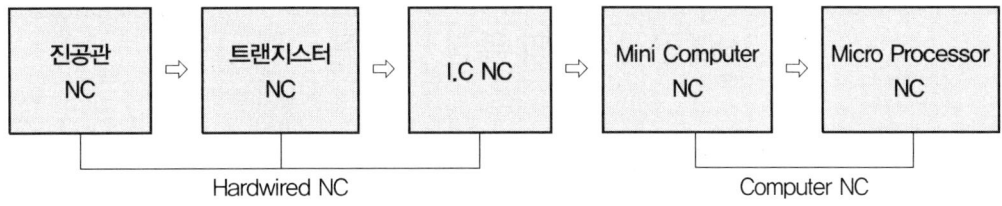

[NC의 발달 과정]

| NC의 개발 과정 |

구분	미국	일본	한국
NC기초 연구시작	• 1947 : John C. Parsons 헬리콥터의 날개제조 중에 착상 • 1948 : 미공군이 Parsons CO.와 NC의 가능성 조사 연구를 계약 • 1949 : Parsons CO.와 MIT에서 연구	• 1955 : 동경 공업 대학에서 NC 공작기계 연구 개시	• 1973 : KIST에서 연구 시작
시제품 생산	• 1952 : MIT에서 최초의 NC공작 기계를 공개 운전	• 1958 : 부사사 NC터릿펀치 Press 개발 • 1958 : 목야 제작소와 부사통가 NC밀링 머신 시제품 개발	• 1976 : KIST의 NC선반 발표
공업화	• 1955 : 최초의 자동 프로그램 시스템 발표	• 1959 : 일립정밀에서 NC밀링머신 생산	• 1977 : 화천기공사에서 WNCL-300을 한국 공작기계전에 출품
상품화	• 1958 : Pratt &Whithey CO. 에서 NC드릴링 발표 • 1960 : 미국 공작 기계전에서 (Chicago Show) NC 기계 출품(5% 약 100대)	• 1960 : 동경 국제 공작기계전에서 NC보링머신을 비롯한 각종 NC 기계 출품	• 1978 : NC 선반 외 2종 27대 수출 • 1979 : NC 선반 외 1종 32대 수출
적응 응용 제어	• 1958 : Kearney &Tecker CO. 에서 머시닝 센터 개발 공개(밀워키 Matic)	• 1961 : 일립제작소 머시닝 센터 1호 개발 • 1964 : 일립 ATC부 머시닝 센터 제작	• 1981 : 통일산업 국산 머시닝 센터 한국 기계전에 출품
군제어 관리	• 1965 : IBM 전국에 NC 공작 기계 5000대 가동, IC의 대량적 사용 • 1965 : Sunderstrand Corp Computer Control "Ommicontro 발표"	• 1968 : 이께가이, 후지쓰와 협력하여 군관리 시스템 개발, 국제 전람회에 마끼노, 히다찌, 미쓰비시 등 ATC부 머시닝센터 출품	• 1981 : KAIST와 미국의 MIT, 일본의 일본공업 기술원과 FMS를 위한 자동 소프트웨어 공동 연구 계획에 대하여 발표

SECTION 03 | CNC 공작기계의 특징 및 응용

1 CNC 기계의 정보 처리 과정

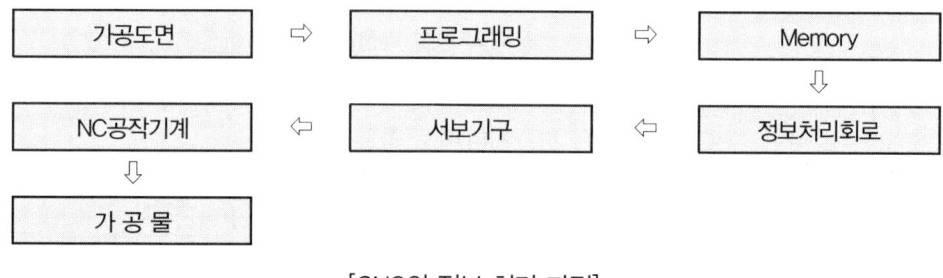

[CNC의 정보 처리 과정]

2 CNC 공작기계 작업 특징

오늘날 CNC는 기계가공을 비롯한 모든 산업분야에 널리 쓰이는데, 최근에는 생산성 향상을 목적으로 CNC 공작기계를 사용하는 경우가 많아졌다.

특히 기계가공에 있어서는 선반, 밀링, 머시닝 센터, 와이어 컷 방전 가공기, 드릴링, 보링, 그라인딩 등의 작업에 널리 이용되고 있다.

그러나 CNC 공작기계에 적합한 작업이 있는 반면에 적합하지 않은 작업도 있는데, CNC 공작기계로 수행하기에 알맞은 작업의 특징은 다음과 같다.

- 부품이 다품종 소량생산이고 기계가동률이 높아야 합니다.
- 부품 형상이 복잡하고 부품에 많은 작업이 수행되어야 합니다.
- 제품의 설계가 비슷하게 변경되는 가공물이어야 합니다.
- 가공물의 오차가 적어야 하고 부품이 비싸서 가공물의 오차가 허용되지 않는 가공물이어야 합니다.
- 부품의 완전 검사를 필요로 하는 가공물이어야 합니다.

3 CNC 공작기계의 특징

① 제품의 균일성을 유지할 수 있다.
② 인간의 수가공에서 생길 수 있는 오차를 줄일 수 있다.
③ 생산성을 향상시킬 수 있다.
④ 제조원가 및 인건비를 절감할 수 있다.

⑤ 특수 공구제작의 불필요로 공구관리비를 절감할 수 있다.
⑥ 작업자의 피로를 줄일 수 있다.
⑦ 제품의 난이성에 비례해서 가공성을 증대시킬 수 있다.

SECTION 04 | CNC 공작기계의 경제성

CNC 기계가 범용기계보다 무조건 경제적이지 않다. 적절한 제품 수량 또는 부품형상이 복잡해짐에 따라 CNC 공작기계의 경제성이 향상된다.

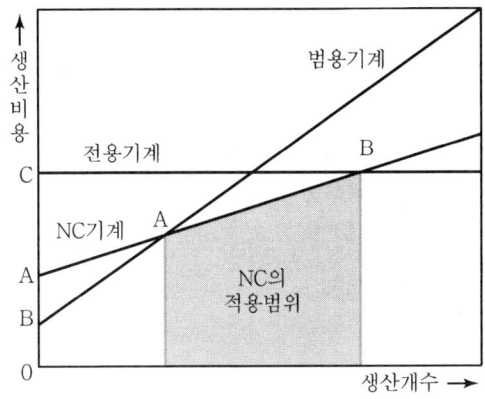

[생산 개수에 따른 적용 범위]

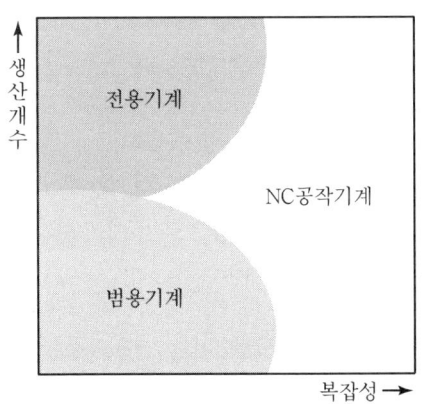

[부품형상이 복잡한 경우]

SECTION 05 | CNC 공작기계의 발전 방향

1 고속화

① 주축 회전수, 이송속도, 생산성 측면에서 공구교환시간의 속도경쟁력 강화
② 특히 머시닝센터의 경우 고속화, 고기능화 경쟁이 치열하다.
③ 주축회전수 : 15,000~25,000rpm
④ 급속 이송속도 : 30~60m/min
⑤ Linear motor를 이용한 이송계의 고속화로 급속이송속도 : 120m/min를 달성할 수 있다.

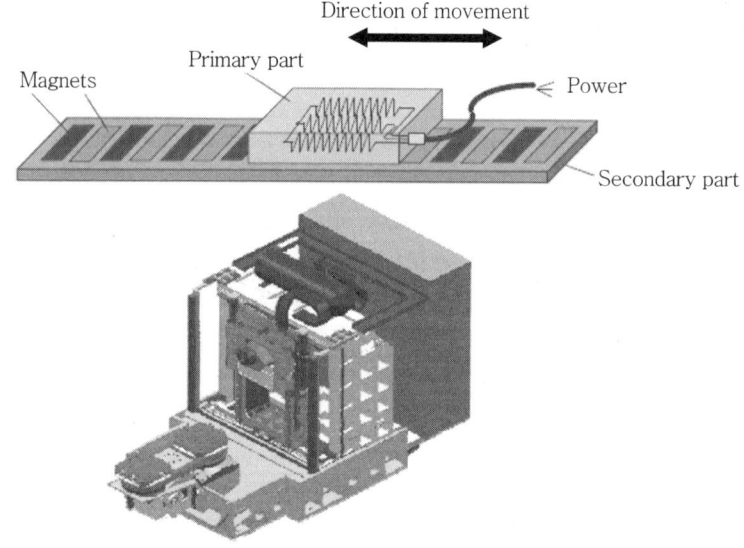

[리니어 모터를 이용한 공작기계의 발전]

2 복합화

① 한 대의 공작기계에서 Turning, Milling 등 다기능을 수행할 수 있는 기계 개발
② 적은 투자비, 복합가공을 동시에 수행함으로써 가공시간을 단축한다.
③ 다품종 소량생산에 적합한 기계의 개발

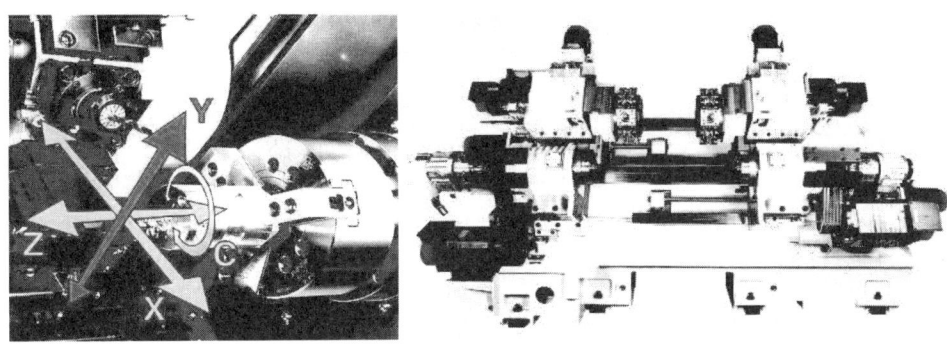

[복합기계의 발달]

③ 초정밀화

① 광학, 반도체, 전자, 통신 등 첨단산업 발전에 따라 초정밀화가 요구됨
② 정밀공작기계의 정밀도 : $2\mu m$ 수준, 초정밀가공기 10nm 수준으로 발달

[초정밀 가공기의 개발]

④ 자동화

① 무인 운전시간을 최대화하는 방향으로 최소의 인원으로 운영이 가능하다.
② Computer와 여러 대의 공작기계를 결합하여 자동화라인을 구축
③ FMS(Flexible Manufacturing System) : 다품종 다량생산에 적합
④ Transfer Line : 소품종 대량생산에 적합(자동차 부품공장 등)

CHAPTER 02 CNC 시스템의 구성

SECTION 01 CNC 시스템의 구성

CNC장치는 마이크로컴퓨터를 내장함으로써 기능이 대폭 향상되었다. 초기에는 가격이 높아 실용화되는 데 어려움이 많았으나 오늘날에는 마이크로프로세서의 발전에 힘입어 RAM(Random Access Memory)과 ROM(Read Only Memory)의 대량 생산으로 급격한 발전을 이루게 되었다.

| RAM과 ROM의 차이점 |

종류	사용 메모리	용도	비고
소프트 가변형	코어 메모리 또는 RAM	전용기 특수용도에 적당	소프트 변경으로 NC 기능 변경이 가능
소프트 고정형	ROM	표준기에 적당	소프트 변경으로 NC 기능 변경이 불가능

1 CNC 시스템의 구성

① 하드웨어(Hardware) : 공작기계본체, 서보기구, 검출기구, 제어용 컴퓨터, 인터페이스 회로 등
② 소프트웨어(Software) : NC공작기계를 구동하기 위한 NC프로그램, 프로그램의 입출력 소프트웨어 등

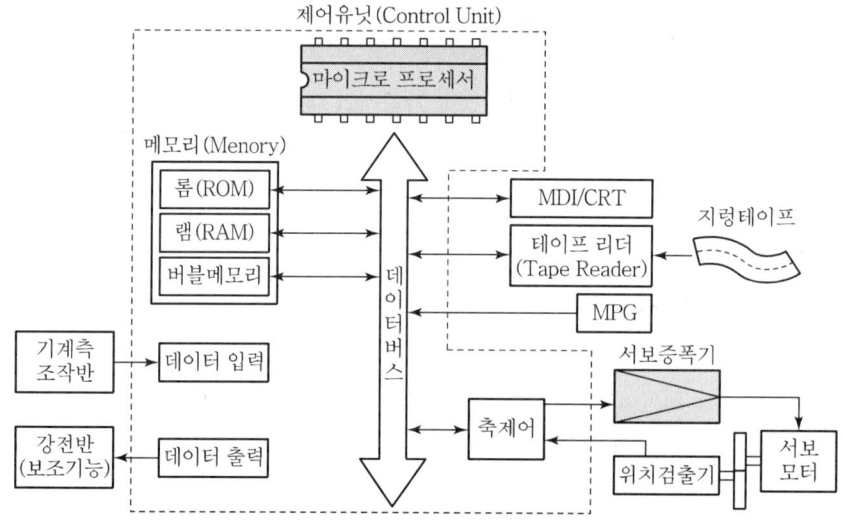

[CNC 시스템의 구성도]

마이크로프로세서 (CPU ; Central Processing Unit)	컴퓨터 전체 동작을 제어하고 명령을 판독하여 실행에 옮기는 역할
위치검출기	CPU에서 지령한 지령 위치와 검출기에서 검출된 기계 위치가 일치하도록 속도 지령 전압을 측정
속도제어	검출기에서의 피드백 신호를 써서 모터의 속도가 지령 속도 값이 되도록 제어
데이터 입출력	기계 측과 CRT/MDI 입출력 신호의 데이터 전송을 제어
MDI/CRT (Manual Data Input /Cathode Ray Tube)	수동 입력과 화면 내용의 표시
버블 메모리(Bubble Memory)	자기 거품을 이용한 기억 소자
고정 기억장치 (ROM ; Read Only Memory)	읽기만 할 수 있는 메모리, 프로그램 수정이나 정수 같은 고정자료, 정보를 기억
등속 호출 기억 장치 (RAM ; Random Access Memory)	읽기 및 쓰기가 가능한 메모리, 입출력 정보나 계산 결과를 기록
수동 펄스 발생기 (MPG ; Manual Pulse Generator)	핸들을 돌려서 펄스를 발생시키는 기능, 이송에서 미세 조정할 때 사용
연결 유닛	기계에 대한 입출력 신호를 제어(데이터 입력, 데이터 출력부)
어드레스 버스/데이터 버스 (Address Bus/Data Bus)	주변 회로의 주소(Address) 및 데이터의 통로

SECTION 02 | 서보기구

서보(Servo)기구는 사람에 비유해 보면 손과 발에 해당하는 부분으로 머리에 해당되는 정보처리회로의 명령에 따라 공작기계의 테이블 등을 움직이는 역할을 담당하며, 정보처리회로에서 지령한 대로 정확히 동작한다.

1 서보기구

구동모터의 회전에 따라 기계본체의 테이블이나 주축헤드가 동작하는 기구를 의미하며 CNC의 움직임에 필요한 기계의 속도와 위치를 동시에 제어하는 것을 말한다.

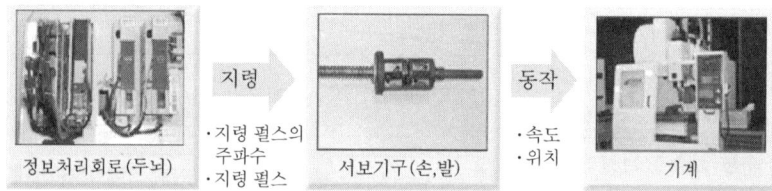

[서보 기구의 역할]

2 엔코더(Encoder)

서보기구의 속도와 위치를 제어하기 위해 엔코더라는 장치를 이용한다. 엔코더는 속도제어와 위치검출을 하는 장치로 일반적으로 모터 뒤에 붙어 있다. 광학식 엔코더의 구조는 발광소자에서 나오는 빛은 회전격자와 고정격자를 통과하고, 수광소자에서 검출한다. 회전격자는 유리로 된 원판에 등 간격으로 분할되어 있다. 분할의 개수는 모터의 명판에 있는 펄스(Pulse)로 알 수 있다.

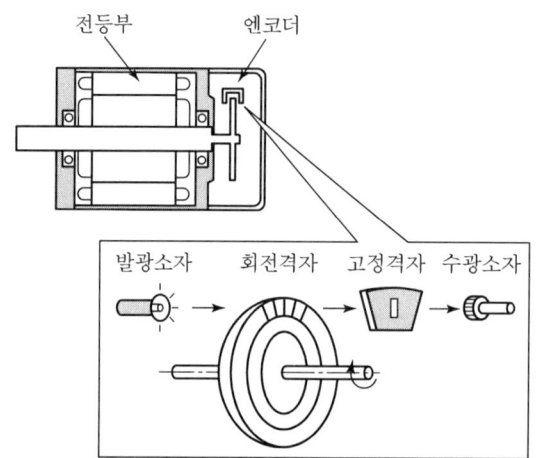

[서보기구의 위치 검출 방식]

❸ 서보기구의 펄스 지령 방식

서보모터는 저속에서도 큰 토크(Torque)와 가속성, 응답성이 우수해야 한다. 서보기구란 구동모터의 회전에 따른 속도와 위치를 피드백(Feed Back)시켜 입력된 양과 출력된 양이 같아지도록 제어할 수 있는 구동기구를 말하며, 피드백 장치의 유무와 검출위치에 따라 개방회로 방식(Open Loop System), 반폐쇄회로 방식(Semi-closed Loop System), 폐쇄회로 방식(Closed Loop System), 복합회로 서보방식(Hybrid Servo System)으로 분류할 수 있다.

1. 개방회로 방식(Open Loop System)

개방회로 방식은 피드백 장치 없이 스태핑 모터를 사용한 방식으로 실용화되었으나 감지기가 현재 위치를 검출하여 비교하는 기능을 없앤 방식으로 정밀도가 낮기 때문에 오늘날 CNC 공작 기계에서는 거의 사용되지 않는다.

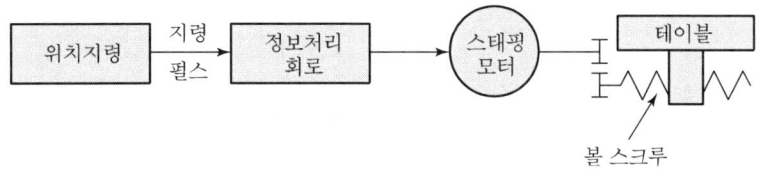

[개방회로 방식]

2. 반폐쇄 회로방식(Semi-closed Loop System)

반폐쇄 회로방식은 AC 서보모터에 내장된 디지털형 검출기인 로터리 엔코더에서 위치정보를 피드백하고, 타코 제너레이터 또는 펄스 제너레이터에서 전류를 피드백하여 속도를 제어하는 방식으로 오늘날 대부분 CNC 공작기계에서는 높은 정밀도의 볼 스크류가 개발되어 있어 대부분 이 방식을 채택하고 있다.

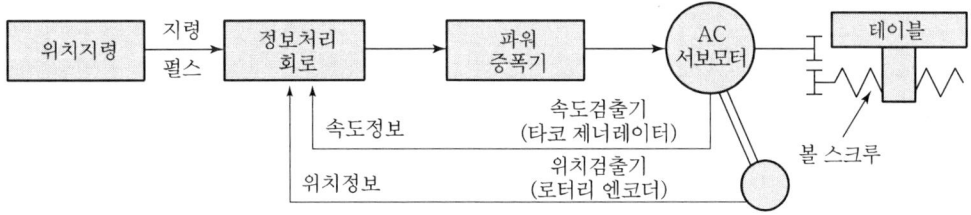

[반폐쇄 회로방식]

3. 폐쇄 회로방식(Closed Loop System)

래크와 피니언에 의하여 구동되는 대형 기계의 정밀도를 해결하기 위하여 고안된 것으로, 서보 모터의 엔코더에서 나오는 펄스열의 주파수로부터 속도를 제어하고, 기계의 테이블에 위치 검출 스케일을 부착하여 위치정보를 피드백시키는 방식이다. 이 방식은 볼 스크루의 백래시양의 변화 등을 정확히 제어할 수 있다는 장점이 있다. 하지만 이 방식은 기계의 강성을 높이고 마찰 상태를 원활하게 하여 비틀림이 없어야 된다. 특별히 정밀도를 요하는 정밀 공작 기계나 대형 기계에 사용된다.

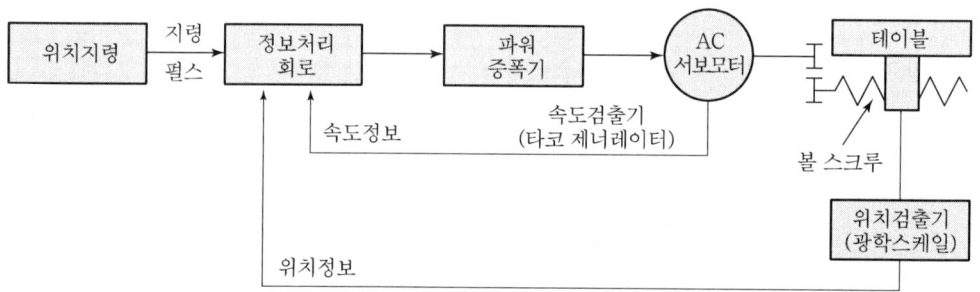

[폐쇄 회로방식]

4. 복합회로 서보 방식(Hybrid Servo System)

복합회로 제어방식은 반폐쇄 및 폐쇄 회로방식을 절충하여 고정밀도로 제어하는 방식으로 정밀도를 향상시킬 수 있어 고정밀도를 요구하는 기계에 많이 사용되고 있다.

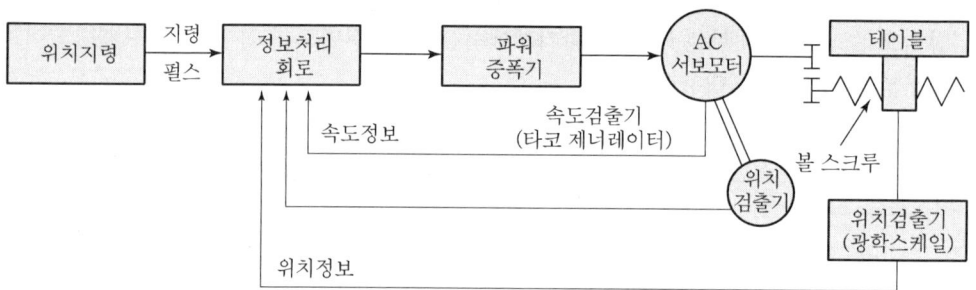

[복합회로 제어방식]

CHAPTER 03 절삭제어방식

SECTION 01 | 위치 결정 제어방식

- 위치 결정 제어는 가장 간단한 제어방식으로 가공물의 위치만을 찾아 제어하게 된다.
- 드릴머신이나 스폿용접 등에 사용되며 위치 이동시에도 가공되지 않고 툴이 가공물 위로 옮겨진 뒤 가공 및 용접하는 형태의 작업이다.

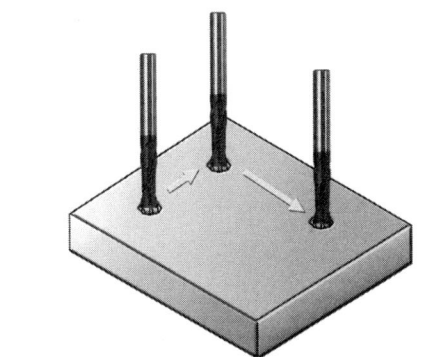

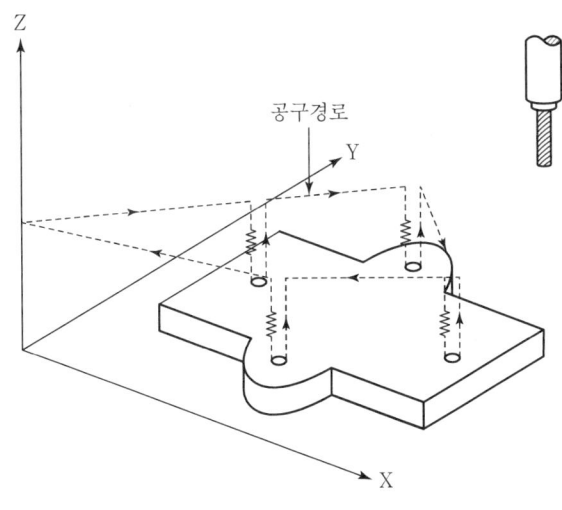

[위치 결정 제어방식]

SECTION 02 | 직선 절삭 제어방식

- 직선 절삭 제어는 이송과 절삭이 동시에 일어나는 제어로서 위치 결정 제어보다 다소 차원은 높으나 직선절삭(X, Y, Z축에 평행) 이외에는 할 수 없는 단점이 있다.
- 주로 선반, 밀링, 보링 머신 등에 사용된다.

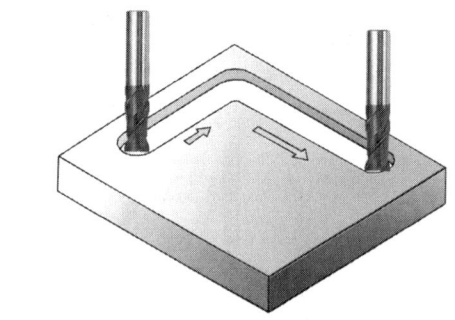

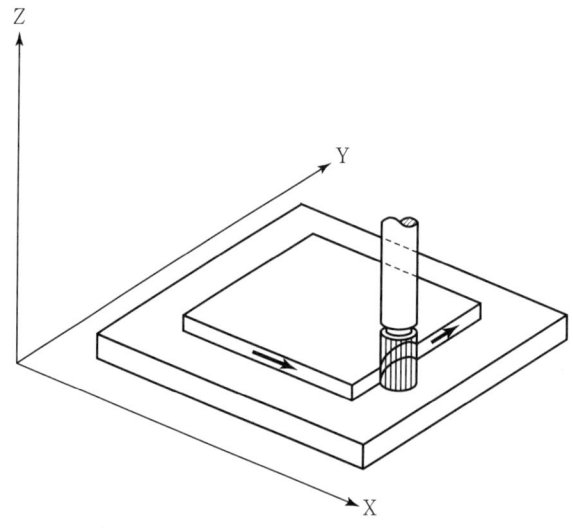

[직선 절삭 제어방식]

SECTION 03 | 윤곽 절삭 제어방식

- 윤곽 절삭 제어는 곡선 등의 복잡한 형상을 연속적으로 제어 할 수 있는 가장 복잡한 시스템으로 점과 점의 위치 결정 및 직선절삭 작업을 할 수 있고, 여러 축의 움직임을 동시에 제어할 수 있어서, 2차원 혹은 3차원 이상의 제어에 사용된다.
- 일반적으로 밀링 작업이 윤곽제어의 가장 대표적인 경우이다.

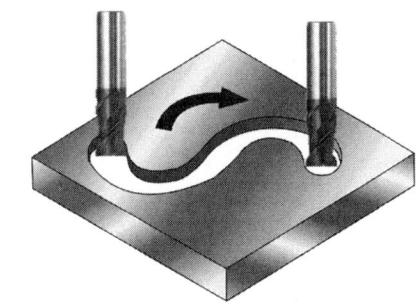

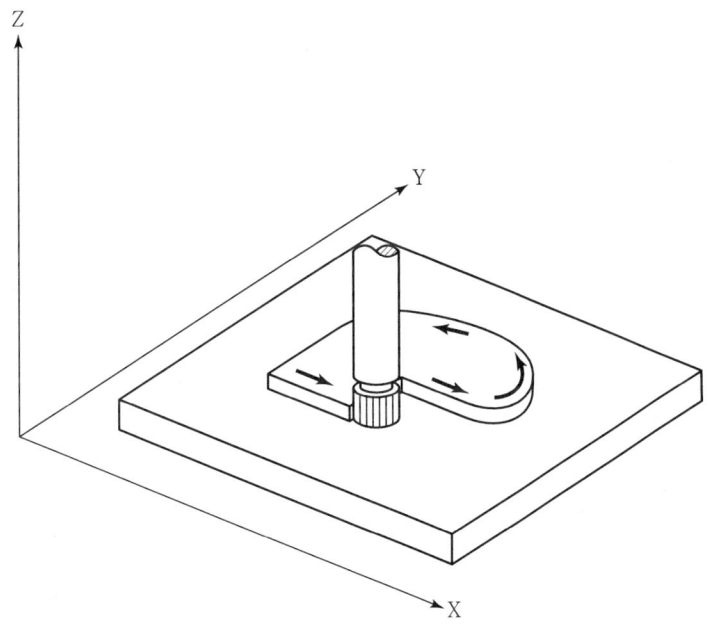

[윤곽 절삭 제어방식]

CHAPTER 04 자동화와 CNC 공작기계

SECTION 01 | DNC

- DNC란 분배수치제어(Distribute Numerical Control)의 약자로서 여러 대의 NC 공작기계를 1대의 컴퓨터에 연결시켜 작업을 수행하는 생산시스템이다. 한 번에 여러 대의 기계를 제어할 수 있는 시스템으로서 오퍼레이터가 여러 대의 기계를 맡아 제어할 수 있는 장점이 있다.
- 따라서 DNC는 공작기계의 작업성 및 생산성을 향상시키는 동시에 이것을 CNC 공작 기계의 그룹으로 시스템화하여 통합 제어 및 관리하는 시스템이다.

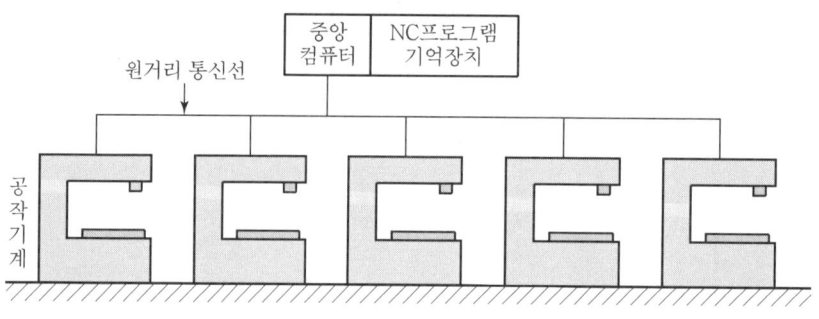

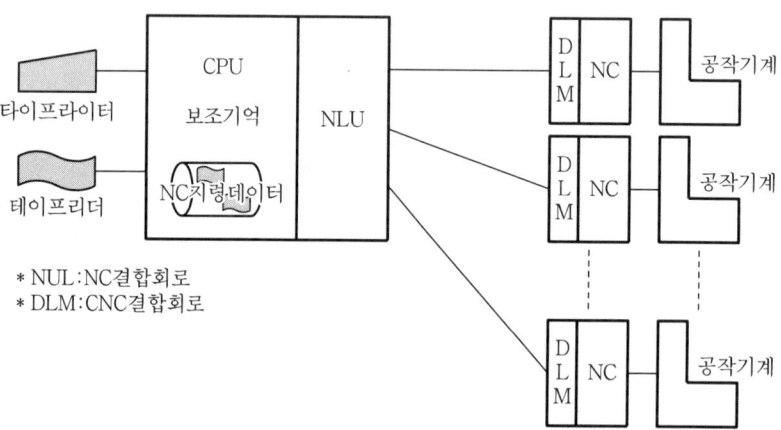

* NUL : NC결합회로
* DLM : CNC결합회로

[DNC 시스템의 구조]

SECTION 02 FMC

- FMC(Flexible Manufacturing Cell)은 유연 가공 셀을 의미한다.
- CNC 공작기계에 공작물의 자동장착 및 이탈 기능, 그리고 부품이송 기능을 첨가하여 하나의 가공 셀을 만든 것으로 하나의 셀에서 한 종류의 작업 완성 가능하기 때문에 생산효율을 높일 수 있다.

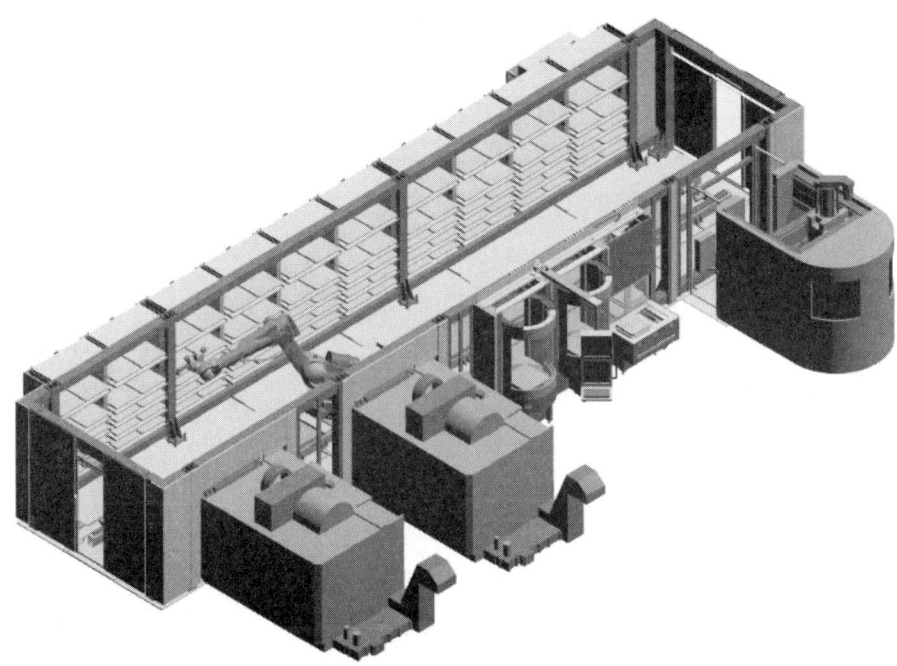

[유연 가공 셀의 구조]

SECTION 03 | FMS

- 유연 생산 시스템(FMS ; Flexible Manufactuaring System)이란 생산 시스템이 취해야 할 새로운 형태로 CNC 공작기계와 산업용 로봇(Robot), 자동 반송 시스템, 자동화 창고 등을 총괄하여 제어하면서 소재의 공급, 투입으로부터 가공, 조립, 출고까지를 관리하는 생산 시스템이다.
- 다품종 소량생산에 적합하며 공장전체 시스템을 무인화하여 생산관리의 효율을 최대로 한 시스템이다.

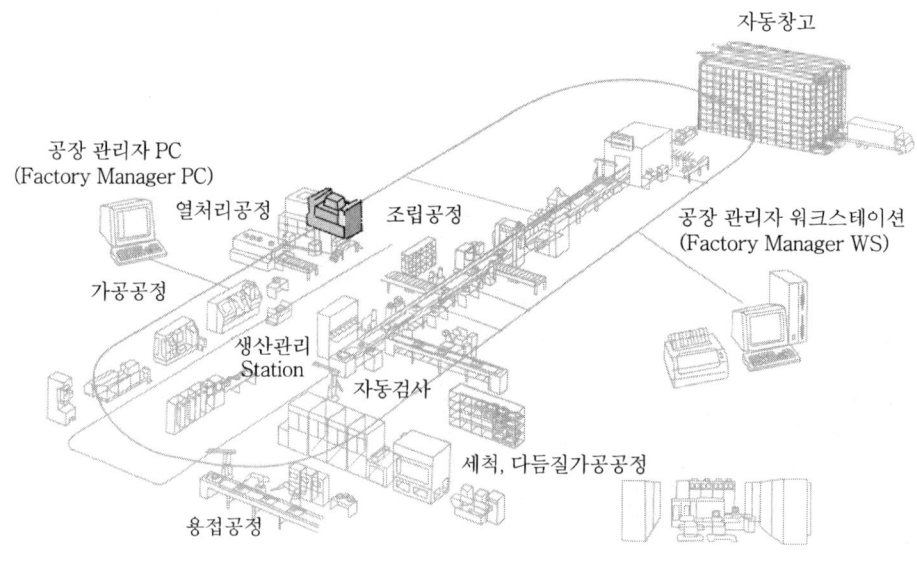

[유연 생산 시스템의 구조]

SECTION 04 | CIMS

- 컴퓨터 통합 생산 시스템(CIMS ; Computer Integrated Manufacturing Systems)으로 생산 활동 전반에 걸친 공정에 컴퓨터 시스템을 이용한 네트워크로 연결함으로써 유기적으로 통합 관리하는 시스템이다.
- 연구 개발, 계획이나 설계, 제조, 생산이나 품질 관리, 고객 관리 등 부분적으로 자동화 및 전산화되어 있는 것을 통신망으로 통합하여 관리함으로써 생산성 향상과 경쟁력을 높일 수 있다.

[컴퓨터 통합 생산 시스템의 구조]

CHAPTER 05 CNC 프로그래밍

SECTION 01 CNC 프로그래밍

1 CNC 프로그래밍

CNC Programming이란 사람이 이해하기 쉽도록 되어 있는 도면을 CNC 장치가 이해할 수 있도록 NC언어(G00, G01, M02, T0101 등)로 표현방식을 바꾸어 주는 작업을 의미한다.

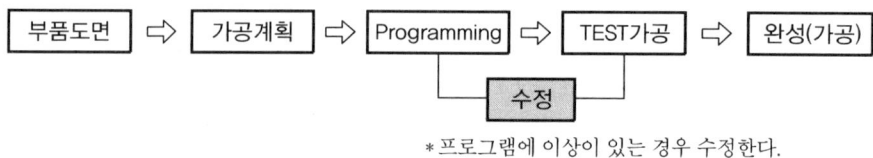

* 프로그램에 이상이 있는 경우 수정한다.

[프로그래밍의 과정]

2 가공 계획

NC 프로그램을 작성할 때 필요한 조건을 미리 결정하는 것이 가공계획이다.
가공계획에 따라 NC 프로그램의 작성 방법 및 순서가 결정된다.

① NC 기계로 가공하는 범위와 사용하는 공작기계의 선정
② 소재의 고정 방법 및 필요한 지그의 선정
③ 절삭순서(공정의 분할, 공구출발점, 황삭과 정삭의 절입량과 공구경로)
④ 절삭공구, Tool Holder의 선정 및 Chucking 방법과 결정(Tooling Sheet의 작성)
⑤ 절삭조건의 결정(주축 회전속도, 이송속도, 절삭유의 사용 유무 등)
⑥ 프로그램의 작성

SECTION 02 | CNC 프로그래밍 방법

1 워드(Word)와 블록(Block)

1. Word의 구조

프로그램의 기본 단위이며 어드레스(Address)의 수치(Data)로 구성된다. 어드레스는 알파벳 (A~Z) 중 한 개로 하고 다음에 수치를 지령한다.
워드 X200.에서는 주소 : X , 수치 200.이 된다.

명령어(Word)의 구조	워드의 선두에는 대문자 알파벳을 하나만 사용할 수 있다	
	Word(명령어)	Address + data
	Address	영문 첫 자(G, F, M, S, T, X, Z)
	data	수치
	ex) G03 , M06 , S800 , T07	

2. Block의 구조

기계의 작업을 나타내는 워드의 집합으로 동시에 수행할 명령들이 한 블록으로 구성된다. 프로그램은 몇 개의 블록(Block)으로 구성되며 동시에 수행할 한 개의 지령 절은 EOB(End Of Block)으로 끝내어 한 절을 구성한다.

Block의 구조	하나 또는 여러 개의 명령어 묶음 블록 끝에는 항상 ; (EOB)를 붙여야 한다. ; (EOB)가 없으면 블록이 계속되고 있다는 뜻
	ex) : G01 S1200 T03 ;
	N__ G__ X__ Z__ F__ S__ T__ M__ ;
	N = 전개번호
	G = X, Z축을 제어하는 명령어(준비기능)
	X = X축을 제어, Z = Z축을 제어
	F = 축의 이송속도를 제어
	S = 주축의 회전수를 제어
	T = 공구를 호출 및 교환
	M = 기계보조장치를 제어

3. 기본 주소(address)

영문 대문자(A~Z) 중 1개로 표시

기능	주소	의미
프로그램 번호	O	프로그램 번호
전개 번호	N	명령절 전개 번호(작업순서)
준비기능	G	이동형태(직선, 원호보간 등)
좌표값	X, Y, Z	각 축의 이동 위치(절대방식)
	U, V, W	각 축의 이동 거리와 방향(증분방식)
	R	원호 반지름, 코너 R
	I, J, K	원호 중심의 각 축 성분
	A, B, C	부가 축의 이동
이송기능	F	이송 속도, 나사의 리드
	E	나사의 리드
주축기능	S	주축의 회전수, 절삭속도
공구기능	T	공구번호, 공구보정번호
보조기능	M	기계의 보조장치 ON/OFF
일시정지	P, U, X	이송 정지 시간 지정
보조 프로그램 호출	P	보조 프로그램 번호지정
명령절 전개 번호	P, Q	복합 고정 사이클에서 시작과 종료
반복 횟수	L	보조 프로그램의 반복 횟수
매개변수 (파라미터)	A	각도
	D, I, K	절입량, 횟수

SECTION 03 | 프로그래밍 기초

1 준비 기능(G 기능)

G 기능(G, Preparation Function)이라고 하며 어드레스 "G" 이하 2단의 수치로서 구성되어 그 Block의 명령이나 어떤 의미를 지시한다.

▶ 준비기능(G Function) – FANUC 0T

표준 G-Code	특수 G-Code	군(Group)	기능
▶ G00 G01 G02 G03	G00 G01 G02 G03	01	위치결정(급속이송) 직선보간 원호보간 CW(시계방향) 원호보간 CCW(반시계방향)
G04	G04	00	휴지(Dwell)
G20 ▶ G21	G20 G21	06	인치자료 입력	미리자료 입력
▶ G22 G23	G22 G23	04	내장 행정한계 유효(축 간섭 체크 ON) 내장 행정한계 유효(축 간섭 체크 OFF)
G27 G28 G29 G30	G27 G28 G29 G30	00	기계원점 복귀 점검 자동원점 복귀 원점으로부터의 귀환 제2원점 복귀
G32	G33	01	나사가공
▶ G40 G41 G42	G40 G41 G42	07	공구인선반경 보정취소 왼쪽 인선반경 보정 오른쪽 인선반경 보정
G50 G70 G71 G72 G73 G74 G75 G76	G92 G70 G71 G72 G73 G74 G75 G76	00	가공좌표계 설정/주축 최고회전수 설정 복합 반복주기(다듬 절삭 사이클) 복합 반복주기(내·외경 거친 절삭 사이클) 복합 반복주기(단면 거친 절삭 사이클) 복합 반복주기(유형 반복 사이클) 복합 반복주기(Z 방향 팩 드릴링) 복합 반복주기(X 방향 홈 파기) 복합 반복주기(나사 가공 사이클)
G90 G92 G94	G77 G78 G79	01	고정주기(내·외경 가공 사이클) 고정주기(나사 가공 사이클) 고정주기(단면 가공 사이클)
G96 ▶ G97	G96 ▶ G97	02	원주속도 일정제어(mm/min) 원주속도 일정제어 취소, rpm 지정
G98 ▶ G99	G94 G95	05	분당 이송속도 지정(mm/min) 주축 회전당 이송속도 지정(mm/rev)
	G90 G91	03	절대방식 프로그래밍 증분방식 프로그래밍

주) ① ▶ 표시 지령은 전원공급시 바로 유효한 초기상태의 모달지령이다.
② 일반적으로 선반에서는 표준 G코드를 많이 사용하며 파라미터의 설정에 따라 특수 G코드를 선택할 수도 있다.

2 보조기능

보조기능(M, Miscellaneous Function) 주축의 시동, 정지, 프로그램의 스톱, 절삭유의 ON/OFF 등의 기계의 동작을 보조해주는 기능이다. 보조기능에 대해서는 KS로 규정되어 있다.

M-Code	기능	M-Code	기능
M00	프로그램 정지(Program Stop)	M09	절삭유 Off(Coolant Off)
M01	선택 정지(Optional Stop)	M13	척 풀림(Chuck Unclamp)
M02	프로그램 종료(Program End)	M14	심압대 스핀들 전진 (Tail Stock Extend)
M03	주축 정회전 (Main Spindle Forward)	M15	심압대 스핀들 후진 (Tail Stock Retract)
M04	주축 역회전 (Main Spindle Reverse)	M17	머신 로크 (Machine Look Act)
M05	주축 정지 (Main Spindle Stop)	M18	머신 로크 취소 (Machine Look Cancel)
M07	고압절삭유 On (High Pressure Coolant On)	M30	프로그램 종료 & 첫머리로 되돌아감 (Program End & Rewind)
M08	절삭유 On (Coolant On)		

3 서브 및 메인프로그램 호출

M-Code	기능	비고
M98	Sub Program 호출 M98 P□□□□ △△△△ → 보조 프로그램 번호 → 반복횟수(생략하면 1회)	
M99	Main Program 호출(Sub Program 종료) ① 보조 프로그램의 끝을 나타내며 주 프로그램으로 되돌아간다. ② 분기 지령을 할 수 있다. M99 P□□□□ → 분기하고자 하는 시퀀스 번호	

SECTION 04 | 프로그램의 구성

1 프로그램 구성의 규칙

① 한 Block에서 Word의 개수는 제한이 없다.
② Sequence 번호는 생략 가능하며 순서에 제한이 없다.
③ 한 Block내에서 같은 내용의 Word를 2개 이상 지령하면 앞의 Word는 무시되고 뒤에 지령된 Word가 실행된다.
  (예 X : N01 G00 X10. M08 M09 ; 가 실행되면 M08은 무시되고 M09가 실행된다.)
④ 블록의 구성 순서에 따라 프로그램을 작성함으로써 도중에 Word를 빼먹는 경우가 없고 다음에 수정할 때 정확하게 수정 할 수 있다.
⑤ 기타 사용하는 R, I, K, C, Q 등의 Word는 적당한 위치(Z와 F 사이)에 입력할 수 있다.

2 프로그램의 구성

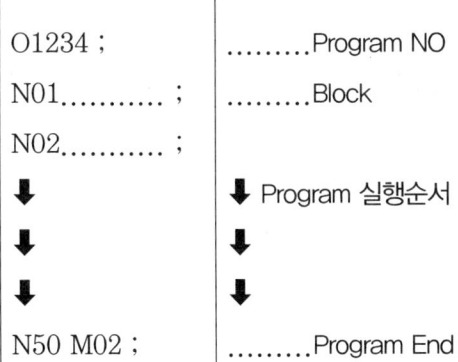

[주의]
Program은 Block 단위의 순차적인 실행순으로 작성
- 하나의 Program은 Address "O"부터 "M02"까지이며 Block의 개수는 제한이 없다.
- Program 마지막에는 M02를 사용하지만 M30이나 M99를 사용할 수 있다.(단, Sub program의 마지막에는 M99 이외는 사용 불가)

❸ Block을 나누는 조건

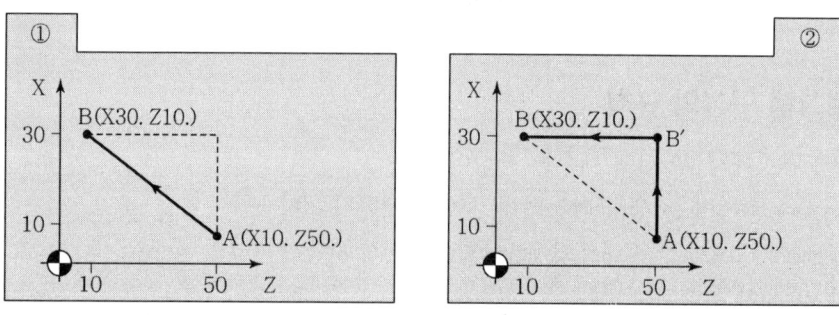

[블록의 구성에 따른 이동방식의 차이]

①의 경우 A점에서 B점을 최단거리로 이동시키고자 할 때 사용한다.
블록의 구성 : A → B : N01 G01 X30. Z10. F0.15 ;

②의 경우 A지점에서 B지점으로 이동 후 다시 B지점으로 이동한다.
블록의 구성 : A → B′ N01 G01 X30. F0.15 ;
         B′→ B N02 Z10. ;

즉, 프로그램의 구성에서 절삭가공의 Block을 나누는 조건은 공구경로에 따라서 결정된다. 프로그램의 작성에 대한 방법은 제3장에서 진행하도록 한다.

P A R T

02

CNC 선반

Chapter 01 | CNC 선반의 개요
Chapter 02 | CNC 선반 프로그래밍
Chapter 03 | 응용 프로그램

CHAPTER 01 CNC 선반의 개요

SECTION 01 | CNC 선반의 구성

1 주축 방향에 따른 분류

① 주축이 수평 방향 : CNC 선반

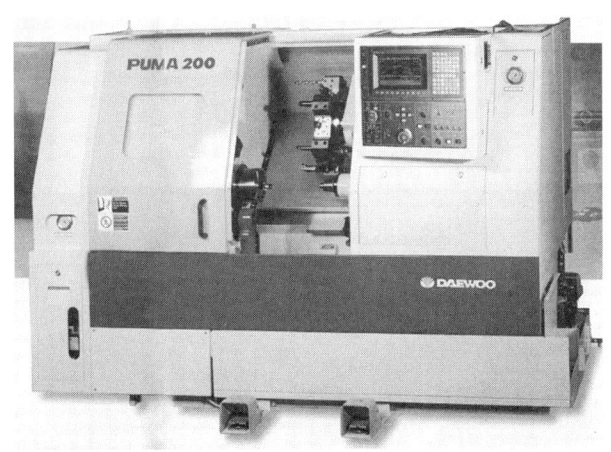

② 주축이 수직 방향 : 터닝센터

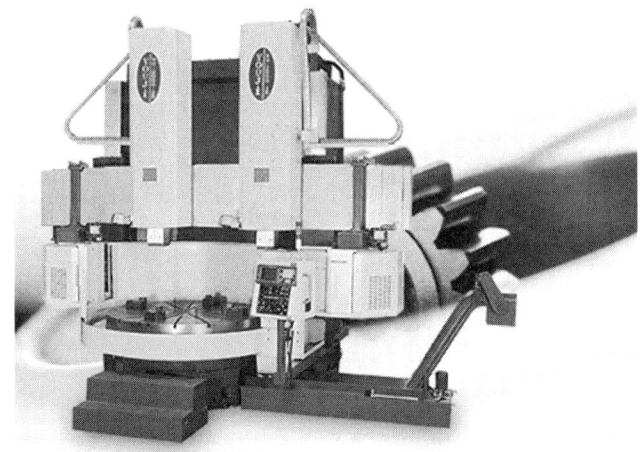

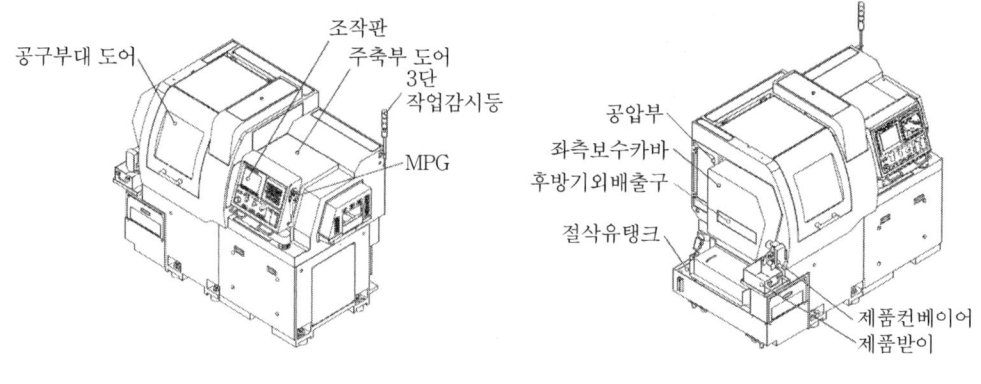

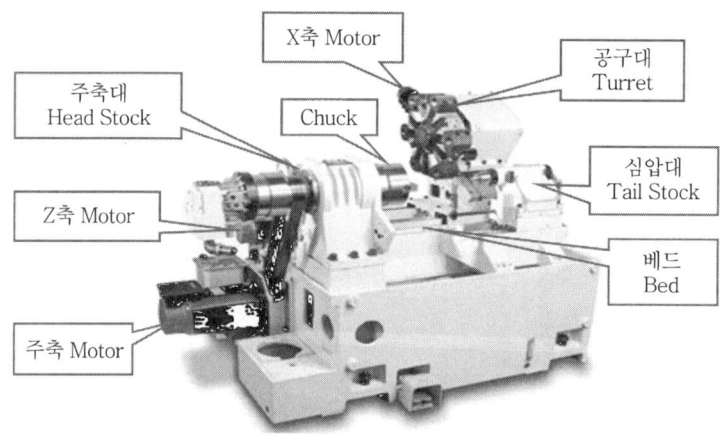

[CNC 선반의 구조]

CNC 선반은 범용선반(수동 선반)에 컨트롤러(Controller)를 장착한 공작기계이다. CNC 선반이 범용선반과 다른 것은 CNC 선반은 프로그램에 의해 자동으로 각종 부품을 가공할 수 있다는 점이다.

전자장치인 컨트롤러는 기계를 작동시킬 수 있는 CNC 시스템 프로그램, PLC 프로그램, 서보모터 등으로 구성되어 있다. 기계본체로는 범용선반의 구조와 유사하게 구성되어 주축대(Head Stock), 척(Chuck), 회전 공구대(Turret), 심압대(Tail stock), 베드(Bed), 왕복대, 이송장치, 유압장치 등으로 구성되어 있다.

2 주축대

① 주축대는 스핀들 서보모터(Spindle Servo Motor)의 회전을 벨트 및 변환 기어를 통해 스핀들(Spindle) 선단에 있는 척(Chuck)을 회전시키고, 척에 물린 공작물을 회전시킬 수 있는 시스템을 의미한다.

② 일반적으로 주축의 회전은 무단변속으로 회전수를 프로그램에 의해 지령하고, 변속장치가 없는 소형기계와 변속장치가 있는 중형 이상의 기계가 있다. 그리고 벨트 전동으로 슬립이 발생되는 문제를 해결하는 포지션 코더(Position Coder)가 설치되어 실제 공작물의 회전수를 검출한다.
③ 최근에 개발된 공작기계용 빌트인(Built In) 모터는 스핀들과 모터가 결합된 형태로 정밀 고속 가공용 공작기계에 많이 적용되고 있다.

[주축대]

3 척

주축대 선단에 부착되어 공작물을 고정하는 척은 유압으로 작동하는 유압척과 공기압력으로 작동하는 공압척 및 특수척이 사용되고있다. 척 조(Chuck Jaw)를 작동시키는 실린더는 로터리 실린더를 사용하여 공작물 회전중에도 공작물 물림압력이 저하되지 않는다. 공작물의 형상이나 재질에 따라 척의 압력을 조절하여 공작물이 변형되지 않고 이탈하는 것을 방지할 수 있고, 척 조의 종류로는 열처리된 하드 조(Hard Jaw)와 공작물의 형상에 따라 가공하여 사용할 수 있는 소프트 조(Soft Jaw)가 있다.

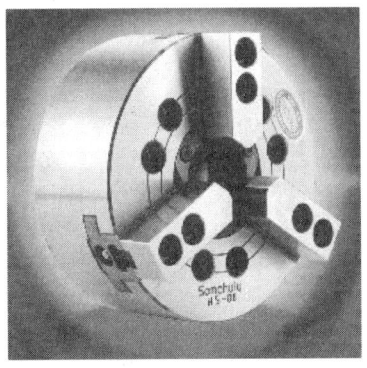

[주축대의 척]

4 공구대

① 범용선반에 사용되는 공구대(Tool Post)와 같이 공구를 장착하는 기계장치로서 회전 공구대(Turret)와 갱(Gang)타입 공구대가 있다.
② 회전 공구대는 회전 드럼에 각종 공구를 장착하여 프로그램에 의해 선택하여 사용한다. 일반적으로 사용되는 회전 드럼의 분할 수는 4~12개이고, 매회 공구선택의 위치 정밀도는 회전 공구대 내부의 큐빅 커플링(Cubic Coupling)에 의해 정밀한 위치를 결정을 하게 구성되어 있다.
③ 갱타입 공구대는 회전 공구대가 없이 테이블 위에 나열식으로 공구를 설치하여 고정시킨 방식으로 공구선택 회전시간을 줄일 수 있어 공정수가 적은 소형제품의 대량생산에 적합하며 소형 CNC 선반에서 많이 적용되고 있다.
④ 하지만 공작물과 공구의 간섭 때문에 공구를 많이 설치할 수 없고, X축의 이동량이 많아 X축의 정밀도 저하가 발생된다.

[공구대]

5 심압대

① 심압대(Tail Stock)의 사용은 가늘고 긴 공작물이나 척에 고정된 상태가 불안한 축(Shaft) 종류의 공작물을 가공할 때 휨 현상이나 떨림 및 이탈되는 것을 방지하기 위하여 공작물 원주 중심을 지지하는 장치이다.
② 심압대 스핀들의 회전 센터(Live Center)를 끼워 공작물을 지지한다. 범용선반과 달리 유압이나 공기압을 사용하여 공작물을 지지하기 때문에 드릴과 같은 공구를 끼워 사용할 수 없다.

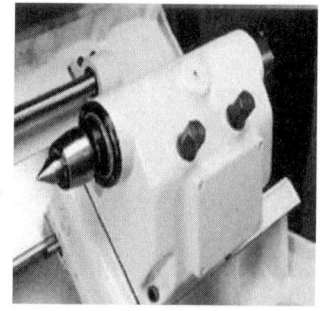

[심압대]

6 조작판

① 조작판은 기계를 조작할 수 있는 모든 스위치가 집결되어 있는 곳이다. CNC 시스템을 조작할 수 있는 DKU(Display Keyboard Unit) 및 모드 스위치, 기타 조작과 연관 스위치가 있다.
② 조작판은 같은 컨트롤러(Controller)를 사용해도 공작기계 메이커에 따라 스위치(Switch) 모양과 종류, 조작방법 등은 다르다. 그러나 메이커와 기계 종류에 따라서 조작방법은 다소 차이가 있겠지만 조작 방법에 대한 순서는 동일하여 한가지의 모델만 익혀두면 전혀 다른 메이커의 기계를 접해도 어려움 없이 조작할 수 있다.

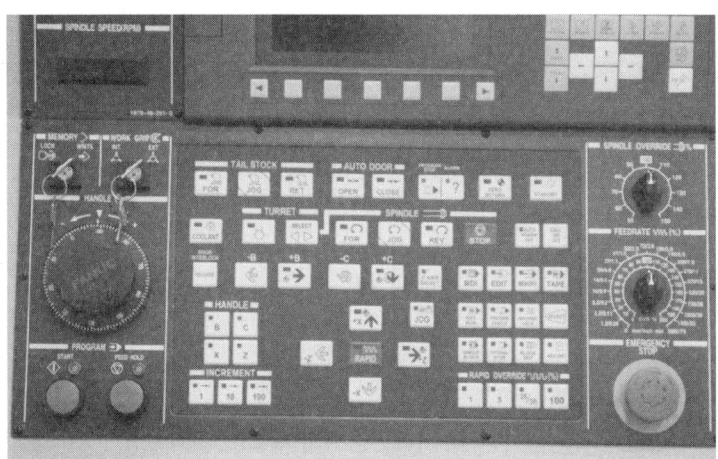

SECTION 02 | CNC 선반의 공구

1 공구 선택의 중요도

① CNC 선반을 효율적으로 이용하려면 최적의 CNC프로그램작성과 더불어 가공 조건에 적합한 공구의 선정 및 최적의 절삭조건을 선택하는 것이 매우 중요하다.
② 그러므로 절삭 공구 재료의 종류별 특성과 용도에 대하여 이해하는 것은 매우 중요한 일이다.
③ 절삭공구가 갖추어야 할 조건은 내마멸성과 인성을 갖고 있어야 하는데, 이 두 가지 성질을 나타내는 기준치는 각각 경도와 항절력으로서 내마멸성이 좋으며 경도가 높고 항절력이 크면 인성이 좋다는 의미이다.

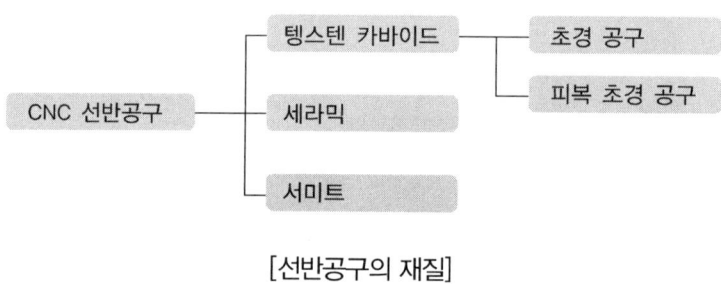

[선반공구의 재질]

절삭 공구가 갖추어야 할 조건으로는 아래와 같다.
① 내마멸성과 인성이 우수할 것
② 고온 경도와 항절력이 클 것
③ 마찰계수가 적을 것
④ 염가이며 구입이 용이할 것

❷ 스로어웨이 공구

스로어웨이(Throw Away) 공구란 가공시 사용되는 공구의 팁 부분을 교체하여 사용할 수 있도록 고안된 공구이다. 마모된 공구의 팁을 연삭하는 것보다 새로운 것으로 바꾸는 것이 경제적이므로 스로어웨이(Throw Away : 폐기하다)란 이름이 붙어 사용되고 있으며 공구 교환의 호환성이 높고 공구 마모의 불균일 방지목적으로 사용한다.

[스로어웨이 공구]

❸ CNC 선반 절삭 공구의 종류

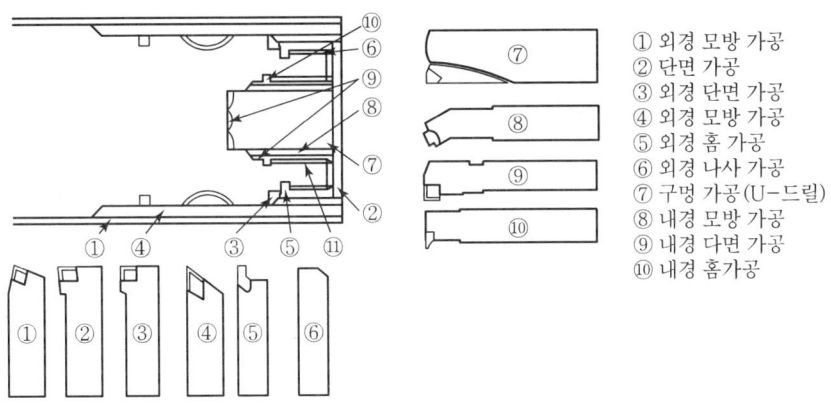

① 외경 모방 가공
② 단면 가공
③ 외경 단면 가공
④ 외경 모방 가공
⑤ 외경 홈 가공
⑥ 외경 나사 가공
⑦ 구멍 가공(U-드릴)
⑧ 내경 모방 가공
⑨ 내경 다면 가공
⑩ 내경 홈가공

[가공 방법에 따른 공구의 종류]

CNC 선반 절삭용 공구에는 여러 가지가 있는데 각각의 가공에 따라서 바이트의 종류와 특성이 달라지게 된다.

4 공구 재료

고속도 공구강, 주조경질합금, 초경합금, 서멧(Cermet), 세라믹 등이 사용되며 생산성 향상 및 자동화 라인을 구축하는 데에는 적절한 공구 선정이 필수이다.

1. 인서트의 크기

가공이 가능한 최소의 크기를 선정하며 최대 절삭 깊이는 날끝 길이의 1/2 정도가 좋다. 날끝 반지름이 커지면 강도 및 공구수명이 증가하고 표면 조도도 좋아지므로 가능한 날끝 반지름이 큰 것을 선정한다.

$$R ≒ 2 \sim 5 \times f (f : 이송량 mm/rev)$$

2. 인서트 팁의 재종별 특성

공구의 절삭날 부분인 인서트 팁은 재종별로 특성이 모두 다르나 요즘에는 서멧공구를 주로 이용하고 있다.

(1) 피복 초경합금
① 초경합금 위에 보다 강도가 높은 Tic, Tin, Al_2O_3 등을 $5 \sim 10 \mu m$의 두께로 피복을 한 것이다.
② 인성이 강하고 고온에서 내마모성이 우수하다.

(2) 세라믹
① 알루미나(Al_2O_3)와 질화규소를 주원료로 하여 약간의 금속 산화물과 탄화물을 결합시킨 소결재료이다.
② 고온경도와 내마모성이 초경합금의 2~5배로 고속절삭이 가능하다.
③ 가공면의 조도가 좋으며 공구 수명이 짧지만 칩 브레이커의 다양화가 어렵다.

(3) 서멧(Cermet)
① 세라믹과 금속의 합금재료이다. 금속으로는 Ni, Co, Mo를 사용한다.
② 고속절삭, 공구수명 향상 가공면의 표면조도 향상의 특성이 있다.

3. 칩 브레이커

(1) 칩 브레이커의 역할
① CNC 선반 가공에서 칩 브레이커를 사용하는 목적은 긴 칩(Long Chip)의 발생을 억제하는 것이다.
② 긴 칩이 발생하면 절삭유의 공급을 방해하고, 열이 발생하며, 가공물에 상처를 주어 인서트 팁의 파손을 유발한다.

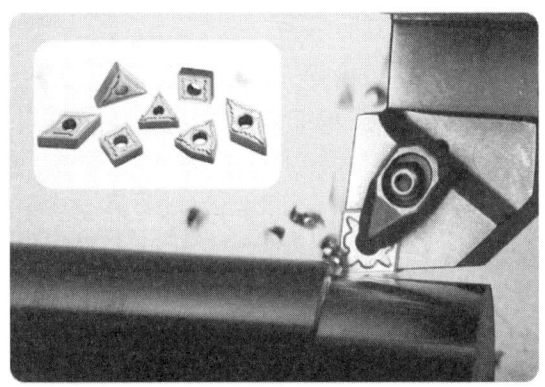

[칩 브레이커]

5 CNC 선반 공구의 표시법

1. 외경 툴 홀더의 규격 선정

절삭과정에서 절삭공구에 절삭력이 걸리게 되면 처짐이 발생하므로 절삭력을 견딜 수 있는 공구의 선정이 중요하다.

툴 홀더의 규격이 정해져 있으므로 다음 표를 참고하여 가공에 적합한 공구를 선정한다.

| 외경 툴 홀더의 규격 |

P	S	K	N	R	25	25	–	M	12
①	②	③	④	⑤	⑥	⑦		⑧	⑨

번호	구분	내용
① P	클램핑 방식	• P : 일반 막깎기용으로 사용 • C : 절삭량이 많은 막깎기용으로 사용 • M : P와 M을 결합, 중 절삭용에 적합 • S : 다듬질 가공, 내경가공용 • W : 모방 절삭에 사용
② S	인서트 팁 형상	원형, 정사각형, 정삼각형, 마름모형 각도가 클수록 강성 증가
③ K	절입각	절입각이 작을수록 공구 수명는 증가하지만 떨림 현상이 발생
④ N	인서트 여유각	여유각이 크면 강도가 저하되고 절삭저항이 감소, 다듬질은 크게 한다.
⑤ R	승수	왼손, 오른손, 중간
⑥ 25	생크 높이	공구 바닥면에서 팁까지의 높이
⑦ 25	생크 폭	높이 직각 방향의 폭
⑧ M	생크 전체 길이	공구의 전체 길이
⑨ 12	절삭날 길이	인서트 팁의 절삭날 길이

2. 인서트 팁의 규격 선정

① 인서트 팁의 모양은 공구 홀더에 적합한 것을 선정하여야 하며 가공물의 재료와 절삭조건에 맞추어 인서트 팁의 재종과 칩 브레이커의 형상을 선정한다.
② 또한, 요구되는 가공 정밀도를 얻을 수 있도록 인선반지름의 크기를 고려해야 한다.
③ 인서트 팁의 코너각이 클수록 강도가 크므로 가능한 한 코너각이 큰 인서트를 선정한다.
④ 인서트의 크기는 절삭이 가능한 범위 내에서 최소의 크기로 하고, 최대 절삭깊이는 인선길이의 1/2 정도를 유지하는 것이 좋다.
⑤ 공구의 인선반지름이 커지면 강도, 공구수명, 표면조도가 향상되므로 가능한 인선반지름이 큰 것이 좋다. 그렇지만 절삭저항이 커지면 떨림이 발생하기 때문에 주의하여야 한다.

| 인서트 팁의 규격 |

T	N	M	G	16	04	08	B25
①	②	③	④	⑤	⑥	⑦	⑧

번호	구분	내용
① T	인서트 팁 형상	R, S, T, C, E, D, V, W, L, K의 10개 형상이 있음
② N	인서트 팁 여유각	여유각이 크면 강도가 저하되고 절삭저항이 감소. 다듬질은 크게 한다.
③ M	공차	팁의 공차를 표시
④ G	단면 형상	인서트의 단면 형상을 나타냄
⑤ 16	절삭날 길이	날의 길이
⑥ 04	인서트 두께	내접원 크기
⑦ 08	날 끝 R	날 끝 반지름
⑧ B25	칩 브레이커	칩 브레이커의 형상

SECTION 03 | CNC 선반의 절삭 조건

1 CNC 선반의 절삭 조건

CNC 선반의 절삭 조건은 절삭 속도, 이송 속도, 절삭 깊이가 있으며 일감의 치수 정밀도와 표면 거칠기는 바이트의 각도와 모양뿐만 아니라, 절삭 조건, 절삭 유제 등의 영향을 받는다. 즉, 절삭 조건을 정확히 선택하지 못할 때에는 가공 표면 거칠기, 치수 정밀도가 나빠지고, 바이트의 수명도 짧아지며, 절삭 능률도 떨어진다.

1. 절삭 속도

절삭 속도는 바이트에 대한 일감의 원둘레 또는 표면 속도이며, 선반 가공의 경우에는 깎일 일감의 표면위에서 측정한다. 다음은 절삭 속도와 주축 회전수에 관한 식이다.

$$V = \frac{\pi DN}{1,000} (\text{m/min})$$

여기서, N : 주축 회전수(rpm), V : 절삭속도(m/min), D : 직경(mm)

절삭 속도는 표면 거칠기, 절삭 능률, 바이트의 수명 등을 좌우하는 중요한 요소로서, 절삭 속도가 클수록 표면거칠기는 좋아지고, 절삭 시간도 단축된다. 그러나 절삭 속도의 증가와 함께 절삭 온도가 높아지고, 바이트의 수명이 급격히 떨어진다.

보통 작업에서는 바이트의 수명이 60~120분이 되도록 절삭 속도를 선택하여, 이것을 경제적 절삭 속도라 한다.

2. 이송

이송은 일감의 매 회전마다 바이트가 길이 방향으로 이동되는 거리이며, 단위는 회전당 이송(mm/rev)으로 나타낸다. 일감의 표면 거칠기는 이론적으로는 이송이 작을수록 좋아지는데, 바이트의 날 끝 모양에 따라서도 큰 영향을 끼친다.

3. 절삭 깊이

절삭 깊이는 바이트로 일감 면을 절삭하는 깊이이며, 절삭 깊이는 절삭할 면에 대해 수직 방향으로 측정하고, 단위는 mm를 사용한다. 원통을 가공할 때에는 일감의 지름이 작아지는 양은 절삭 깊이의 2배가 된다.

4. 절삭 동력

- 절삭 동력$(N) = \dfrac{P_1 \times V}{60 \times 75}[\text{HP}] = \dfrac{P_1 \times V}{60 \times 102}[\text{kW}]$
- 이송 동력$(Nf) = \dfrac{P_2 \times n \times S}{60 \times 75 \times 10^3}[\text{HP}] = \dfrac{P_2 \times n \times S}{60 \times 102 \times 10^3}[\text{kW}]$
- 손실 동력$(Nl) = N - Nn(\dfrac{1-\eta}{\eta})$
- 전소비 동력$(N) = Nn + Nf + Nl$

　　여기서, P_1 : 주분력, P_2 : 이송 분력, V : 절삭속도, n : 회전수, η : 기계 효율, S : 이송 속도

2 절삭 저항

공구를 이용하여 공작물을 절삭한다는 것은 공작물에 소성변형을 주어 공작물 표면에서 칩을 분리시키는 것이다. 이때 공구는 공작물로부터 큰 저항을 받는데 이것을 절삭 저항이라 한다.

1. 절삭 저항의 3분력

절삭 공구가 공작물 절삭시 공구인선에 주는 힘으로는 아래와 같다.
① 주 분 력(P1) : 절삭운동 방향
② 배 분 력(P3) : 절삭 깊이 방향의 분력
③ 이송분력(P2) : 이송 방향에 평행한 분력
※ P1 : P3 : P2 ≒ 10 : (2~4) : (1~2)

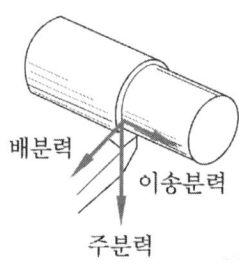

2. 절삭 저항을 변화시키는 요소

① 가공물의 재질 : 단단할수록 크다.
② 공구 날 끝의 모양 : 경사각(30°)까지 커질수록 감소. 직선에 비하여 둥글수록 크다.
③ 절삭 면적 : 클수록 크다.
④ 절사 속도 : 절삭 속도가 클수록 감소한다.

❸ 선반가공 절삭 조건표

재질	구분	절삭속도 V(m/min)	절삭깊이 D(mm)	이송속도 F(mm/rev)	공구재질
탄소강 (인장강도 60kg/mm)	황삭 중삭 정삭 나사 홈가공 센터드릴 드릴	150~180 160~200 200~220 100~120 90~110 1400~2000rpm 25	3~5 2~3 0.2~0.5 - - - -	0.3~0.4 0.3~0.4 0.08~0.2 - 0.05~0.12 0.08~0.15 ~0.2	P10~20 〃 P01~10 P10~20 〃 HSS HSS
합금강 (인장강도 140kg/mm)	황삭 정삭 홈가공	120~140 140~180 70~100	3~4 0.2~0.5 -	0.3~0.4 0.08~0.2 0.05~0.1	P10~20 P01~10 P10~20
주철	황삭 정삭 나사 홈가공 센터드릴 드릴	130~170 150~180 90~110 80~110 1400~2000rpm 25	3~5 0.2~0.5 - - - -	0.3~0.5 0.08~0.2 - 0.06~0.15 0.08~0.15 ~0.2	P10~20 P01~10 P10~20 P10~20 HSS HSS
알루미늄	황삭 정삭 홈가공	400~1000 700~1600 350~1000	2~4 0.2~0.4 -	0.2~0.4 0.08~0.2 0.05~0.15	K10 〃 〃
청동 황동	황삭 정삭 홈가공	150~300 200~500 150~200	3~5 0.2~0.5 -	0.2~0.4 0.08~0.2 0.05~0.15	K10 〃 〃
스테인리스 스틸	황삭 정삭 홈가공	90~130 140~180 60~90	2~3 0.2~0.5 -	0.2~0.35 0.06~0.2 0.05~0.15	P10~20 P01~10 P10~20

주) ① 위 표의 조건은 Coating된 초경 Insert 공구이다.
　② 형상, 각도 및 공구 메이커에 따라 절삭조건이 변경될 수도 있다.

CNC 선반 프로그래밍

SECTION 01 | 절대좌표와 증분좌표

- 좌표에 따른 이송 지령은 좌표축(또는 이송축) 이름과 좌표값 숫자로 구성됩니다.
- 좌표값을 지령하면 축이 그 좌표값으로 이동하게 되는데 지령하는 방식에 따라 절대좌표와 증분좌표로 구분하여 좌표와 값을 입력하게 된다.
- 소수점을 사용하지 않으면, 1/1000mm 단위가 되므로 주의해야 한다.

1 절대 지령 방식(Absolute)

이동 종점의 좌표를 절대좌표계의 위치로 지령하는 방식으로 절대치의 지령 : X, Y, Z, C와 같이 자기 축 이름을 사용합니다.

2 증분 지령 방식(Incremental)

이동시점부터 종점까지의 이동량으로 지령하는 방식으로 증분치의 지령 : U, V, W, H와 같이 각각에 대응하는 증분치 축이름을 사용합니다.

3 절대 지령 방식과 증분 지령 방식의 차이점

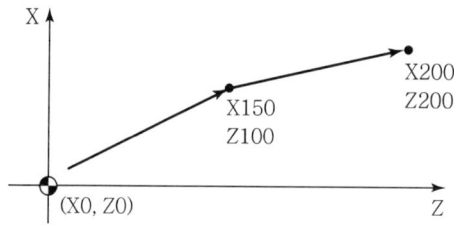

절대 좌표 지령	상대 좌표 지령
G00 X150.0 Z100.0 G00 X200.0 Z200.0	G00 U150.0 W100.0 G00 U50.0 W100.0

SECTION 02 | 프로그램 원점과 좌표계 설정

CNC 선반	공작물 회전
	공구가 X, Z축(2축 사용) 방향으로 이동하면서 가공

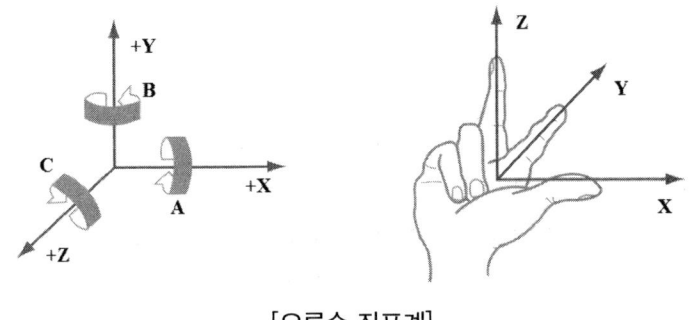

[오른손 좌표계]

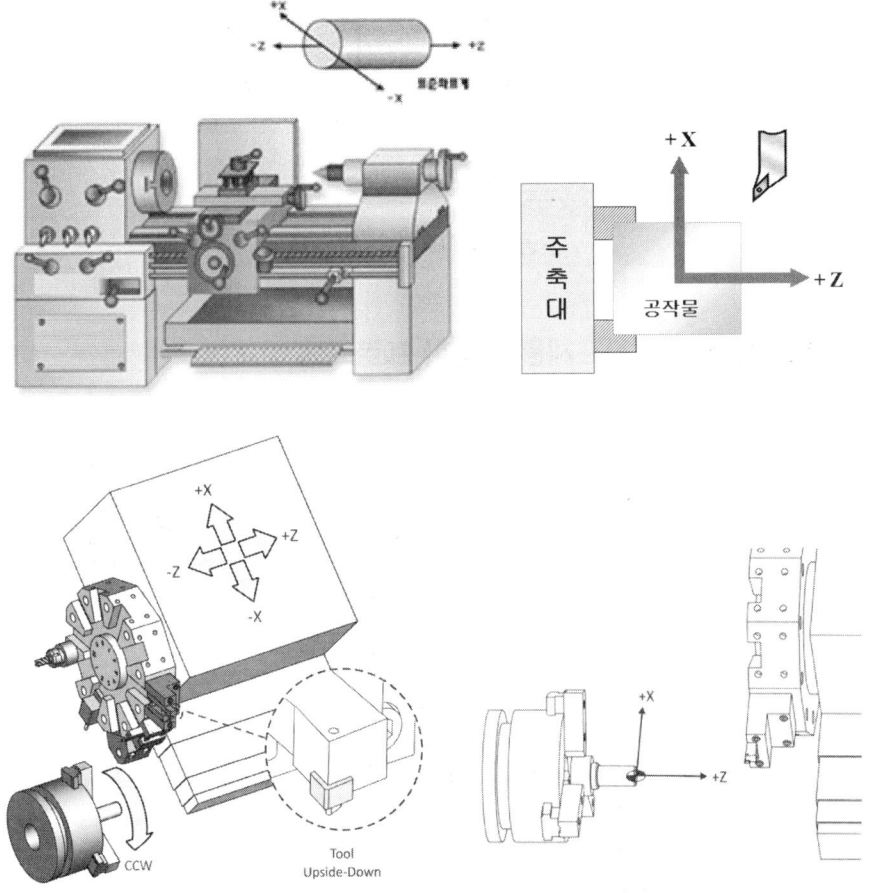

[CNC 선반의 좌표계]

1 기계 좌표계

① 기계의 원점을 기준으로 정한 좌표계로 기계좌표의 설정은 전원 투입 후 원점 복귀 완료 시 그 기준을 정하게 된다.
② 기계에 고정되어 있는 좌표계이고 금지영역(Stored Stroke Limit Over Tarvel, 제2원점) 등의 설정 기준이 되며 기계원점에서 기계 좌표치는 X0. Z0. 이다.
③ 공구의 현재 위치와 기계원점의 거리를 알려고 할 때 사용할 수 있다.

2 공작물 좌표계

① 가공프로그램을 쉽게 작성하기 위하여 공작물 센터(중심)임의의 점을 원점으로 정한 좌표계로 좌표어로는 X, Z를 표시한다.
② G50을 이용하여 각 공작물마다 설정하게 되며 소재의 좌측 끝단 또는 우측 끝단에 설정하지만 통상 우측 끝단을 X0. Z0.으로 설정한다.

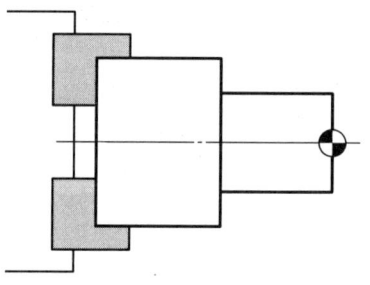

[공작물 좌표계의 원점 위치]

3 기계 좌표계와 절대 좌표계를 이용한 프로그램 비교

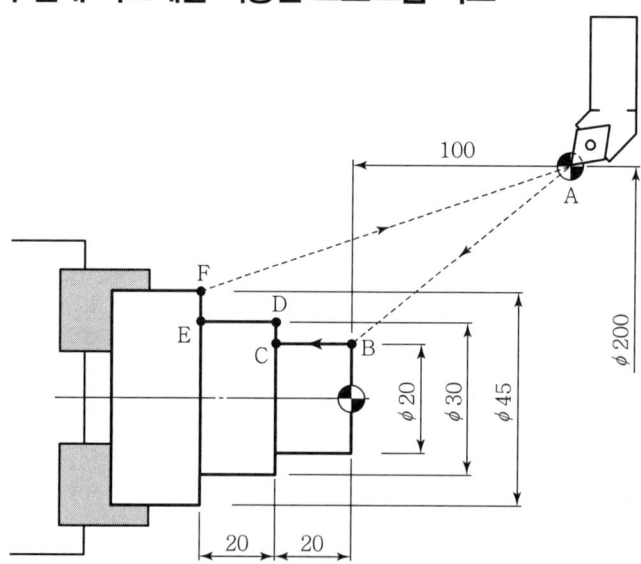

기계 좌표계를 이용한 프로그램	절대 좌표계를 이용한 프로그램
A → B G00 X-200. Z-100. ;	A → B G00 X20. Z0. ;
B → C G01 Z-150. F0.15 M08 ;	B → C G01 Z-20. F0.15 M08 ;
C → D X-170. ;	C → D X30.
D → E Z-140. ;	D → E Z-40. ;
E → F X-155. ;	E → F X45.
F → A G00 X0. Z0. ;	F → A G00 X200. Z100.

4 상대 좌표계

① 상대 좌표계는 증분 좌표계라고도 하며 현재 위치를 원점으로 정한 좌표계로 일시적으로 좌표를 0으로 설정하여 사용한다.
② 공구 세팅이나 간단한 핸들이송 등에 사용한다.

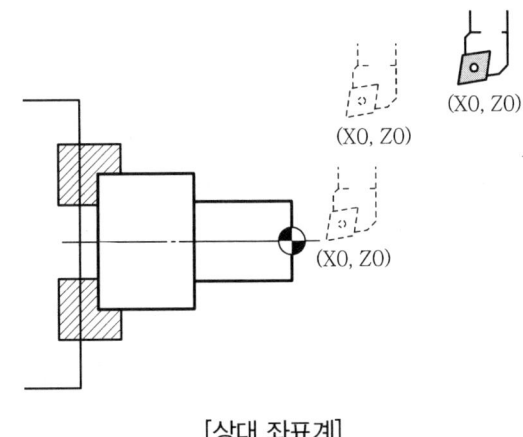

[상대 좌표계]

5 공작물(Work) 좌표계 설정(G50)

제품의 기준을 설정하여 프로그램을 간단하게 작성할 수 있도록 제품의 기준점을 NC 기계에 알려 주는 기능이다.

지령 방법 : | G50 X(U)____ Z(W)____ ; |

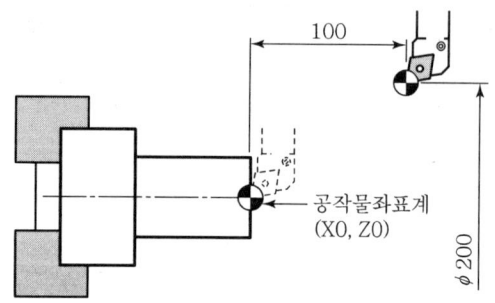

[공작물 좌표계 설정 방법]

현재 공구의 위치가 공작물 원점으로부터 X200. Z100. 위치에 있으므로 "G50 X200. Z100. ; "으로 지령하게 된다.
실제 기계에서는 CNC 선반의 원점으로 복귀하여 기계좌표가 X0.0 Z0.0이 되는 지점부터 공작물 좌표계까지의 거리를 입력하게 된다.

6 원점복귀

① CNC 공작기계는 각 이송축마다 고유의 기계원점(Reference Point)을 가지고 있고, 이 원점은 기계의 기준점으로 공구교환위치나 프로그램에서 수행되는 모든 수치를 결정하는 기준이 된다.
② 원점 복귀 방법에는 조작반의 원점복귀 모드에서 각 축을 지정하는 수동 원점복귀 방법과 프로그램에서 지령하여 원점복귀하는 자동 원점복귀 방법이 있다.
③ 기계원점은 제1원점(원점)이라고 하며 공구교환 등의 목적으로 임의의 원점을 설정하여 사용할 수 있으며 제2, 제3, 제4원점이라고 한다.

1. 수동 원점복귀

Mode 스위치를 '원점복귀'에 위치시키고 JOG 버튼을 이용하여 각 축을 기계원점으로 복귀(X축 원점복귀 후 Z축 복귀)시킬 수 있다.

2. 자동 원점복귀(G28)

① Mode 스위치를 "자동" 혹은 "반자동"에 위치시키고 G28을 이용하여 각축의 기계원점까지 복귀시킬 수 있다.
② 자동 원점 복귀 방법은 급속 이송으로 중간점을 경유 기계원점까지 복귀한다. (단, Machine Lock ON 상태는 원점복귀 불가)

지령 방법 : G28 X(U)____ Z(W)____ ;

[지령 Word의 의미]
- X(U), Z(W) : 기계원점을 복귀하고자 하는 축을 지령하며 Address 뒤에 오는 Data는 중간 경유 점의 좌표가 된다.
- 증분지령(U, W)은 공구가 현재 위치에서 이동 거리, 절대지령(X, Z)은 공작물 좌표계 원점에서의 이동 거리이므로 주의하여야 한다.
- 일반적으로 절대지령 방식은 혼동의 우려가 있으므로 증분지령 방식을 많이 사용한다.

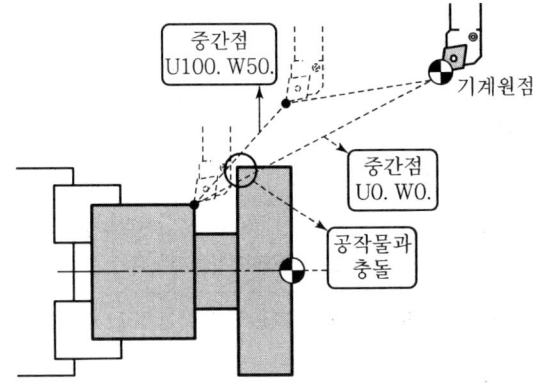

[G28 U0.W0. ; 과 G28 U100. W50. ; 중간 경유 점의 비교]

7 원점복귀 Check(G27)

① 기계원점에 복귀하도록 작성된 프로그램이 정확하게 기계원점에 복귀했는지를 체크하는 기능이다.
② 지령된 위치가 원점이 되면 원점복귀 Lamp가 점등하고 지령된 위치가 원점위치에 있지 않으면 Alram이 발생된다.

지령 방법 : G27 X(U)____ Z(W)____ ;

[지령 Word의 의미]
X(U), Z(W) : 기계 원점복귀를 하고자 하는 축을 지령하며 Address 뒤에 지령된 Data는 중간점의 좌표가 된다. 중간점의 내용은 기계 원점복귀 기능과 같다.

8 제2, 제3, 제4, 원점복귀(G30)

중간 점을 경유하여 Parameter에 설정된 제2,3,4 원점으로 복귀하는 기능이다.

지령 방법 : | G30 P____ X(U)____ Z(W)____ ;

[지령 Word의 의미]
- P2, P3, P4 : 제2, 제3, 제4 원점을 선택하고 P를 생략하면 제2원점
- X(U), Z(W) : 원점 복귀하고자 하는 축을 지령하며 Address 뒤에 오는 Data는 중간 경유 점의 좌표다.

| 기계 원점복귀 관련 지식 |

- G30 기능은 기계 원점복귀 완료 후 사용 가능하다.
- 제2원점은 공구 교환지점으로 활용한다.
- G27, G28, G30 기능은 Single Block 운전에서는 중간점에서 정지한다.
  (먼저 중간점을 이동하고 기계원점이나 제2원점에 이동한다.)
- G27, G28, G30에서 한 축만 지령하면 지령된 축만 원점복귀한다.
  (예 G28 U0.0 ; : X축만 원점복귀한다.)

SECTION 03 | 주축기능(S)

주축기능은 주축의 회전수를 지령하는 것으로 S 4단 지령 (S□□□□)으로 주축속도 또는 주축회전수를 지령한다.

[지령 설명]
G50 S□□□□   주축 최고 회전수 제한
                (예) G50 S1800 : 주축 최고 회전수가 1,800rpm으로 제한된다.
G97 S□□□□   주속 일정 제어 취소
                S□□□□로써 주축회전수(r.p.m)을 지령한다.
                G97 S1000 : 분당 주축회전수가 1,000rpm으로 설정된다.
G96 S□□□□   주속 일정 제어
                주속 일정 제어를 실행할 때, S 4단 지령(S□□□□)으로써 절삭속도 "V"(m/min)를 지령한다.
                (예) G96 S150 : 절삭점에서 주축속도가 150m/min로 되고 주축회전수가 제어된다.

1 주속 일정 제어 ON(G96)

주축의 회전수 지령과 함께 주축의 속도제어를 시켜 소재 가공부의 직경에 따라 회전속도가 자동으로 변화하게 하여 절삭속도를 일정하게 유지하는 기능이다.

지령 방법 :   G 96 S____ ;   S는 절삭속도(m/min)

[지령 Word의 의미]
S : 절삭속도(m/min) (S값은 rpm지령이 아니고 절삭속도 값임)

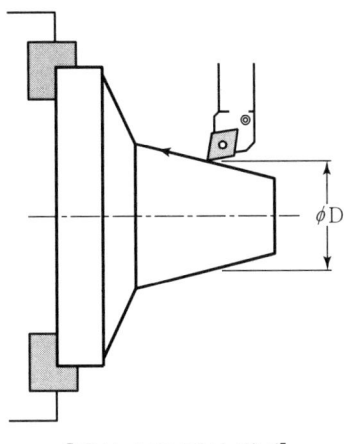

[절삭 속도 계산 방법]

$$V = \frac{\pi \times D \times N}{1,000} \qquad N = \frac{1,000 \times V}{\pi \times D}$$

여기서, V : 절삭속도(m/min), D : 소재직경(mm), N : 주축 회전수(rpm)

2 주속 일정 제어 OFF(G97)

① 나사가공 등 직경의 차이가 크지 않은 가공 시 직경에 관계없이 일정한 회전수로 가공하는 경우에 사용한다.
② 일반적인 가공에는 주속 일정 제어 기능을 사용한다.

지령 방법 : | G 97 S____ ; | S는 1분당 회전수(rpm)

S : 주축 회전수 지정(rpm)

3 주축 최고 회전수 지정(G50)

주속 일정제어(G96) 사용 시 공작물의 직경이 작아질수록 회전수는 상대적으로 증가한다. 회전수가 증가하면 공작기계의 진동 및 공작물의 이탈 등의 위험을 방지하기 위하여 일정 회전수 이상을 제한시키는 기능이다.

지령 방법 : | G 50 S____ ; | S는 주축의 최고회전수 지정(rpm)

| 주축기능 G50 Block에서 S기능의 G96의 S, G97의 S기능의 사용 예 |

전개번호	프로그램	의미
N10	↓	
N20	G50 X200. Z100. S2000 ;	주축 최고회전수 2000rpm 지정
N30	G96 S200 M03 ;	절삭속도 200m/min 지정
N40	↓	
N50	↓	
N60	G97 S1000 M03 ;	주축회전수 1000rpm 지정
N70	↓	

SECTION 04 | 공구기능(T)

1 공구 기능 표기

① 공구기능은 가공에 필요한 공구의 준비와 공구 교환 등의 목적으로 사용한다.
② 주소 T 다음으로 공구 교환과 보정량을 지정하여 사용하며 CNC 선반은 공구를 자동으로 교환해주는 ATC에 미리 공구를 장착하여 필요시마다 공구를 교환하여 사용한다.

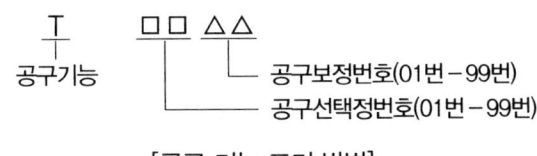

[공구 기능 표기 방법]

| 공구 기능의 의미 |

공구번호	의미
T0100	1번 공구 선택, 1번 공구 보정 말소
T0505	5번 공구 선택, 공구보정번호 5번 선택
T0702	7번 공구 선택, 공구보정번호 2번 선택
참고	공구번호와 공구보정번호는 같지 않아도 되지만 같은 번호를 사용하면 보정실수를 줄일 수 있다.

2 공구 보정화면

기계의 조작반에서 Offset 또는 공구보정화면에서 나오는 화면으로 공구 보정에 관계된 보정값을 직접 입력하는 화면이다.

| 공구 보정화면 |

보정번호	X축	Z축	R	T
01	0.000	0.000	0.8	3
02	2.156	2.156	0.2	2
03	5.765	5.765	0.4	3
04	.	.	.	.
05	.	.	.	.
.	.	.	.	.

- 보정번호 : 공구의 보정번호
- X축 : X축의 공구 보정량
- Z축 : Z축의 공구 보정량
- R : 공구 날 끝 반경 보정량(인선 R)
- T : 가상 날끝 번호(1~8까지)

공구 보정이란 프로그램상에서 공구 위치와 실제가공에서의 공구 위치가 틀려지게 되므로 기준공구와 보정할 공구와의 차이 값을 보정화면에 입력하여 사용하는 것이다.

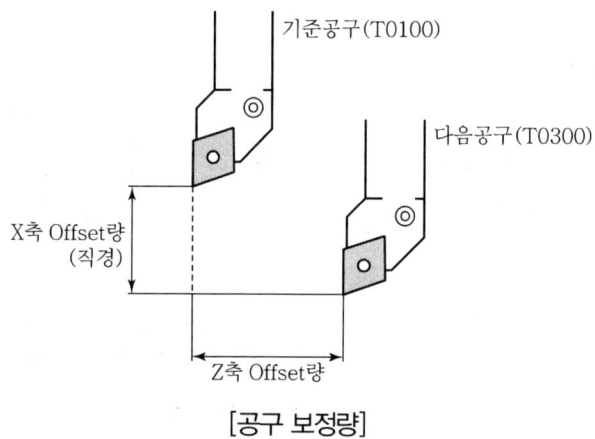

[공구 보정량]

| 공구 보정의 예 |

프로그램	의미
G00 X30. Z2. T0101 ;	1번 Offset 량 보정
G01 Z-50. F0.2 ;	
G00 X200. Z150. T0100 ;	1번 Offset 량 보정 무시

SECTION 05 | 이송기능(F)

1 회전당 이송(G99)

CNC 공작기계에서 가공물과 공구와의 상대 속도를 지정하는 것으로 공구를 주축 1회전당 얼마만큼 이동하는가를 F로 지령한다.(지령범위 : F0.001mm~F500mm/rev)
일반적으로 CNC 선반에서는 mm/rev 단위를 사용한다.

지령 방법 : G99 F____ ;

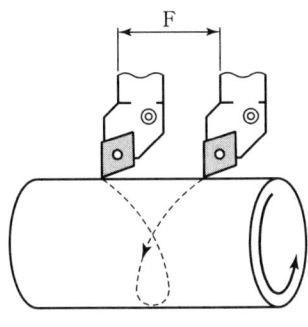

[회전당 이송]

2 분당 이송(G98)

공구를 분당 얼마만큼 이동하는가를 F로 지령한다. 주축의 정지 상태에서 공구를 절삭이송시킬 수 있으며 밀링에서 많이 사용한다.(지령범위 : F1~F100000 mm/min)

지령 방법 : G98 F____ ;

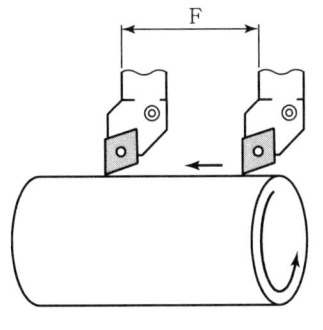

* 관계식 : $F = f \times N$
F : 분당 이송(mm/min)
f : 회전당 이송(mm/rev)
N : 주축 회전수(rpm)

[분당 이송]

| 이송의 종류 |

구분 \ 종류	분당 이송(mm/min)	회전당 이송(mm/rev)
의미	매분당 공구의 이송량 (머시닝센터)	주축 1회전 당 공구의 이송량 (CNC 선반)
지정 G 코드	G98	G99
사용 예	F150	F0.25

SECTION 06 | 보조기능(M)

보조기능(M, Miscellaneous Function)으로 CNC 공작기계가 다양한 동작을 할 수 있도록 서보 모터를 비롯한 여러 가지 구동모터의 ON/OFF 제어를 하는 것이다.
주소 M에 두 자릿수를 조합하여 표시한다.

| 보조기능 표 |

M 코드	기능
M00	프로그램 스톱(Program Stop)
M01	프로그램 선택 정지(Optional Program Stop)
M02	프로그램 종료(Program End)
M03	주축 정회전(CW)
M04	주축 역회전(CCW)
M05	주축 정지(Spindle Stop)
M06	공구 교환(Tool Change)
M08	절삭유 공급(Coolant ON)
M09	절삭유 정지(Coolant OFF)
M10	인덱스 클램프(Index Clamp)
M11	인덱스 언클램프(Index Unclamp)
M16	Tool No. Search
M19	스핀들 오리엔테이션(Spindle Orientation)
M28	매가진 원점복귀(Magazine Reference Point Return)
M30	프로그램 종료＋리세트(Program Rewind & Restart)
M40	Gear 중립(Spindle Gear Neutral Position)
M41	Grar 1단(Spindle Gear Low Position)
M42	Grar 2단(Spindle Gear Middle Position)
M48	스핀들 오버라이드 무시 OFF
M49	스핀들 오버라이드 무시 ON
M57	앞쪽 공구대 선택
M58	뒤쪽 공구대 선택
M68	유압척 Clamp
M69	유압척 Unclamp
M78	심압축 전진
M79	심압축 후진
M98	Sub Program 호출
M99	Sub Program 종료 － Main Program 호출

SECTION 07 | 준비기능(G)

G 기능(G, Preparation Function)이라고 하며 어드레스 "G" 이하 2단의 수치로서 구성되어 그 Block의 명령이나 어떤 의미를 지시한다.

구분	의미	구별
One Shot G-코드	지령된 Block에 한해서만 유효한 기능	"00" Group
Modal G-코드	동일 Group의 다른 G-코드가 나올 때까지 유효한 기능	"00" 이외의 Group

코드	그룹	기능	코드	그룹	기능
G00		위치결정(급속이송)	G50		가공물 좌표계 설정
G01	01	직선보간(절삭이송)	G52		지역 좌표계 설정
G02		원호보간 CW	G53		기계 좌표계 선택
G03		원호보간 CCW	G70		다듬 절삭 사이클
G04	00	드웰(Dwell)	G71	00	내·외경 황삭 사이클
G09		Exact stop	G72		단면 황삭 사이클
G20	06	인치 입력	G73		형상 반복 사이클
G21		메트릭 입력	G74		Z 방향 팩 드릴링
G22	04	Stored stroke limit ON	G75		X 방향 홈 파기
G23		Stored stroke limit OFF	G76		나사 절삭 사이클
G27		원점 복귀 check	G90		절삭 사이클 A
G28	00	자동 원점에 복귀	G92	01	나사 절삭 사이클
G29		원점으로부터의 복귀	G94		절삭 사이클 B
G30		제2기준점으로 복귀	G96	02	절삭속도 일정 제어
G32	01	나사 절삭	G97		절삭속도 일정 제어 취소
G40		공구인선반지름 보정 취소	G98	05	분당 이송 지정(mm/min)
G41	07	공구인선반지름 보정 좌측	G99		회전당 이송 지정(mm/rev)
G42		공구인선반지름 보정 우측			

```
G01   X100.   F0.20 ;  ┐
      Z50.                 ├── 이 범위에서는 G01 유효
      X150.   Z100. ;  ┘
G00   X200. ;              ── G00 유효
G04   P1000. ;             ── 이 Block에서만 G04 유효(One Shot G-코드)
      X100.   Z0. ;        ── G00을 지령하지 않아도 G00 상태이다.
```

SECTION 08 위치결정(G00)

- 현재 위치에서 지령된 위치(종점) X(U), Z(W)까지 급속 이송시킬 때 사용한다.
- 절삭이송에서는 사용하지 않는다.

  지령 방법 : G00 X(U)____ Z(W)____ ;

- 현재 위치에서 X25. Z5.의 위치로 급속 이송할 경우 → G00 X25. Z5.

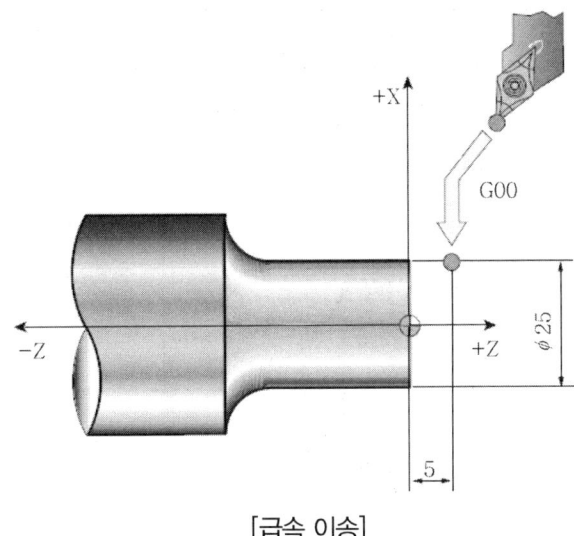

[급속 이송]

| 소수점 사용에 관하여 |

▶ 소수점을 사용할 수 있는 Address : X, Z, U, W, I, K, R, C, F
  (이외의 Address에 소수점 사용시 Arlam 발생)

| 소수점 사용 예 |

프로그램	의미
X20. ;	20mm
Z200 ;	0.2mm(최소 지령단위가 0.001mm 이므로 소수점이 없으면 뒤쪽에서 3번째 앞에 소수점이 있는 것으로 간주
S1500. ;	Arlam 발생(소수점 입력 Error)

SECTION 09 | 보간기능(G01, G02, G03)

1 직선보간(G01)

① 현재 위치로부터 지령된 위치(종점) X(U), Z(W)까지 지정된 이송속도(F)로 공구가 직선으로 이송하며 절삭한다.
② G01은 위치결정(G00)과 동일한 연속 유효 G코드이므로 그 기능이 여러 블록에 연속해서 쓰일 경우 매 블록마다 지령할 필요는 없다.

지령 방법 : G01 X(U)____ Z(W)____ F____ ;

현재 위치에서 X25. Z-30.의 위치로 절삭 이송할 경우
→ G01 X25. Z-30. F0.2

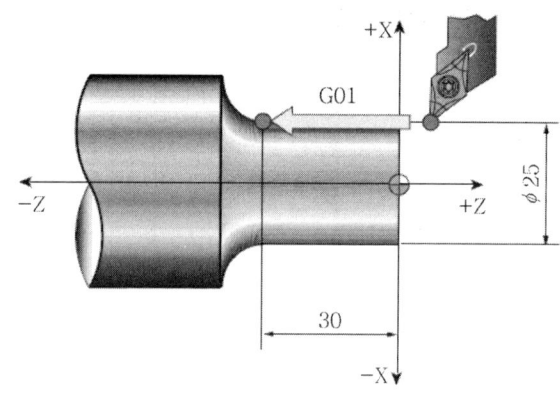

[절삭 이송]

2 원호보간(G02/G03)

지령된 시점에서 종점까지 반경(R) 크기로 시계/반시계 방향으로 원호를 가공한다.
가공방향에 따라 지령 코드가 달라지게 된다.
- G02(C.W)   시계방향 원호 가공(Clock Wise)
- G03(C.C.W)   반시계방향(Counter Clock Wise)

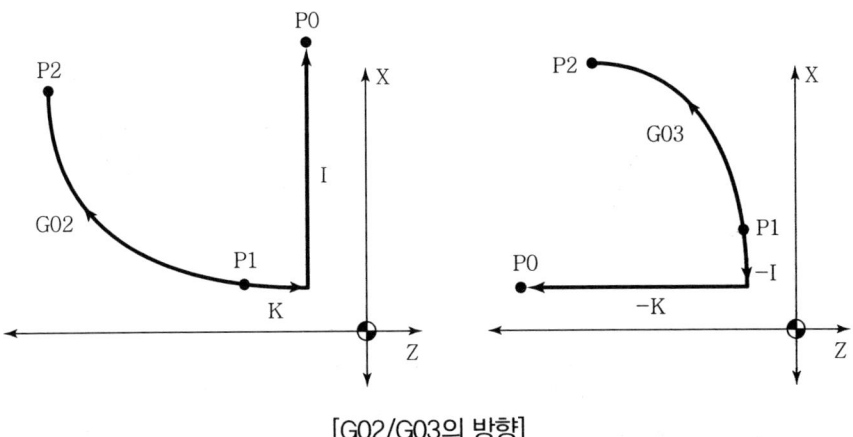

[G02/G03의 방향]

지령 방법 : $\begin{Bmatrix} G02 \\ G03 \end{Bmatrix}$ X(U)___ Z(W)___ $\begin{Bmatrix} R\_\_\_ \\ I\_\_\_ K\_\_\_ \end{Bmatrix}$ F___ ;

| 원호 보간의 지령 |

지령내용		지령워드	의미
회전방향		G02	시계방향(CW)
		G03	반시계방향(CCW)
끝점의 위치	절대지령	X, Z	공작물 좌표계에서 종점의 위치
	증분지령	U, W	원호 시작점에서 종점까지의 거리
시작점에서 중심점까지의 거리		I, K	원호의 시작점에서 중심점까지의 거리(반경값 지정 - 180도 이상)
원호의 반경		R	원호의 반경값 지정 (지령범위 180도 이하)
이송속도		F	원호를 따라 움직이는 속도

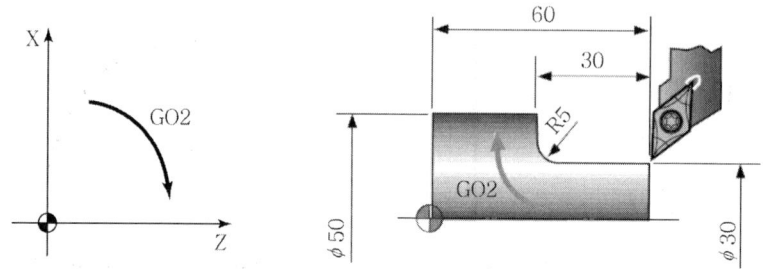

현재 위치에서 G02를 이용한 원호 보간의 경우

G01 X30.0 Z60.0 F0.3 ;
Z35.0 ;
G02 X40.0 Z30.0 R5.0 ; 또는(G02 U10.0 W-5.0 R5.0 ;)
G01 X50.0 ;
Z0.0 ;

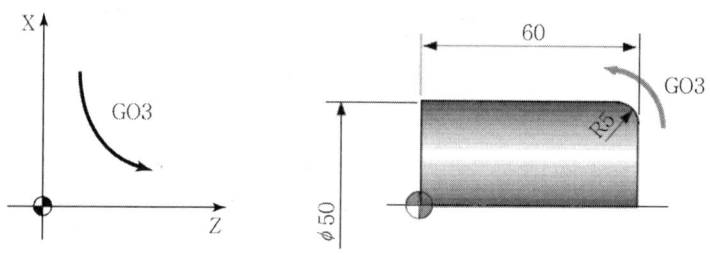

현재 위치에서 G03을 이용한 원호 보간의 경우

G01 X40.0 Z60.0 F0.3 :
G03 X50.0 Z55.0 R5.0 :

❸ 자동 모떼기 및 코너 R 기능

직각으로 이루어진 두 블록 사이에 모떼기 및 코너 R이 있는 경우 두 블록으로 프로그램하지 않고 G01 한 블록으로 간단히 프로그램한다.

1. 자동모떼기 가공(Chamfering)

지령 방법 :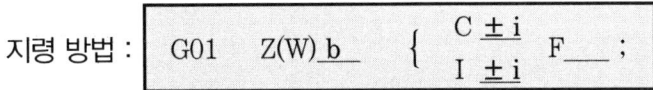

| Z 축이 이동하면서 종점에서 모떼기 가공 |

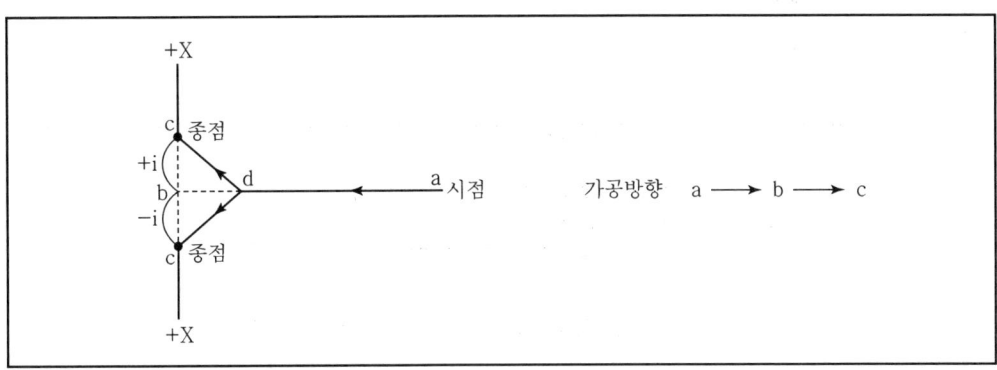

지령 방법 :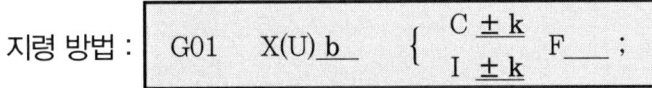

| X 축이 이동하면서 종점에서 모떼기 가공 |

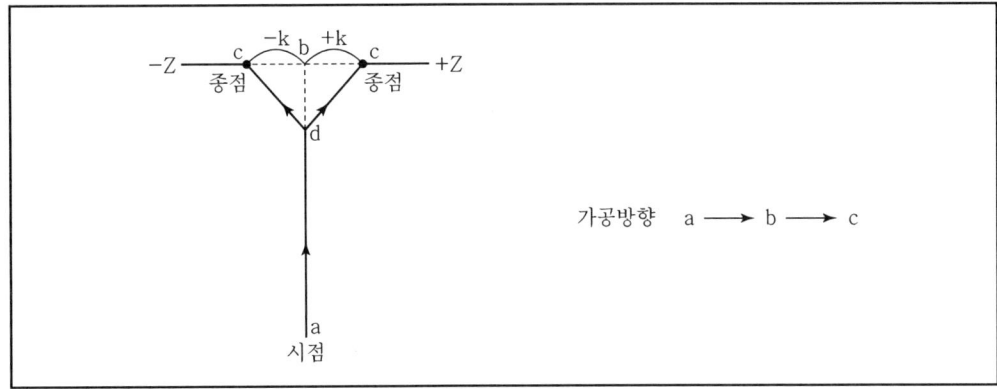

2. 자동코너 R 가공

지령 방법 : | G01   Z(W) b   R±r   F__ ; |

| Z 축이 이동하면서 종점에서 코너 R 가공 |

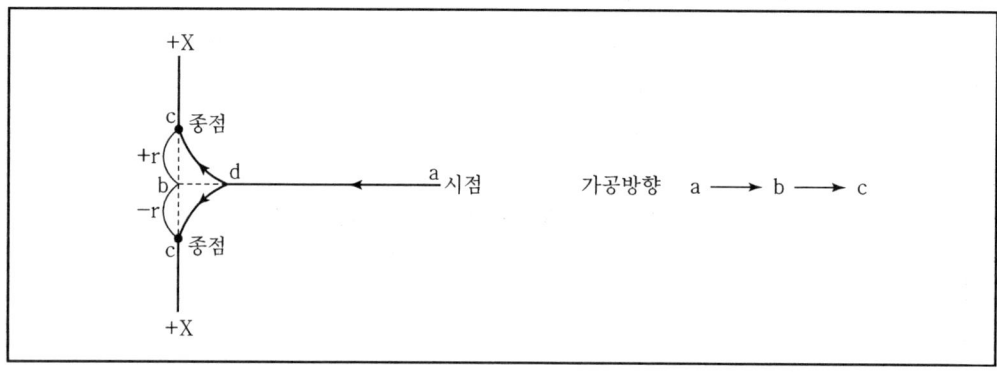

지령 방법 : | G01   X(U) b   R±r   F__ ; |

| X 축이 이동하면서 종점에서 코너 R 가공 |

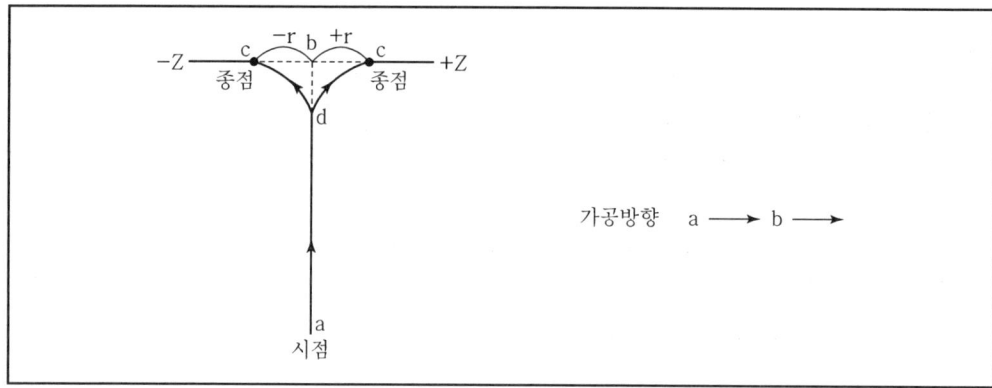

| 원호보간 및 자동모떼기 R 기능을 사용한 프로그램 비교 |

도면	프로그램 비교	
	직선 및 원호보간 지령	
	A⇒B	G01 Z-24.0 F0.2 ;
	B⇒C	G02 X72.0 Z-40.0 R16. ;
	C⇒D	G01 X90.0 ;
	D⇒E	G01 X100.0 Z-45.0 ;
	자동모떼기 R 지령	
	A⇒C	G01 Z-40.0 R16.0 F0.2 ;
	C⇒E	X100.0 C-5.0 ; (X100.0 k-5.0 ;)

SECTION 10 | 드웰(G04)

① 지령된 시간 동안 Program을 정지시키는 기능이며 회전은 멈추지 않는다.
② CNC 선반에서는 주로 홈가공 시 사용되며 홈이 충분히 가공 될 수 있도록 일정 시간 동안 가공 위치에서 정지하는 기능이다.

지령 방법 : G04 { X__ ;
U__ ;
P__ ; } 3개 중 선택

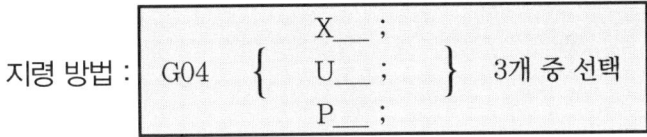

[지령 Word의 의미]
- X, U, : 정지 시간으로 지정 소수점 사용 가능
- P : 정지 시간으로 지정 소수점을 사용할 수 없다.
  (예 2초간 Program을 정지시킬 경우 X2.0=U2.0=P2000)

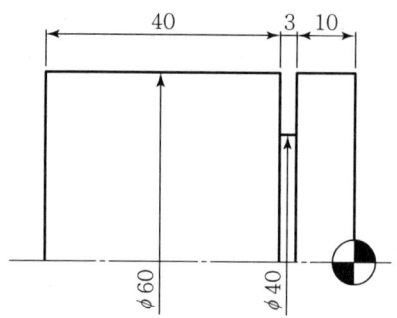

홈 부분에서 2초간 정지하는 드웰 지령 홈 가공 Program
N01 G00 X62.0 Z-13.0 ;
N02 G01 X40.0 F0.06 ;
N03 G04 X2.0 ;
OR
N03 G04 U2.0 ;
OR
N03 G04 P2000 ;
N04 G00 X62.0 ;

SECTION 11 | 공구 보정(G40, G41, G42)

1 공구 보정 기능(G40, G41, G42)

공구 보정기능이란 가공하는 공구의 날 끝이 뾰족할 경우에는 날 끝이 쉽게 상하게 되므로 날 끝을 둥글게 가공하여 사용하기 때문에 테이퍼 및 원호절삭에서 과대/과소 절삭이 되지 않도록 오차를 자동으로 보상하는 기능이다.

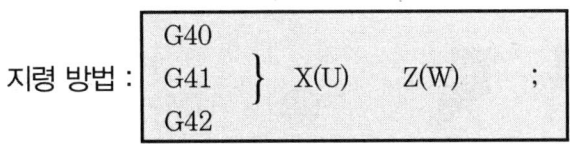

지령 방법 : G40
G41 } X(U)   Z(W)   ;
G42

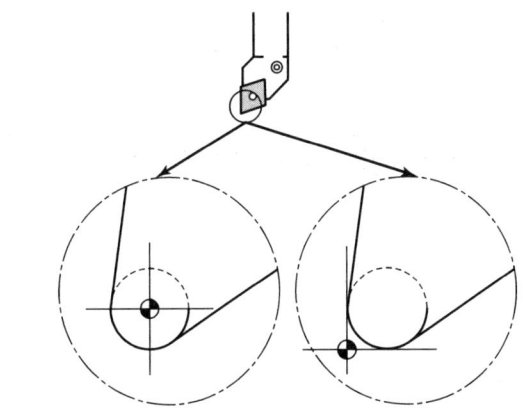

인선중심의 출발(G41, G42 보정)   가상 인선의 출발(G40의 상태)

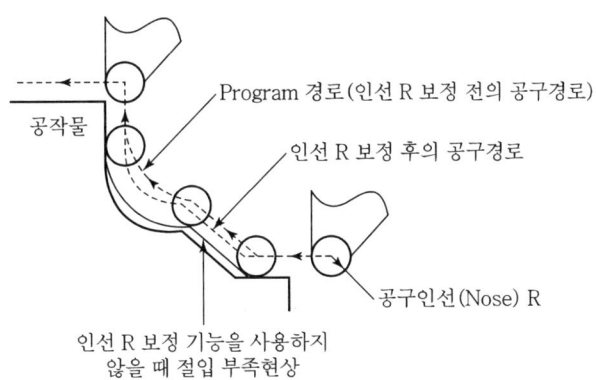

Program 경로(인선 R 보정 전의 공구경로)
공작물
인선 R 보정 후의 공구경로
공구인선(Nose) R
인선 R 보정 기능을 사용하지
않을 때 절입 부족현상

[공구 보정]

2 공구 날 끝 번호 및 방향

공구의 경로(가공 방향)에 따라서 날 끝 R의 중심을 기준으로 가상 날끝 번호가 결정된다.

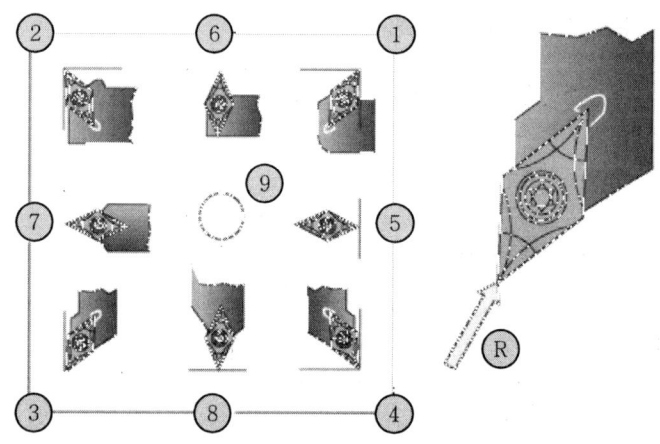

[공구 날 끝 번호 기호]

공구 보정을 사용하는 프로그램의 작성 방법
N100 G42 G00 X___ Z___ ;
N105 G01 Z-___ F___ ;
N110 G02 X___ Z-___ R___ ;
N115 G40 G00 X___ Z___ ;

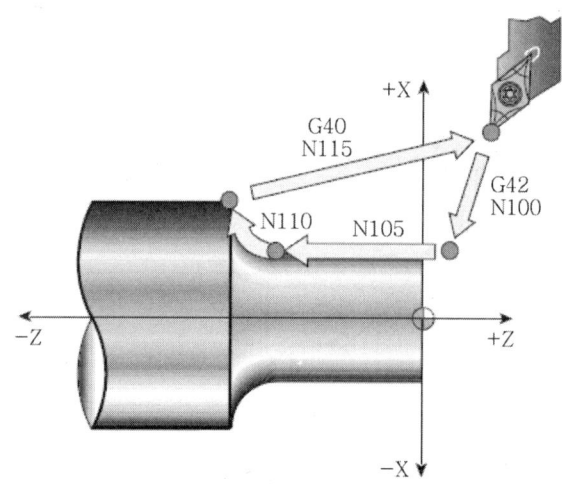

[공구 보정 예]

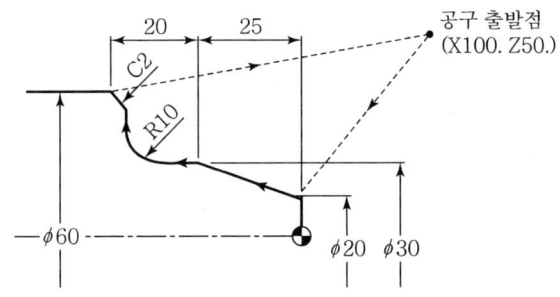

인선 R 보정의 경우	인선 R 보정을 사용하지 않은 경우
X100.0 Z50.0 ;	X100.0 Z50.0 ;
N01 G42 G00 X20.0 Z2.0 T0202 ;	N01 G00 X19.712 Z2.0 T0202 ;
N02 G01 Z0.0 F0.2 ;	N02 G01 Z0.0 F0.2 ;
N03 X30.0 Z-25.0 ;	N03 X30.0 Z-25.721 ;
N04 Z-35.0 ;	N04 Z-35.8 ;
N05 G02 X50.0 Z-45.0 R10. ;	N05 G02 X48.4 Z-45.0 R9.2 ;
N06 G01 X56.0 ;	N06 G01 X55.063 ;
N07 X60.0 Z-47.0 ;	N07 X60.0 Z-45.469 ;
N08 G40 G00 X100.0 Z50.0 T0200 ;	N08 G00 X100.0Z50.0 T0200 ;

SECTION 12 | 사이클 가공(G90, G92, G94)

단일형 고정 Cycle(G90, G92, G94)이란 절삭여유가 많은 공작물을 가공할 때 여러 Block으로 지령해서 가공하여야 하는 것을 절입량만 반복적으로 지령하여 Program을 간단하게 하는 기능이다.

1 내 · 외경 절삭 Cycle(G90)

지령 방법: G90 X(U)___ Z(W)___ F___ ;

[고정 Cycle의 초기점]
① 단일형 · 복합형 고정 Cycle의 Program 작성에서 중요한 것은 초기점이다.
② 초기점이란 고정 Cycle을 지령하기 직전의 X,Z축 절대 좌표를 의미하는데 고정 Cycle은 초기점에서 가공을 시작하고 종료하면 초기점으로 복귀하기 때문에 사이클 코드가 지령되기 전에 초기점의 위치에 올 수 있도록 코드를 작성하여야 한다.

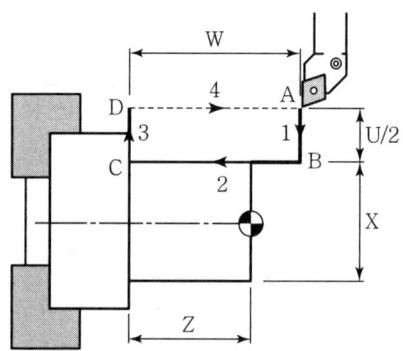

그림의 1⇒2⇒3⇒4의 과정을 1Cycle로 가공하며 초기점 A에서 시작하고 A점으로 자동 복귀하는 과정을 반복함

[지령 Word의 의미]
X(U), Z(W) : 가공종점의 좌표점(그림의 C 점)

외경 절삭 사이클의 작성 예
G90 X40.0 Z-50.0 F0.25 ;
X35.0 ; ··· G90.0 Z-50.0 F0.25는 다른 지령이
X30.0 ;   나올 때까지 유효한 모달 Code이다.
X25.0 ;

[테이퍼(경사)가 있는 경우의 지령 방법]

지령 방법 : G90 X(U)__ Z(W)__ R(I)__ F__ ;

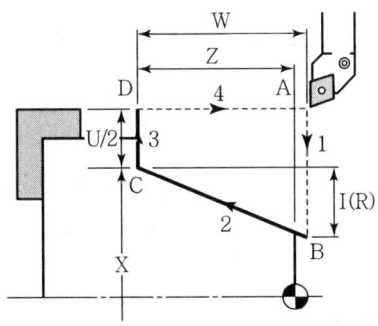

단일형 고정 Cycle Program과 일반 Program을 작성하여 비교

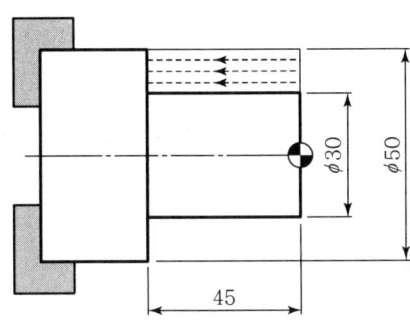

단일형 고정 Cycle Program	일반 Program
O1234 ;	O1234 ;
G28 U0.0 W0.0 ;	G28 U0.0 W0.0 ;
G50 X200.0 Z100.0 S2000 T0100 ;	G50 X200.0 Z100.0 S2000 T0100 ;
G96 S180 M03 ;	G96 S180 M03 ;
G00 X52.0 Z2.0 T0101 M08 ; 초기점	G00 X52.0 Z2.0 T0101 M08 ; 가공시점
G90 X45.0 Z−45.0 F0.25 ; Cycle 지령	X45.0 ;
X40.0 ;	G01 Z−45.0 ;
X35.0 ;	G00 U1.0 Z2.0 ;
X30.0 ;	X40.0 ;
G00 X200.0 Z100.0 T0100 M09 ;	G01 Z−45.0 ;
M05 ;	G00 U1.0 Z2.0 ;
M02 ;	X35.0 ;
	G01 Z−45.0 ;
	G00 U1.0 Z2.0 ;
	X30.0 ;
	G01 Z−45.0 ;
	G00 X200.0 Z100.0 T0100 M09 ;

단일형 고정 Cycle Program

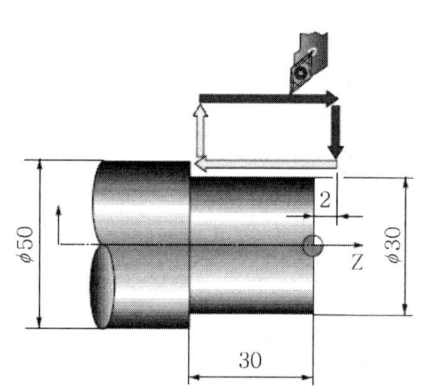

G30 U0.0 W0.0 ;
G50 S2000 T0100 ;
G96 S200 M03 ;
G00 X56.0 Z2.0 T0101 M08 ;
G90 X51.0 W-32.0 F0.25 ;
X46.0 ;
X41.0 ;
X36.0 ;
X31.0 ;
X30.0 ;
G30 U0.0 W0.0 ;
M30 ;

단일형 고정 Cycle Program

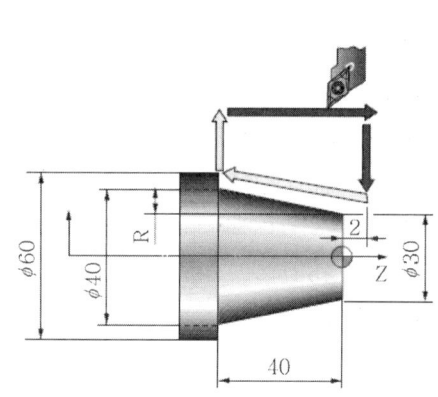

G30 U0.0 W0.0 ;
G50 S2000 T0100 ;
G96 S200 M03 ;
G00 X61.0 Z2.0 T0101 M8 ;
G90 X55.0 W2.0 F0.25 ;
X50.0 ;
X45.0 ;
X40.0 ;
Z-12.0 R-1.75 ;
Z-26.0 R-3.5 ;
Z-40 R-5.25 ;
G30 U0.0 W0.0 ;
M30 ;

단일형 고정 Cycle Program

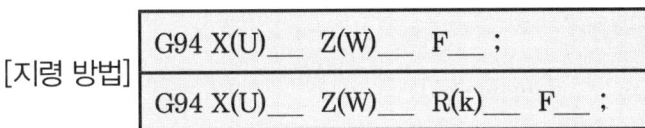

```
O2345
G28 U0.0 W0.0 ;
G50 X200.0 Z100.0 S2000 T0100 ;
G96 S180 M03 ;
G00 X72.0 Z2.0 T0101 M08 ;
G90 X65.0 Z-70.0 F0.25 ;
X60.0 ;
X55.0 ;
X50.0 ;
G00 X52.0 ;
G90 X45.0 Z-40.0 ;
X40.0 ;
X35.0 ;
X30.0 ;
G00 X200.0 Z100.0 T0100 M09 ;
M05 ;
M02 ;
```

2 단면 절삭 Cycle(G94)

[지령 방법]
| G94 X(U)___ Z(W)___ F___ ; |
| G94 X(U)___ Z(W)___ R(k)___ F___ ; |

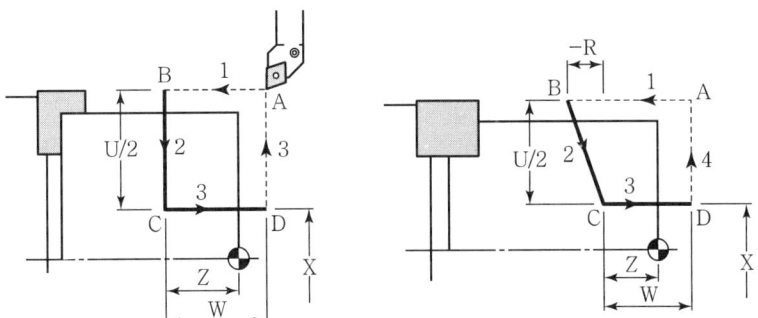

그림의 1⇒2⇒3⇒4의 과정을 1Cycle로 가공, 초기 A점에서 시작하고 A점으로 자동 복귀하는 과정을 반복하여 외경사이클(G90)과는 가공 순서가 다르다.
가공 순서는 급속이송 : (A⇒B, D⇒A), 절삭이송 : (B⇒C, C⇒D)

[지령 Word의 의미]
- X(U), Z(W) : 가공종점 좌표(C점의 좌표)
- R : Cycle에서 테이퍼 절삭 시 Z축 기울기량 G94 기능에서 테이퍼 절삭 시
- R의 부호는 가공의 종점(C점)을 기준하여 시작점이 Z 방향으로 "+", "−" 방향인지를 결정한다.

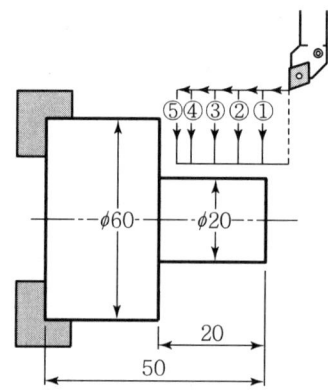

단면 절삭 Cycle Program

G28 U0.0 W0.0 ;

G50 X100.0 Z150.0 S1800 T0100 ;

G96 S180 M03 ;

G00 X62.0 Z2.0 T0101 ;

G94 X20.0 Z−4.0 F0.2 M08 ; ·················· ①

　　　　Z−8.0 ; ······························· ②

　　　　Z−12.0 ; ······························ ③

　　　　Z−16.0 ; ······························ ④

　　　　Z−20.0 ; ······························ ⑤

G00 X100.0 Z150.0 T0100 M09

M05 ;

M02 ;

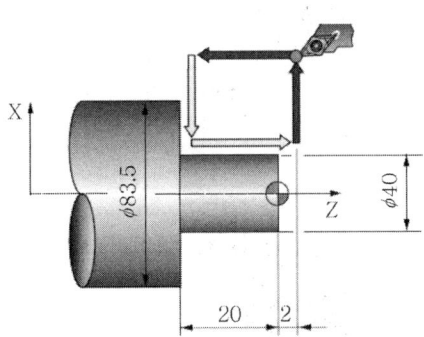

단면 절삭 Cycle Program
G30 U0.0 W0.0 ;
G50 S2000 T0100 ;
G96 S200 M03 ;
G00 X85.0 Z2.0 T0101 M08 ;
G94 X40.0 Z-2.0 F0.2 ;
Z-4.0 ;
Z-6.0 ;
Z-8.0 ;
Z-10.0 ;
Z-12.0 ;
Z-14.0 ;
Z-16.0 ;
Z-18.0 ;
Z-19.7 ;
Z-20.0 ;
G30 U0.0 W0.0 ;
M30 ;

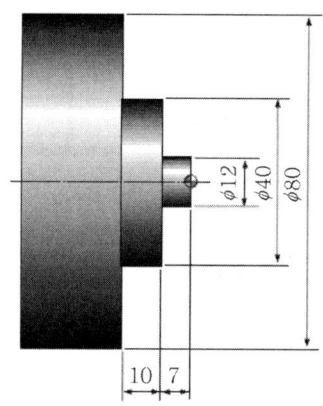

사이클을 나누어 가공	한 사이클로 가공
N10 G50 S2500 ; G96 S180 M03 ; T0300 ; G00 X85.0 Z2.0 T0303 ; G94 X12.0 Z-2.0 F0.2 ; Z-4.0 ; Z-6.0 ; Z-7.0 ; G00 X85.0 Z-5.0 ; G94 X40.0 Z-9.0 F0.2 ; Z-11.0 ; Z-13.0 ; Z-15.0 ; Z-17.0 ; G00 X200.0 Z200.0 T0300 ; M30 ;	N10 G50 S2500 ; G96 S180 M3 ; T0300 ; G00 X85.0 Z2.0 T0303 ; G94 X12.0 Z-2.0 F0.2 ; Z-4.0 ; Z-6.0 ; Z-7.0 ; X 40.0 Z-9.0 ; Z-11.0 ; Z-13.0 ; Z-15.0 ; Z-17.0 ; G00 X200.0 Z200.0 T0300 ; M30 ;

❸ 나사 절삭 Cycle(G92)

[지령 방법]
| G92 X(U)___ Z(W)___ F___ ; |
| G92 X(U)___ Z(W)___ R___ F___ ; |

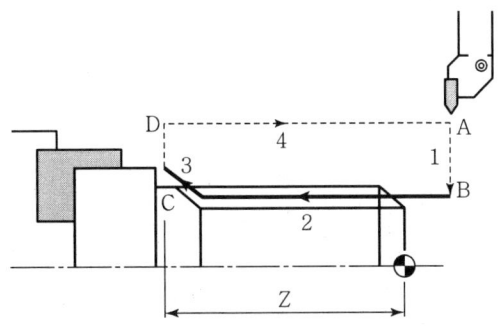

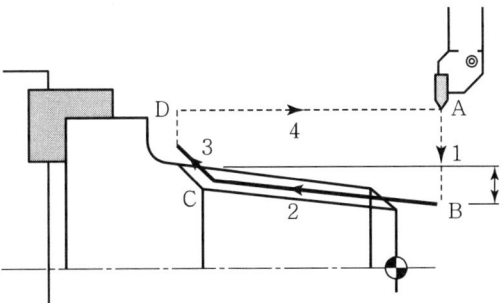

공구의 경로가 1 ⇒ 2 ⇒ 3 ⇒ 4의 과정을 1Cycle로서 1회 나사가공하고 A점으로 자동 복귀하는 과정이며 나사가공은 1회로 완성할 수 없으므로 반복 가공으로 완성한다.

[지령 Word의 의미]
- X(U) : 1회 절입 시 나사골경(직경치)
- Z(W) : 나사가공길이(불완전 나사부 포함, Chamfer가 끝나는 지점)
- R : 테이퍼 나사 가공 시 X축 기울기 값
- F : 나사의 Lead 지정

나사 Lead의 관계식은 $L = N \times P$이다.

$$L = N \times P$$

여기서, L : 나사의 Lead, N : 나사의 줄수(다줄나사의 줄수), P : 나사의 Pitch

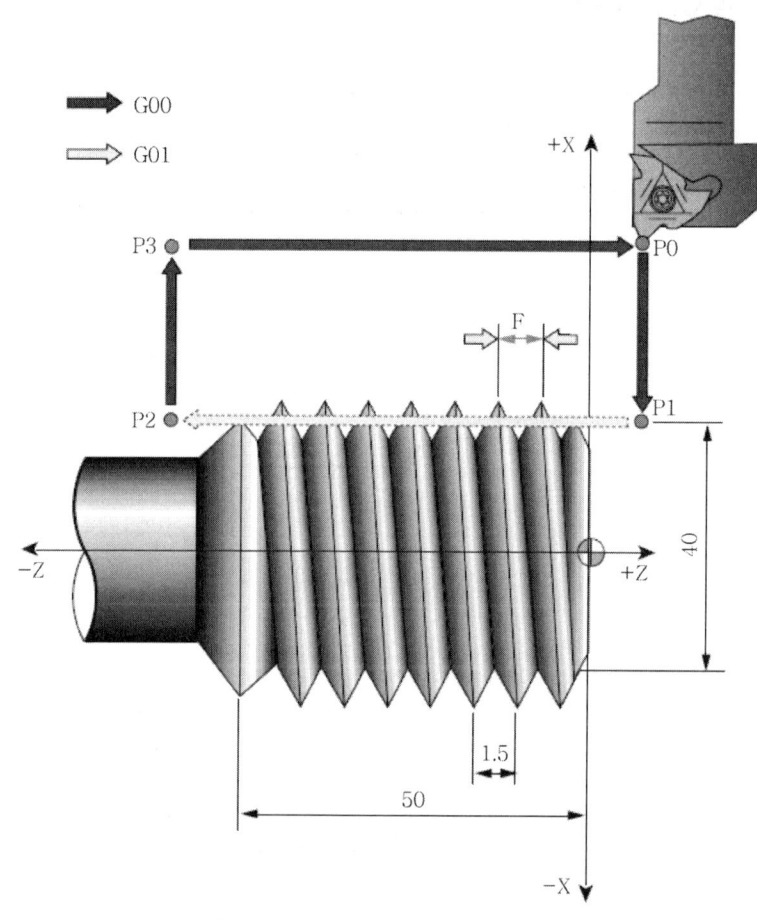

※ 나사절삭 데이터

절입 횟수	피치	1회	2회	3회	4회	5회	6회	7회	8회	계	비고
매회 절입 깊이	1.5	0.35	0.20	0.14	0.10	0.05	0.05			0.89	반경
	2.0	0.35	0.25	0.19	0.12	0.10	0.08	0.05	0.05	1.19	

나사 절삭 Cycle Program

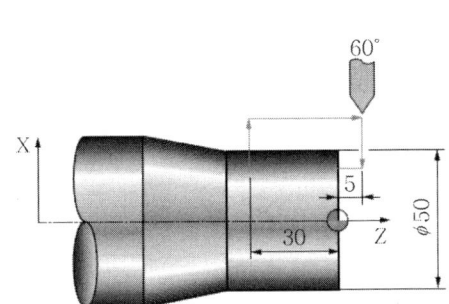

G30 U0.0 W0.0 ;
G50 S1000 T0100 ;
G97 S1000 M03 ;
G00 X60.0 Z5.0 T0101 M08 ;
G92 X49.5 Z-30.0 F1.5 ;
X49.2 ;
X48.9 ;
X48.7 ;
—
—
G30 U0.0 W0.0 ;
M30 ;

나사 절삭 Cycle Program

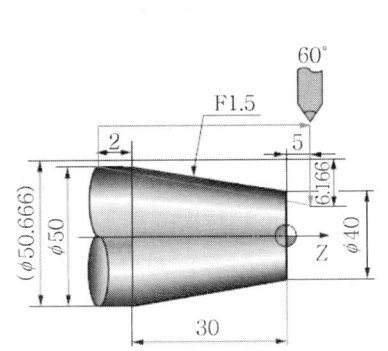

G30 U0.0 W0.0 ;
G50 S1000 T0100 ;
G97 S1000 M03 ;
G00 X70.0 Z5.0 T0101 M08 ;
G92 X49.4 Z-32.0 R-6.166 F1.5 ;
X49.0 ;
X48.7 ;
X48.5 ;
—
—
G30 U0.0 W0.0 ;
M30 ;

SECTION 13 | 복합 반복 사이클 가공(G70~G76)

1 복합형 고정 Cycle(G70~G76)

최종 형상의 도면 치수와 절입량 등을 입력하면 공구 경로가 자동적으로 결정되어 형상가공을 한다. 고정 사이클 프로그램을 사용하면 프로그램을 간단히 작성할 수 있고 프로그램의 길이가 짧아지므로 메모리 용량을 적게 사용할 수 있다.
하지만 공구경로는 임의로 변경할 수 없고 가공 종료 후 초기점으로 복귀하는 동작이 있으므로 가공시간이 길어질 수 있다.

G – 코드	기능	특성	비고
G70	정삭가공 Cycle		
G71	내외경황삭 Cycle	G70으로 정삭가공을 할 수 있다.	자동 MODE 에서만 실행 가능
G72	단면황삭 Cycle		
G73	모방절삭 Cycle		
G74	단면홈가공 Cycle	G70으로 정삭가공을 할 수 없다.	자동, 반자동 MODE에서 실행 가능
G75	내외경홈가공 Cycle		
G76	자동나사가공 Cycle		

[복합형 고정 Cycle 지령 시 주의사항]
① 복합형 고정 Cycle은 FANUC 0T System에서 복합형 고정 Cycle 지령 Block을 2 Block으로 지령하고, 6T, 10T, 11T System은 1 Block으로 지령하는 방식의 차이가 있다. 2 Block지령에서 윗쪽 Block은 절삭조건의 파라미터를 변경시킨다.
② G71 윗쪽 Block에서의 U 지령과 아래 Block에서의 U 지령의 구분은 P와 Q가 지령된 Block을 보고 판단한다.
③ G71 Cycle의 구역 안에(p에서 q Block까지) 지령된 F, S, T는 황삭 Cycle 실행 중에는 무시되고 정삭 Cycle에서만 실행된다.
④ G71 Cycle을 시작하는 최초의 Block에서는 Z를 지령할 수 없다. 또한 최초의 Block에 G00 X를 지령하면 X축이 급속이송되고 G01 X를 지령하면 절삭이송된다.
⑤ 고정 Cycle 지령 최후의 Block에서는 자동면취 및 코너 R지령은 할 수 없다.
⑥ 고정 Cycle 실행 도중에 보조 프로그램(Sub Program) 지령은 할 수 없다.
⑦ G71은 황삭 Cycle이지만 정삭여유를 지령하지 않으면 완성치수로 가공할 수 있다.

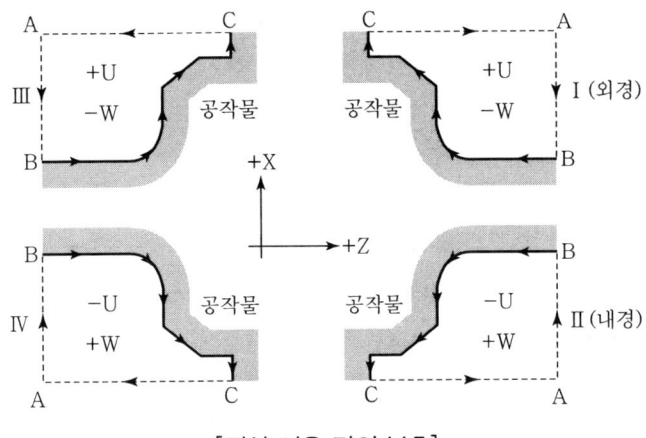

[정삭 여유 값의 부호]

2 내 · 외경 황삭 Cycle(G71)

내 · 외경 황삭가공 복합형 고정 Cycle로서 최종 형상과 절삭 조건 등을 지정해 주면 공구 경로는 자동적으로 결정되면서 정삭 여유만 남기고 시작점(고정 Cycle의 초기 점)으로 복귀한다.

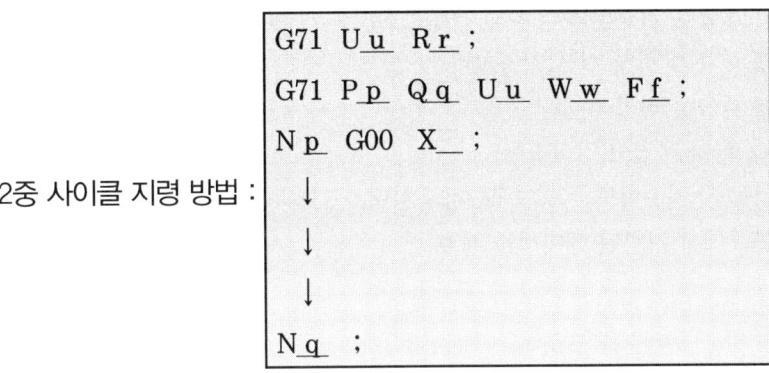

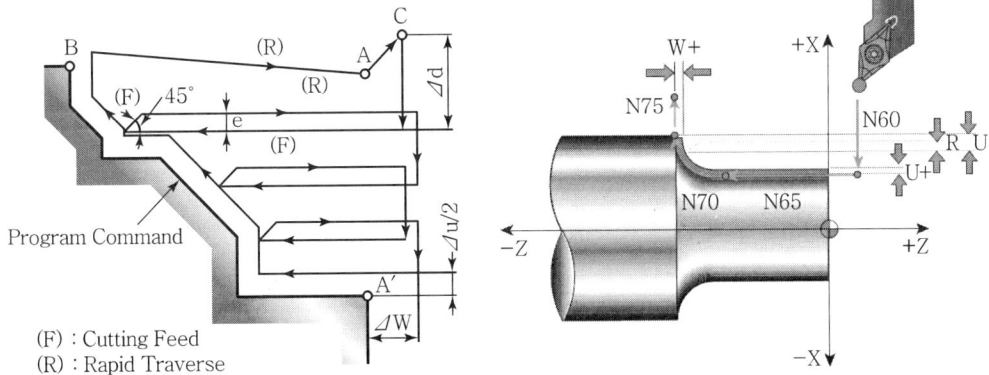

[지령 Word의 의미(FANUC 0T, Sentrol System의 경우)]

- U(u) : 1회 절입량(X축을 반경치로 지령하며 부호는 사용하지 않음)
  Modal 지령으로 다음에 지령될 때까지 유효하며 프로그램에 의해 파라미터가 변경되고 파라미터를 직접 입력할 수 있다.
- R(r) : 도피량(X축 후퇴량)
  Modal 지령으로 다음에 지령될 때까지 유효하며 프로그램에 의해 파라미터가 변경되고 파라미터를 직접 입력할 수 있다.
- P(p) : 고정 Cycle 구역을 지정하는 최초 Block의 Sequence 번호
- Q(q) : 고정 Cycle 구역을 지정하는 최후 Block의 Sequence 번호
- U(u) : X축 방향의 정삭여유를 지정하며 직경치로 지정함
- W(w) : Z축 방향의 정삭여유를 지정
- F(f) : 황삭 이송속도(Feed) 지정

1줄 사이클 지령 방법 :

G71 P(ns)__ Q(nf)__ U(△u)__ W(△w)__ D(△d)__ F__ S__ T__ ;

- P(ns) : 고정 Cycle 시작 지령절의 첫 번째 전개번호
- Q(nf) : 고정 Cycle 종료 지령절의 마지막 전개번호
- U(u) : X축 방향 다듬질 절삭 여유(직경지령)
- W(w) : Z축 방향 다듬질 절삭 여유
- D(△d) : X축의 1회 가공 깊이(절삭깊이)
- F, S, T : 황삭 가공 시 이송속도, 주축속도, 공구선택, 즉 P와 Q 사이의 데이터는 무시되고 G71 블록에서 지령된 데이터가 유효

내・외경 황삭 Cycle(11T가 아닌 경우)

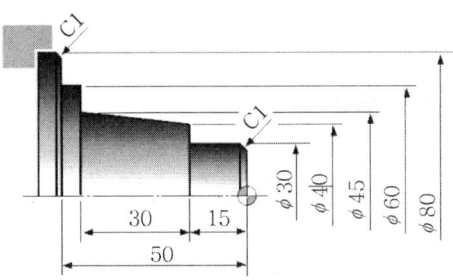

N10 G50 S2000 T0100 ;

G96 S180 M03 ;

G00 X85.0 Z5.0 T0101 ;

Z0.0 ;

G01 X-1.6 F0.2 ;

G00 X85.0 Z1.0 ;

G71 U2.0 R1.0 ; ──┐
G72 P12 Q14 U0.5 W0.2 F0.25 ; ─┘ 11T가 아닌 경우

N12 G00 G42 Z-51.0 ;

G01 X80.0 F0.2 ;

X78.0 W1.0 ;

X60.0 ;

Z-45.0 ;

X40.0 Z-15.0 ;

X30.0 ;

Z-1.0 ;

X26.0 Z1.0 ;

N14 G40 ;

G70 P12 Q14 ;

G00 X200.0 Z200.0 T0100 ;

M30 ;

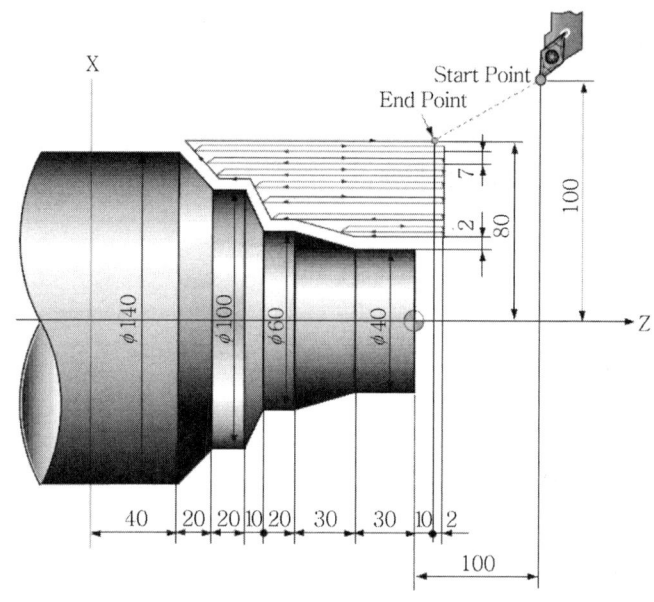

내 · 외경 황삭 Cycle(11T가 아닌 경우)
N010 G00 X200.0 Z100.0 ;
N011 G00 X160.0 Z10.0 ;
N012 G71 U7.0 R1.0 ;
N013 G71 P014 Q021 U4.0 W2.0 F0.3 S550 ;
N014 G00 G42 X40.0 S700 ;
N015 G01 W−40.0 F0.15 ;
N016 X60.0 W−30.0 ;
N017 W−20.0 ;
N018 X100.0 W−10.0 ;
N019 W−20.0 ;
N020 X140.0 W−20.0 ;
N021 G40 U2.0 ;
N022 G70 P014 Q021 ;
N023 G00 X200.0 Z100.0 ;
M30 ;

3 정삭 Cycle(G70)

G71, G72, G73 으로 황삭가공 완료 후 G70 기능으로 정삭 여유량을 가공한다.

[지령 방법] G70 P_p_ Q_q_ F_f_ ;

[지령 Word 의 의미]
- p : 황삭가공에서 지령한 고정 Cycle 최초 Block의 Sequence 번호
- q : 황삭가공에서 지령한 고정 Cycle 최후 Block의 Sequence 번호
- f : 정삭 이송속도(Feed) 지정

| 정삭 Cycle 관련 지식 |

- 황삭 Cycle의 구역 안에(p 부터 q Cycle까지) 지령된 F, S 는 황삭 Cycle 실행 중에는 무시되고 정삭 Cycle에서 실행되지만 지령되어 있지 않으면 G70 Cycle 에서 지령된 F, S 값이 Modal 로 실행된다.
- 정삭 Cycle이 완료되면 황삭 Cycle과 마찬가지로 초기점으로 복귀하게 된다. 초기점으로 복귀할 때 간섭(충돌)을 피하기 위하여 초기점 설정은 황삭의 초기점과 동일하게 설정하면 안전하다.
- 정삭 Cycle 지령은 반드시 황삭가공 바로 다음 Cycle에 지령할 필요는 없고, 정삭공구를 선택하여 지령하는 것이 좋다.
- 정삭 Cycle을 실행하면 위쪽으로 황삭의 Sequence 번호를 찾아서 실행한다.
- 하나의 프로그램 안에서 2개 이상의 황삭 고정 Cycle을 사용할 때는 정삭 Cycle에서의 구분을 위하여 Sequence 번호를 다르게 지령해야 한다.

4 단면 황삭 Cycle(G72)

단면을 가공하는 복합형 고정 Cycle로서 최종 형상과 절삭 조건 등을 지정해 주면 공구 경로는 자동적으로 결정되면서 정삭 여유만 남기고 시작점(고정 Cycle의 초기점)으로 복귀한다.

2줄 사이클 코드의 지령 방법

```
G72 W(△d)___ R(e)___ ;
G72 P(ns)___ Q(nf)___ U(△u)___ W(△w)___ F(f)___ S(s)___ T(t)___ ;
```

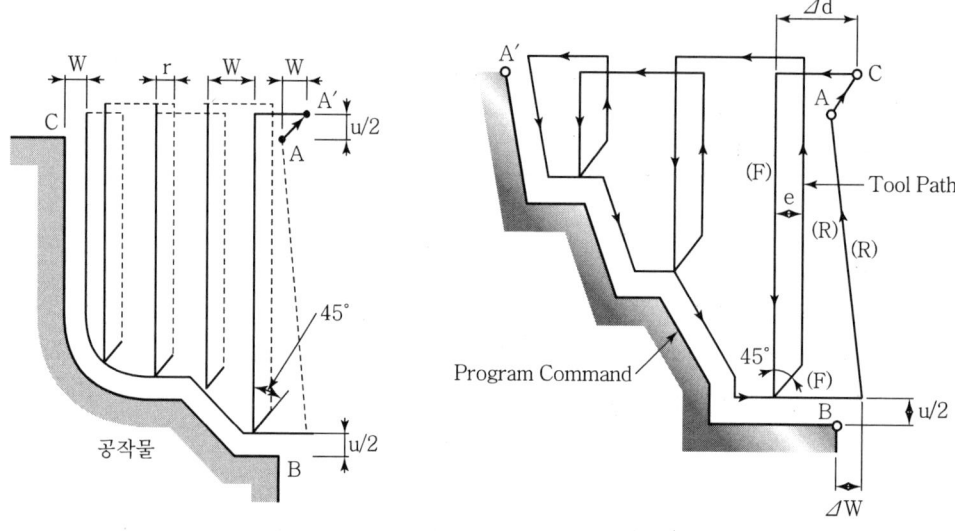

[지령 Word의 의미(FANUC 0T, Sentrol System의 경우)]
- W(w) : 1회 절입량(Z축 방향의 1회 절입량, 부호는 사용하지 않음)
  Modal 지령으로 다음에 지령될 때까지 유효하며 프로그램에 의해 파라미터가 변경되고 파라미터를 직접 입력할 수 있다.
- R(r) : 도피량(X축 후퇴량)
  Modal 지령으로 다음에 지령될 때까지 유효하며 프로그램에 의해 파라미터가 변경되고 파라미터를 직접 입력할 수 있다.
- P(p) : 고정 Cycle 구역을 지정하는 최초 Block의 Sequence 번호
- Q(q) : 고정 Cycle 구역을 지정하는 최후 Block의 Sequence 번호
- U(u) : X축 방향의 정삭 여유를 지정하며 직경치로 지정함
- W(w) : Z축 방향의 정삭 여유를 지정
- F(f) : 황삭 이송속도(Feed) 지정

1줄 사이클 코드의 지령방법

```
G72 P(ns)__ Q(nf)__ U(Δu)__ W(Δw)__ D(Δd)__ F__ S__ ;
```

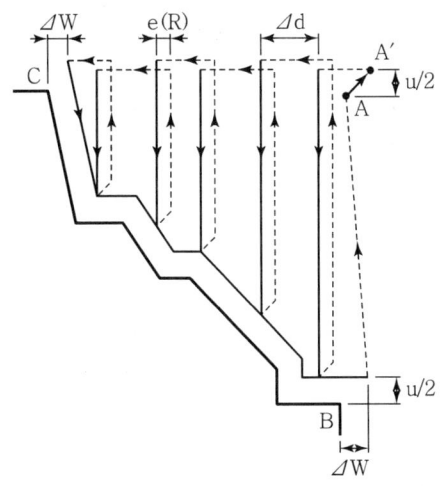

- P(ns) : 고정 Cycle 시작 지령절의 첫 번째 전개번호
- Q(nf) : 고정 Cycle 종료 지령절의 마지막 전개번호
- U(u) : X축 방향 다듬질 절삭 여유(직경지령)
- W(w) : Z축 방향 다듬질 절삭 여유
- D(Δd) : Z축의 1회 가공의 깊이(절삭깊이)
- F, S, T : 황삭 가공 시 이송속도, 주축속도, 공구선택, 즉 P와 Q사이의 데이터는 무시되고 G71 블록에서 지령된 데이터가 유효

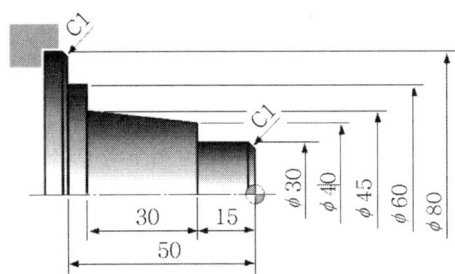

단면 황삭 Cycle

N10 G50 S2000 T0100 ;
G96 S180 M03 ;
G00 X85.0 Z5.0 T0101 ;
Z0.0 ;
G01 X-1.6 F0.2 ;
G00 X85.0 Z1.0 ;
G72 W2.0 R1.0 ;
G72 P12 Q14 U0.5 W0.2 F0.25 ;
N12 G00 G41 Z-51.0 ;
G01 X80.0 F0.2 ;
X78.0 W1.0 ;
X60.0 ;
Z-45.0 ;
X40.0 Z-15.0 ;
X30.0 ;
Z-1.0 ;
X26.0 Z1.0 ;
N14 G40 ;
G70 P12 Q14 ;
G00 X200.0 Z200.0 T0100 ;
M30 ;

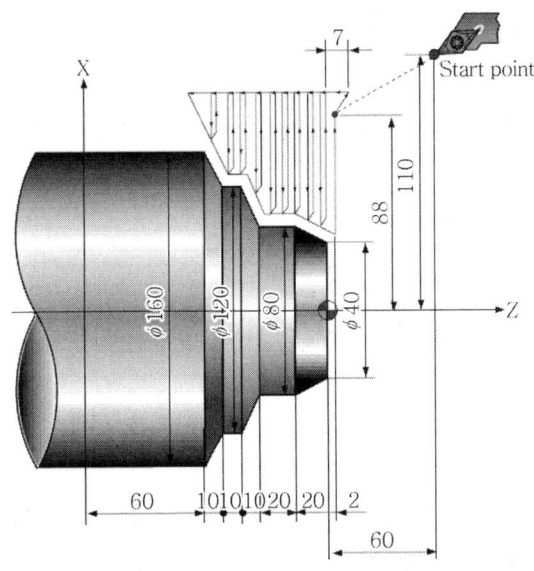

단면 황삭 Cycle

N010 G00 X220.0 Z60.0 ;

N011 G00 X176.0 Z2.0 ;

N012 G72 W7.0 R1.0 ;

N013 G72 P014 Q021 U4.0 W2.0 F0.3 S550 ;

N014 G00 G41 Z-70.0 S700 ;

N015 X160.0 ;

N016 G01 X120.0 Z-60.0 F0.15 ;

N017 W10.0 ;

N018 X80.0 W10.0 ;

N019 W20.0 ;

N020 X36.0 W22.0 ;

N021 G40 ;

N022 G70 P014 Q021 ;

N023 G00 X220.0 Z60.0 ;

N024 M30 ;

5 모방절삭(유형반복) Cycle(G73)

내·외경 황삭가공 복합형 고정 Cycle로서 최종 형상과 절삭 조건 등을 지정해 주면 공구 경로는 자동적으로 결정되면서 정삭 여유만 남기고 시작점(고정 Cycle의 초기점)으로 복귀한다.

2줄 사이클 코드의 지령 방법

```
G73 U(Δd)__ W(Δw)__ R(e)__ ;
G73 P(ns)__ Q(nf)__ U(Δu)__ W(Δw)__ F(f)__ S(s)__ T(t)__ ;
```

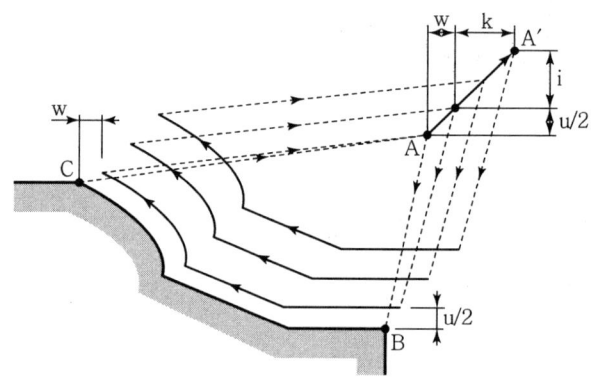

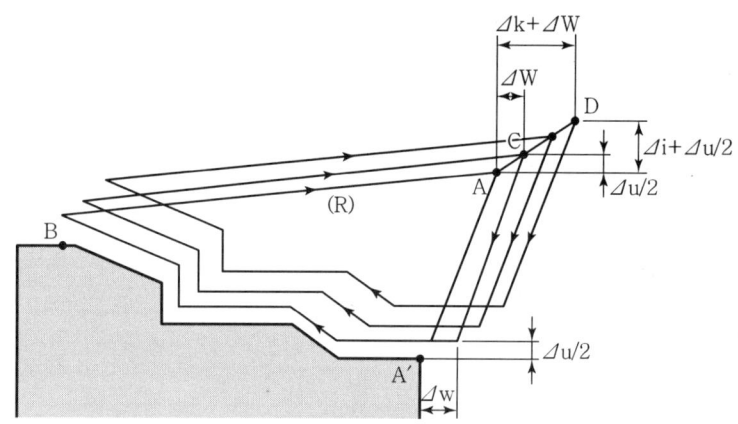

- U(i) : X축 방향의 황삭여유(도피량)
    X축 방향의 황삭여유량을 지정, 부호와 같이 지정하며 반경 지령
- W(k) : Z축 방향의 황삭여유(도피량)를 지정, 부호와 같이 지령
    I, k의 지령으로 파라미터가 변경되며 파라미터를 직접 입력할 수 있다.
- R(r) : 황삭 분할 횟수(황삭 가공 횟수)
    I, k의 황삭 여유를 몇 번에 나누어 가공할 것인지를 지령함

- P(p) : 고정 Cycle 구역을 지정하는 최초 Block의 Sequence 번호
- Q(q) : 고정 Cycle 구역을 지정하는 최후 Block의 Sequence 번호
- U(u) : X축 방향의 정삭 여유를 지정하며 직경치로 지정함
- W(w) : Z축 방향의 정삭 여유를 지정
- F(f) : 황삭 이송속도(Feed) 지정

1줄 사이클 코드의 지령방법

G73 P(ns) Q(nf) I(i) K(k) U(Δu) W(Δw) D(Δd) F__ S__ ;

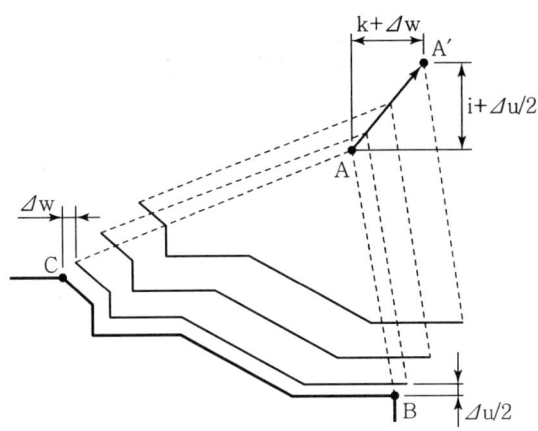

- P(ns) : 고정 Cycle 시작 지령절의 첫 번째 전개번호
- Q(nf) : 고정 Cycle 종료 지령절의 마지막 전개번호
- I(i) : X축 방향의 도피 거리 및 방향
- K(k) : Z축 방향의 도피 거리 및 방향
- U(u) : X축 방향 다듬질 절삭 여유(직경지령)
- W(w) : Z축 방향 다듬질 절삭 여유
- D(Δd) : I, k를 몇 번에 나누어 가공할 것인지 결정(분할 횟수)
- F, S, T : 황삭 가공 시 이송속도, 주축속도, 공구선택, 즉 P와 Q 사이의 데이터는 무시되고 G71 블록에서 지령된 데이터가 유효

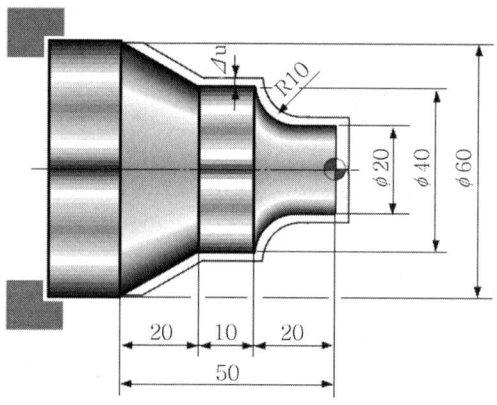

모방절삭(유형반복) Cycle

N10 G50 S2000 T0300 ;

G96 S200 M03 ;

G00 X35.0 Z5.0 T0303 ;

Z0.0 ;

G01 X-1.6 F0.2 ;

G00 X70.0 Z10.0 ;

G73 U3.0 W2.0 R2 ;

G73 P12 Q16 U0.5 W0.1 F0.25 ;

N12 G00 G42 X20.0 Z2.0 ;

G01 Z-10.0 F0.15 ;

G02 X40.0 Z-20.0 R10.0 ;

G01 Z-30.0 ;

X60.0 Z-50.0 ;

N16 G40 U1.0 ;

G70 P12 Q16 ;

G00 X200.0 Z200.0 T0300 ;

M30 ;

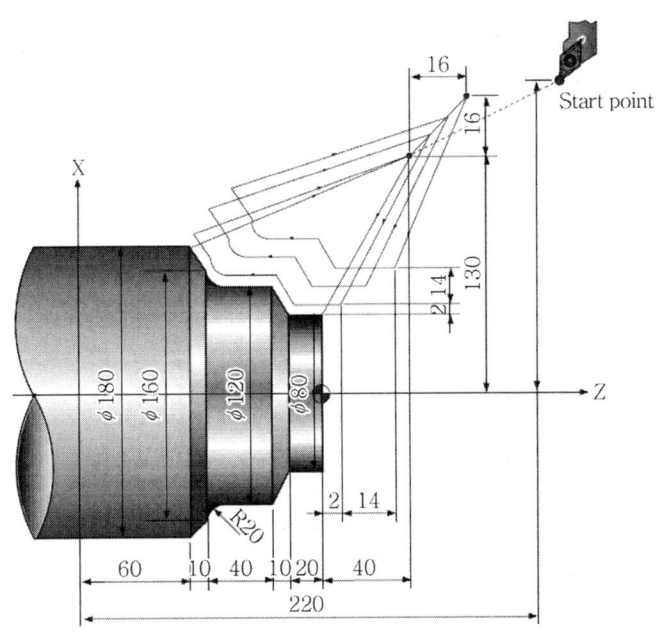

모방절삭(유형반복) Cycle

N010 G00 X260.0 Z80.0 ;

N011 G00 X220.0 Z40.0 ;

N012 G73 U14.0 W14.0 R3 ;

N013 G73 P014 Q020 U4.0 W2.0 F0.3 S0180 ;

N014 G00 G42 X80.0 Z2.0 ;

N015 G01 W−20.0 F0.15 S0600 ;

N016 X120.0 W−10.0 ;

N017 W−20.0 S0400 ;

N018 G02 X160.0 W−20.0 R20.0 ;

N019 G01 X180.0 W−10.0 S280 ;

N020 G40 ;

N021 G70 P014 Q020 ;

N022 G00 X260.0 Z80.0 ;

N023 M30 ;

6 팩 드릴링(Peck Drilling) 가공 Cycle(G74)

① 단면 홈을 드릴 가공할 때 발생하는 Long Chip의 발생을 억제하여 효율적인 가공을 할 수 있다.
② X축의 지령을 생략하여 단면 Drill 작업도 가능하다.

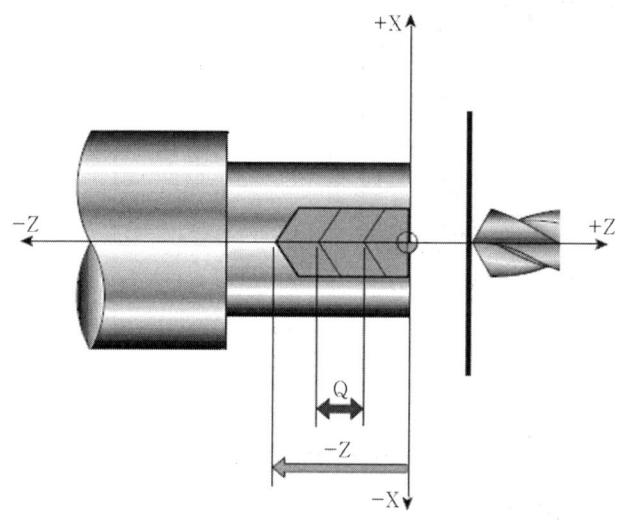

2줄 사이클 코드의 지령 방법

```
G74 R(e)___ ;
G74 X(u)_ Z(w)_ P(Δi)_ Q(Δk)_ R(Δd)_ F(f)_ ;
```

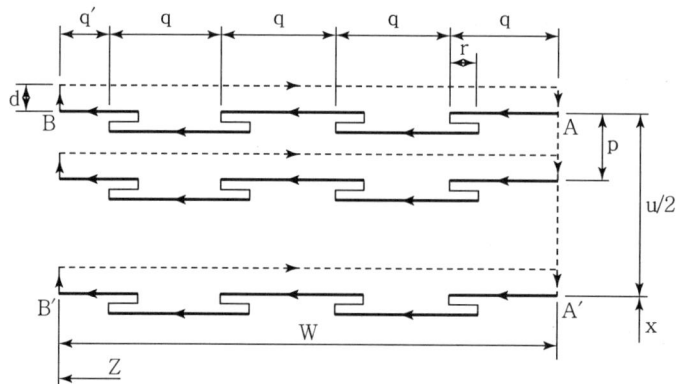

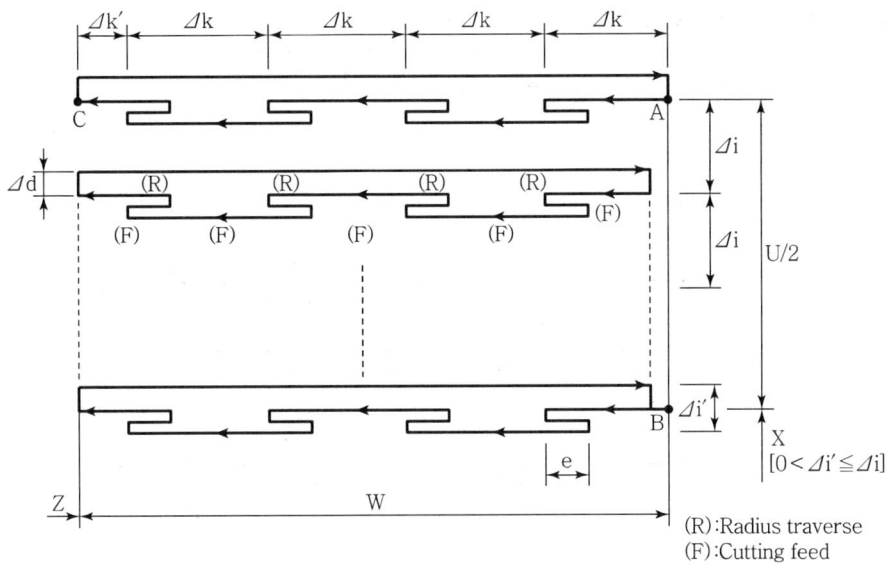

- R(r) : 후퇴량(Z축 방향의 1회 절입 후 뒤쪽으로 이동하는 양)
  Modal 지령으로 다음에 지령될 때까지 유효하며 프로그램에 의해 파라미터가 변경되고 파라미터를 직접 입력할 수 있다.
- X(U) : 가공하고자 하는 X축 방향의 최종(B'점의 직경치수) 지점
- Z(W) : 가공하고자 하는 Z축 방향의 최종 지점
- P(p) : X축 방향의 이동량(절입폭이라고 생각할 수 있으며 홈가공 시 홈 Bite의 2/3 정도 절입)
- Q(q) : Z축 방향의 1회 절입량 Long Chip의 발생을 줄이기 위해 적절한 깊이를 지령(X축 방향의 이동량)하며 소수점 지령을 할 수 없다.
- R(d) : X축 방향의 이동량의 반대 방향으로 후퇴량 지정 X축 방향의 이동량이 없을 경우 생략, 단면 폭이 홈 Bite와 같은 경우와 단면 Drill 작업을 할 경우 생략하여야 한다.
- F(f) : 단면절삭 Feed양 지정

1줄 사이클 코드의 지령 방법

G74 X(u)_ Z(w)_ I(Δi)_ K(Δk)_ F(f)_ D(Δd)_ ;

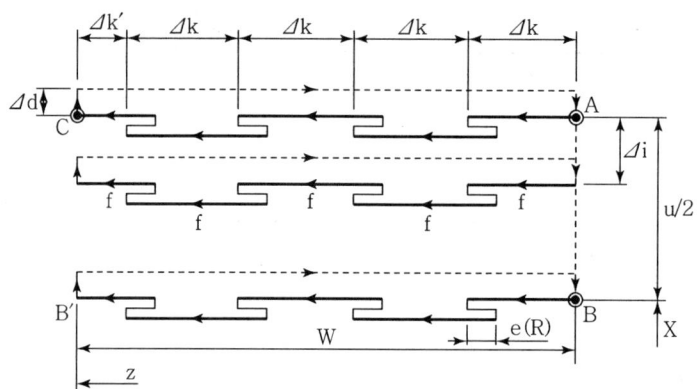

- X(U) : B점의 X좌표값(U : A에서 B까지 증분량)
- Z(W) : C점의 Z좌표값(W : A에서 C까지 증분량)
- I(Δi) : X방향의 이동량(부호를 무시하여 지정)
- K(Δk) : Z방향의 절입량(부호를 무시하여 지정)
- D(Δd) : 가공 끝점에서 공구 후퇴량(D가 생략되면 0)
- F(f) : 이송 속도

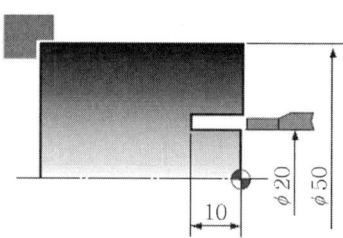

단면 홈(Peck Drilling) 가공 Cycle

N10 G50 S2000 T0100 ;

G96 S80 M03 ;

G00 X50.0 Z1.0 T0101 ;

G74 R1.0 ;

G74 X10.0 Z-10.0 P10000 Q3000 F0.1 ;

G00 X200.0 Z200.0 T0100 ;

M30 ;

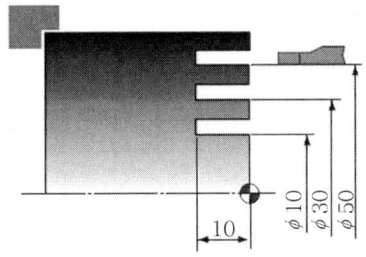

단면 홈(Peck Drilling) 가공 Cycle

N1 G50 S2000 T0100 ;
G96 S80 M3 ;
G00 X47.0 Z1.0 T0101M8 ;
G74 R1.0 ;
G74 Z-10.0 Q3000 F0.1 ;
G00 U-5.0 ;
G74 X20.0 Z-10.0 P2500 Q3000 F0.1 ;
G00 X200.0 Z200.0 T0100 ;
M30 ;

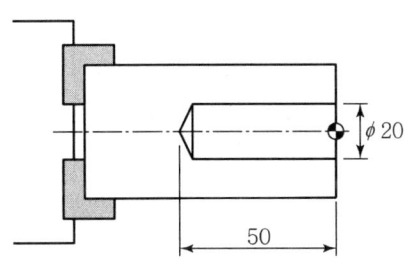

단면 홈(Peck Drilling) 가공 Cycle

G28 U0.0 W0.0 ;
G50 X150.0 Z200.0 T0800 ; ················· 좌표계설정
G97 S450 M03 ;
G00 X0.0 Z4.0 T00808 M08 ; ············· 고정 Cycle의 초기점(시작점)
G74 R0.5 ; ·································· Z축 0.5mm 후퇴량 지정
G74 Z-5.0 Q2000 F0.15 ; ················ 2mm 절입하고 0.5mm 후퇴를
G00 X100.0 Z150.0 T0800 M09 ; ········ 반복 하면서 Z축 -5mm까지 가공한다.
M05 ;
M02 ;

7 내 · 외경 홈가공 Cycle(G75)

① 내경이나 외경에 홈을 가공하는 Cycle이다.
② 홈 가공 시 발생하는 Long Chip의 발생을 억제하면서 효율적인 가공을 할 수 있다.

2줄 사이클 코드의 지령 방법

```
G75 R(e)___ ;
G75 X(u)__ Z(w)__ P(Δi)__ Q(Δk)__ R(Δd)__ F(f)__ ;
```

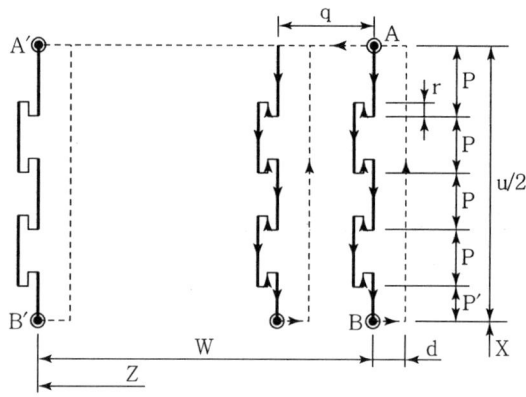

- R(r) : 후퇴량(Z축 방향의 1회 절입 후 뒤쪽으로 이동하는 양)
  Modal 지령으로 다음에 지령될 때까지 유효하며 프로그램에 의해 파라미터가 변경되고 파라미터를 직접 입력할 수 있다.
- X(U) : 가공하고자 하는 X축 방향의 최종(B'점의 직경치수) 지점
- Z(W) : 가공하고자 하는 Z축 방향의 최종 지점
- P(p) : X축 방향의 1회 절입량 Long Chip의 발생을 줄이기 위해 적절한 깊이를 지령, q(Z축 방향의 이동량)과 같이 소수점 지령할 수 없다.
- Q(q) : Z축 방향의 이동량(절입폭이라고 생각할 수 있으며 홈가공 시 홈 Bite의 2/3 정도 절입)
- R(d) : Z축 방향의 이동량의 반대 방향으로 후퇴량 지정 Z축 방향의 이동량이 없을 경우 생략, 홈 폭이 홈 Bite와 같은 경우 생략하지 않으면 공구가 파손된다.
- F(f) : 홈 절삭 Feed양 지정

1줄 사이클 코드의 지령 방법

```
G75 X(u)__ Z(w)__ I(Δi)__ K(Δk)__ F(f)__ D(Δd)__ ;
```

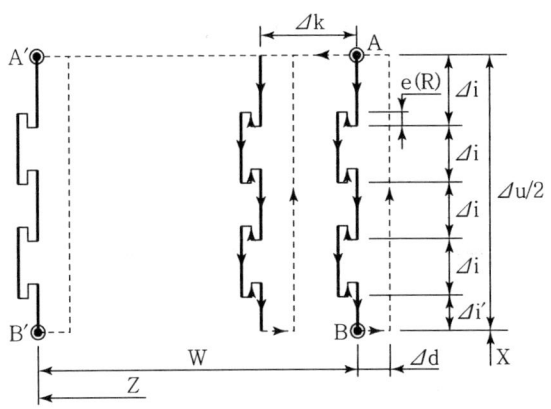

- X(U) : 홈의 골지름
- Z(W) : 홈의 마지막 위치
- I(Δi) : X방향의 절삭량(부호 없이 지정)
- K(Δk) : 홈 간 거리(부호 없이 지정)
- D(Δd) : 공구 도피량(홈 가공의 경우 대개 지령하지 않음)
- E : 귀환량(파라미터로 설정)
- F(f) : 이송 속도

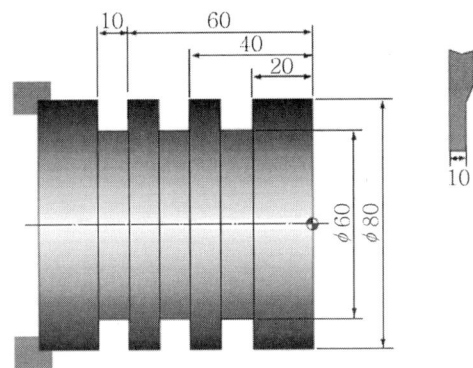

내 · 외경 홈 가공 Cycle
N10 G50 S500 T0100 ;
G97 S500 M03 ;
G00 X90.0 Z1.0 T0101 ;
X82.0 Z-60.0 ;
G75 R1.0 ;
G75 X60.0 Z-20.0 P3000 Q20000 F0.1 ;
G00 X90. ;
X200.0 Z200.0 T0100 ;
M30 ;

8 자동 나사 가공 Cycle(G76)

나사의 최종 골경과 절입 조건 등을 2개의 Block으로 지령함으로써 자동적으로 나사를 완성 가공할 수 있는 기능이다.

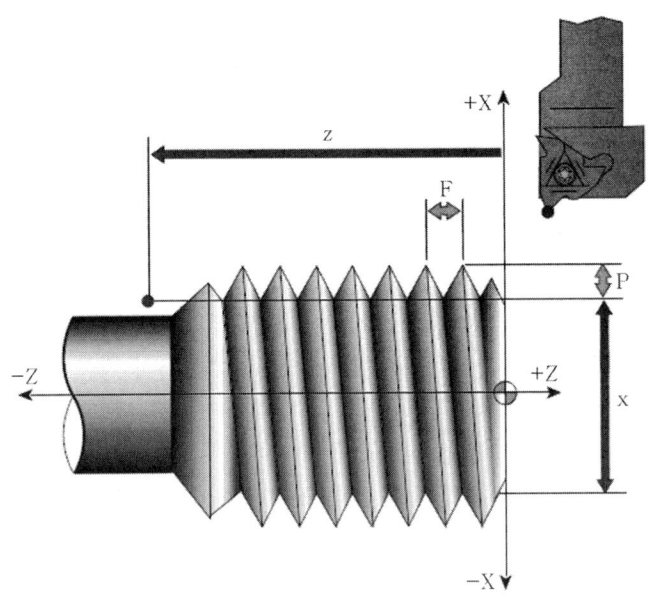

2줄 사이클 코드의 지령 방법

```
G76 P_m r a_  Q_dmin_  R_d_  *
G76 X(U)_u_ Z(W)_w_  P_k_  Q_q_  R_i_  F_f_  *
```

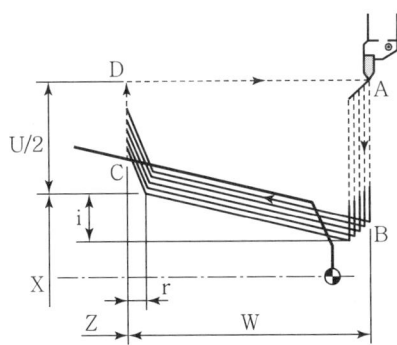

P(mra) : 6단을 동시에 지령해야 하며 의미는 아래와 같다.

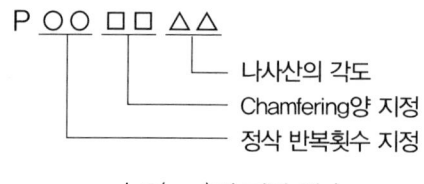

| P(mra)의 지령 예 |

m : 1회 정삭, r : 불완전 나사부 1 피치(45°), a : 삼각나사일 때

P011060

- m : 정삭반복 횟수 지정(1~99회까지 지정 가능)
- r : Chamfering량 지정
  나사가공의 마지막 부위의 불안전 나사부를 가공하는 양을 지정나사의 Lead를 L로 하여 0.0×L~9.9×L까지 지령할 수 있다. 소수점은 지령할 수 없으며 r=10을 지령하면 45도 각도로 후퇴함
- a : 나사산의 각도(나사산의 절입 각도)지정
  지령할 수 있는 각도는 80°, 60°, 55°, 30°, 29°, 0°까지 지령할 수 있다.
- P(mra)의 지령 예 P011060
  m=1회 정삭, r=불안전나사부1(Pitc 45°), a=삼각나사)
- Dmin : 최소 절입량 지정
  자동나사 Cycle에서는 나사의 골경과 최초 절입량을 지정하면 자동으로 절입 횟수에 비례하여 절입량이 작아진다. 작아지는 하한치 값을 지령하면 이 지령값보다는 작아지지 않는다.
- R(d) : 정삭 여유 지정
  나사가공의 완성 가공 시 마지막의 절입은 경사를 가지지 않고 직각으로 절입하는데 이 마지막 직각으로 절입하는 양을 지정
- X(U) : 나사가공의 최종 골경의 직경치수
- Z(W) : 나사가공의 길이를 지정
  (나사부의 길이와 Chamfering양의 합한 값을 지령 예 완전 나사부 길이 : 20mm이고 Pitch가 2mm일 때 Z−22.을 지령함)
- P(k) : 나사산의 높이 지정
  나사의 골 치수와 나사산 높이의 지정으로 나사의 외경을 NC 내부에서 알 수 있으며 이 외경을 기준으로 최초 절입량이 결정된다. 지령방식은 반경치로 지령한다.
- Q(q) : 최초 절입량 지정
  나사가공의 절입 횟수는 최초 절입량을 기준하여 자동으로 결정됨
- R(i) : 테이퍼 나사 가공 시 기울기양 지정
  생략하면 직선 나사가 되고 기울기의 부호는 G92와 같다.
- F(f) : 나사의 Lead 지정

1줄 사이클 코드의 지령방법

G76 X__ Z__ I__ K__ D(Δd)   { F_ / E_ }   A__ P__ ;

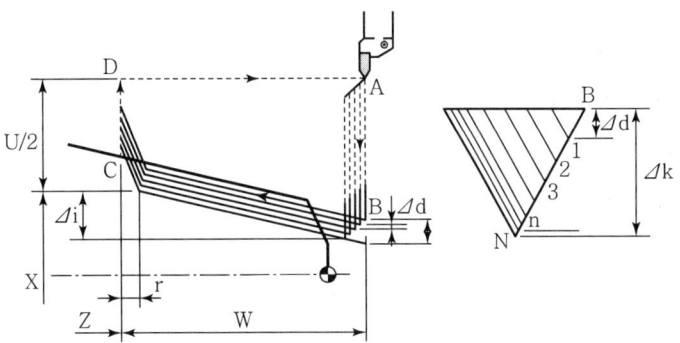

- X(U), Z(W) : 나사 끝 지점의 좌표값
- I(Δi) : 나사 시작점과 끝 지점과의 거리(반경지정) I=0이면 평행나사
- K(Δk) : 나사산의 높이(반지름 지정)
- D(Δd) : 첫 번째 절입 깊이(반지름 지정)
- F(f) : 나사의 Lead
- A(a) : 나사의 각도
- P : 절삭방법(생략하면 절삭량 일정, 한쪽 날 가공을 수행)
- R : 모따기 양(파라미터로 설정)
- P1 : 절삭량 일정, 한쪽 날 가공
- P2 : 절삭량 일정, 양쪽 날 가공
- P3 : 절삭깊이 일정, 한쪽 날 가공
- P4 : 절삭깊이 일정, 양쪽 날 가공

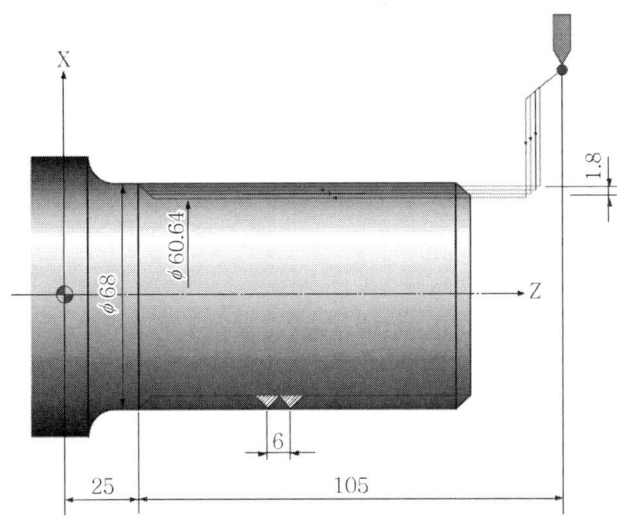

자동 나사 가공 Cycle

N10 G50 S500 T0700 ;
G97 S500 M03 ;
G00 X90.0 Z130.0 T0707 ;
G76 P011060 Q100 R200 :
G76 X60.64 Z25.0 P3680 Q1800 F6.0 ;
G00 X90.0 ;
X200.0 Z200.0 T0700 ;
M30 ;

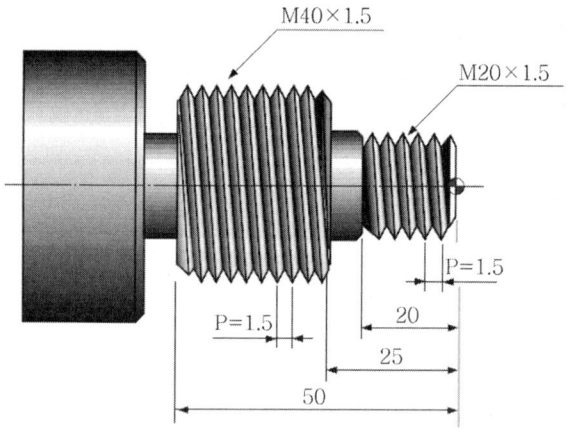

자동 나사 가공 Cycle

N10 G97 S800 M03
T0300
G00 X30.0 Z5.0 T0303
G76 P021060 Q100 R100
G76 X18.2 Z-20.0 P900 Q500 F1.5
G00 X50.0 Z-20.0
G76 P021060 Q100 R100
G76 X38.2 Z-52.0 P900 Q500 F1.5
G00 X200.0 Z200.0 T0300
M30

SECTION 14 | 보조 프로그램(M98, M99)

보조 프로그램은 프로그램 중 반복되는 부분을 보조프로그램으로 작성하여 주 프로그램에서 필요시 불러 사용하는 기능이다.

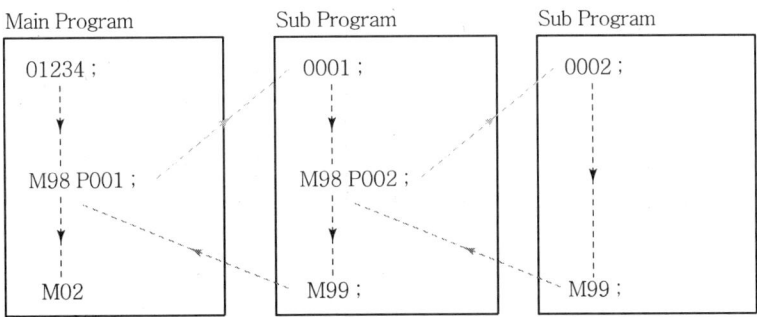

보조프로그램을 호출하는 기능은 메인프로그램에서 M98을 사용한다.
1. Sub Program의 끝엔 M99가 필요(M99가 없으면 Alarm 발생)
2. Main, Sub Program 작성방법에는 제한이 없음(보조프로그램에서도 공작물 좌표계, 공구 교환 가능)
3. Sub Program에서 Sub Program을 호출할 수 있고 역순으로 주 프로그램으로 귀환

SECTION 15 | 종합 프로그램 공정 이해

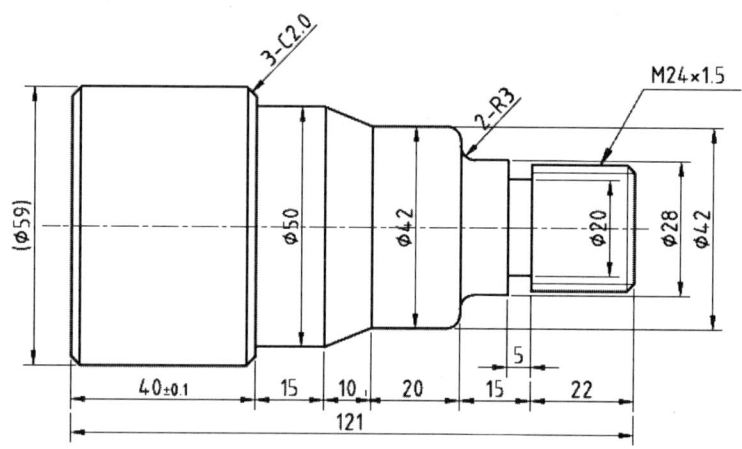

| OT 이외 프로그램 |

프로그램(O0001)	의미 1/2
G28 U0.0 W0.0 ;	원점 복귀
G50 X300.0 Z365.0 S1500 T0100 ;	공작물좌표계 설정, 주축최고회전수 지정, 1번 공구 선택 (호출)
G96 S150 M03 ;	원주속도 일정제어, 주축 정회전
G00 X65.0 Z10.0 T0101 M08 ;	급속 이송, 절삭유공급, 1번 공구 보정
G71 P10 Q20 U0.2 W0.1 D2000 F0.25 ;	외경 황삭사이클 가공, 이송속도 : 0.25
N10 G00 X0.0 ;	급속 이송
Z0.0	
G01 X20.0 ;	절삭 가공 시작점
X24.0 Z-2.0 ;	모따기 절삭 가공
Z-27.0 ;	직선 절삭 가공
X28.0 ;	직선 절삭 가공
Z-34.0 ;	직선 절삭 가공
G02 X34.0 Z-37.0 R3.0 ;	원호 가공(시계 방향), 반지름 3
G01 X36.0 ;	직선 절삭가공
G03 X42.0 Z-40.0 R3.0 ;	원호 가공(반시계 방향), 반지름 3
G01 Z-57.0 ;	직선 절삭가공
X50.0 Z-67.0 ;	직선 절삭가공
Z-82.0 ;	직선 절삭가공
X55.0 ;	직선 절삭가공
N20 X63.0 Z-86.0 ;	직선 절삭가공

프로그램	의미 2/2
G00 X150.0 Z150.0 T0100 M09 ;	가공 후 초기점 복귀, 공구보정 취소, 절삭유 공급 중지
M05 ;	주축회전 정지
G50 S1800 T0300 ;	공작물좌표계 설정, 주축최고회전수 지정, 3번 공구 호출
G96 S180 M03 ;	원주속도일정제어, 주축 정회전
G00 X65.0 Z10.0 T0303 M08 ;	초기점으로 급속 이동, 공구보정, 절삭유 공급
G70 P10 Q20 F0.15 ;	외경 정삭사이클 가공
G00 X150.0 Z150.0 M09 ;	초기점으로 급속이동, 절삭유 공급 중지
M05 ;	주축회전 정지
T0300 ;	공구보정 취소
T0500 ;	공구호출
G97 S800 M03 ;	회전수 일정제어, 주축 정회전
G00 X30.0 Z-27.0 T0505 ;	급속이송(홈가공시작점) 5번 공구 보정
G01 X20.0 F0.1 ;	직선절삭가공(홈 가공)
G04 U2.0 ;	일시정지(2초)
G01 X30.0 ;	직선절삭복귀
Z-25.0 ;	직선절삭가공(이동)
X20.0 ;	직선절삭가공
G04 U2.0 ;	일시정지(2초)
G01 Z-27.0 ;	직선절삭가공
X30.0 ;	직선 절삭가공(이동)
G00 X150.0 Z150.0 M09 ;	초기점으로 급속이동, 절삭유 공급 중지
M05 ;	주축회전 정지
T0500 ;	공구보정 취소
T0700 ;	공구호출
G97 S500 M03 ;	회전수 일정제어, 주축 정회전
G00 X26.0 Z2.0 T0707 ;	급속이송(나사가공시작점), 공구보정
G76 X22.22 Z-24.0 K0.89 D350 F1.5 ;	단일고정형 나사절삭사이클
G00 X150.0 Z150.0 M09 ;	초기점으로 급속이동, 절삭유 공급 중지
M05 ;	주축회전 정지
T0700 ;	공구보정 취소
M02 ;	프로그램 끝

CHAPTER 03 응용 프로그램

SECTION 01 프로그램 따라잡기

과제도면 1 | CNC 선반 예제 1
황/정삭 단차가공 프로그램 완성

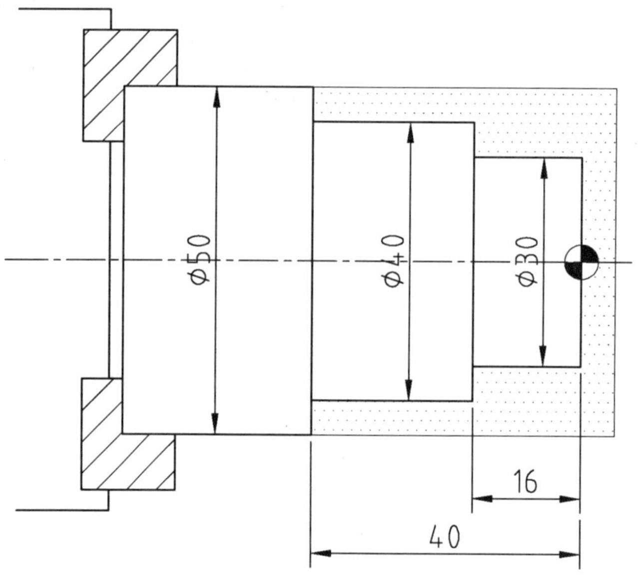

작업 조건표

순서	공구종류	공구번호	절삭속도 (mm/rev)	회전속도 (RPM)	소재 치수
1	외경 황삭	T01	0.2	180	φ50×100
2	외경 정삭	T03	0.1	200	
3	외경 홈파기	T05	0.08	500	재질
4	외경 나사깎기	T07	2.0	500	SM20C

프로그램 번호 : O1001 (0T 프로그램)
CNC 선반 예제 1
황/정삭 단차가공 프로그램 완성

```
%
O1001
G28U0.0W0.0
G50X300.0Z385.0S1800
T0100
G96S180M03
G00X55.0Z50.0T0101
Z5.0M08
G71U1.5R2.0
G71P10Q20U0.4W0.1F0.2
N10G00G42X0.0
Z0.0
G01X30.0
Z-16.0
X40.0
Z-40.0
N20X50.0
G00G40X150.0Z150.0T0100M09
M05
M01
G50S2000
T0303
G96S200M03
G00X55.0Z50.0T0303
Z5.0M08
G70P10Q20F0.1
G00G40X150.0Z150.0T0300M09
M05
M02
%
```

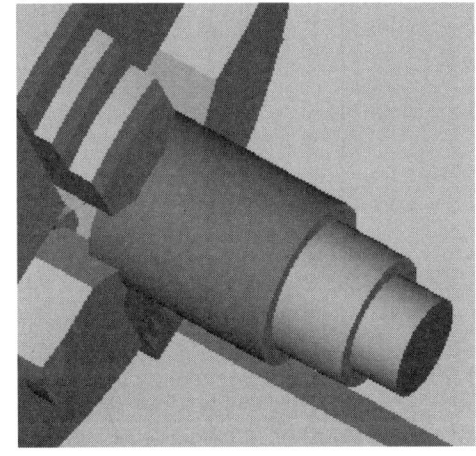

과제도면 2	CNC 선반 예제 2
	황/정삭 단차가공 프로그램 완성

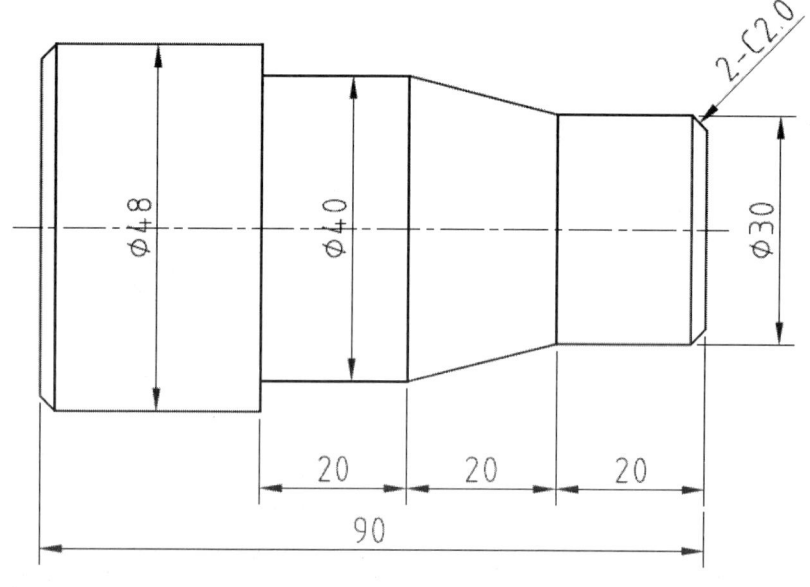

작업 조건표

순서	공구종류	공구번호	절삭속도 (mm/rev)	회전속도 (RPM)	소재 치수
1	외경 황삭	T01	0.2	180	φ50×100
2	외경 정삭	T03	0.1	200	
3	외경 홈파기	T05	0.08	500	재질
4	외경 나사깎기	T07	2.0	500	SM20C

프로그램 번호 : O1002 (0T 프로그램)	CNC 선반 예제 2 황/정삭 테이퍼가공 프로그램 완성

```
%
O1002
G28U0.0W0.0
G50S1800
T0100
G96S180M03
G00X55.0Z50.0T0101
Z5.0M08
G71U1.5R2.0
G71P10Q20U0.4W0.1F0.2
N10G00G42X0.0
Z0.0
G01X26.0
X30.0Z-2.0
Z-20.0
X40.0Z-40.0
Z-60.0
N20X50.0
G00G40X150.0Z150.0T0100M09
M05
M01

G50S2000
T0303
G96S200M03
G00X55.0Z50.0T0303
Z5.0M08
G70P10Q20F0.1
G00G40X150.0Z150.0T0300M09
M05
M02
%
```

과제도면 3	CNC 선반 예제 3
	황/정삭 원호가공 프로그램 완성

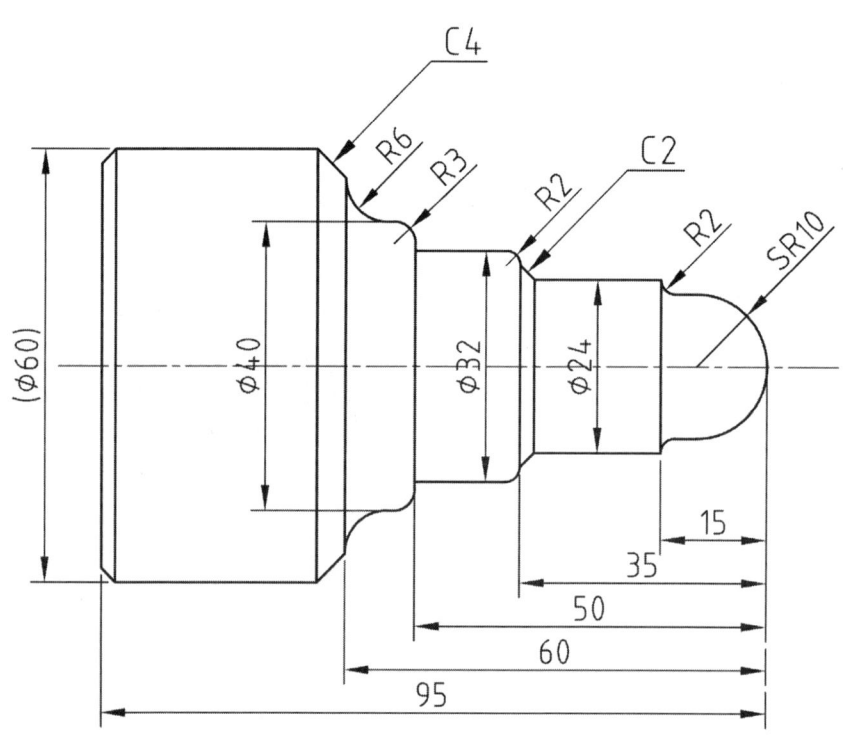

작업 조건표

순서	공구종류	공구번호	절삭속도 (mm/rev)	회전속도 (RPM)	소재 치수
1	외경 황삭	T01	0.2	180	φ60×100
2	외경 정삭	T03	0.15	180	
3	외경 홈파기	T05	0.08	500	재질
4	외경 나사깎기	T07	2.0	500	SM20C

프로그램 번호 : O1003 (0T 프로그램)

CNC 선반 예제 3
황/정삭 원호가공 프로그램 완성

```
%
O1003
G28U0.0W0.0
G50X300.0Z385.0S1800
T0100
G96S180M03
G00X65.0Z50.0T0101
Z5.0M08
G71U1.5R2.0
G71P10Q20U0.4W0.1F0.2
N10G00G42X0.0Z2.0
G01Z0.0
G03X20.0Z-10.0R10.0
G01Z-13.0
G02X24.0Z-15.0R2.0
G01Z-33.0
X28.0Z-35.0
G03X32.0Z-37.0R2.0
G01Z-50.0
X36.0
G03X40.0Z-53.0R3.0
G01Z-54.0
G02X52.0Z-60.0R6.0
N20G01X68.0Z-68.0
G00G40X150.0Z150.0T0100M09
M05
M01
G50S2000
T0303
G96S200M03
G00X65.0Z50.0T0303
Z5.0M08
G70P10Q20F0.15
G00G40X150.0Z150.0T0300M09
M05
M02
%
```

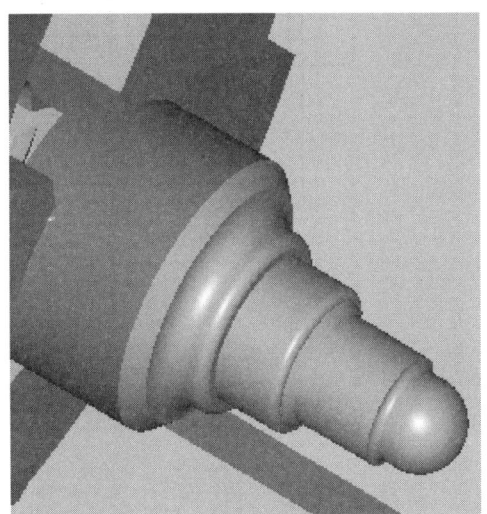

과제도면 4

CNC 선반 예제 4
황/정삭 원호가공 프로그램 완성

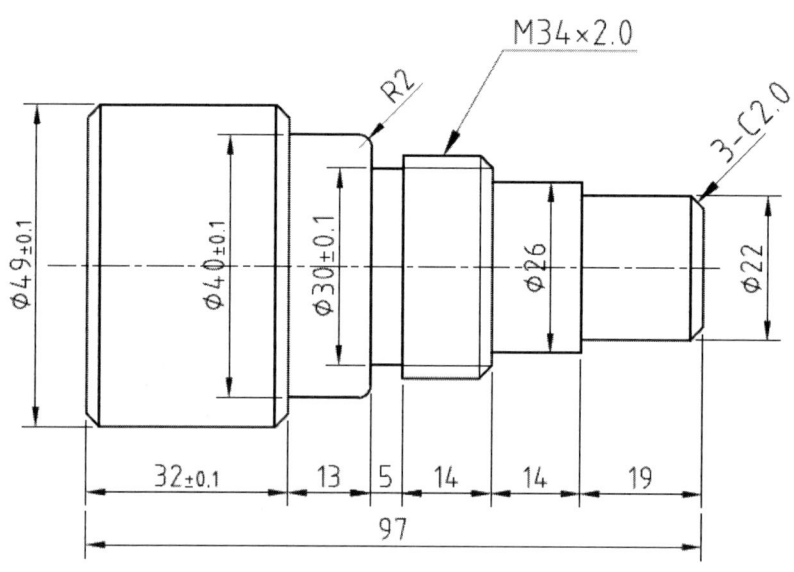

※ 나사절삭 데이터

절입 횟수	피치	1회	2회	3회	4회	5회	6회	7회	8회	계	비고
매회 절입 깊이	1.5	0.35	0.20	0.14	0.10	0.05	0.05			0.89	반경
	2.0	0.35	0.25	0.19	0.12	0.10	0.08	0.05	0.05	1.19	

작업 조건표

순서	공구종류	공구번호	절삭속도 (mm/rev)	회전속도 (RPM)	소재 치수
1	외경 황삭	T01	0.2	180	$\phi 50 \times 100$
2	외경 정삭	T03	0.15	200	
3	외경 홈파기	T05(4mm)	0.08	500	재질
4	외경 나사깎기	T07	2.0	500	SM20C

| 프로그램 번호 : O1004 (0T 프로그램) | CNC 선반 예제 4_1 황/정삭(T01,T03) 가공 프로그램 완성 |

%
O1004(황정삭)
G28U0.0W0.0
G50S1800
T0100
G96S180M03
G00X50.0Z50.0T0101
Z5.0M08
G71U1.5R2.0
G71P10Q20U0.4W0.1F0.2
N10G00G42X-2.0
G01Z0.0
X18.0
X22.0Z-2.0
Z-19.0
X26.0
Z-33.0
X30.0
X34.0Z-35.0
Z-52.0
X36.0
G03X40.0Z-54.0R2.0
G01Z-65.0
X45.0
N20X53.0Z-69.0
G00G40X150.0Z150.0T0100M09
M05
M01

G50S2000
T0303
G96S200M03
G00X50.0Z50.0T0303
Z5.0M08
G70P10Q20F0.15
G00G40X150.0Z150.0T0300M09
M05
M01

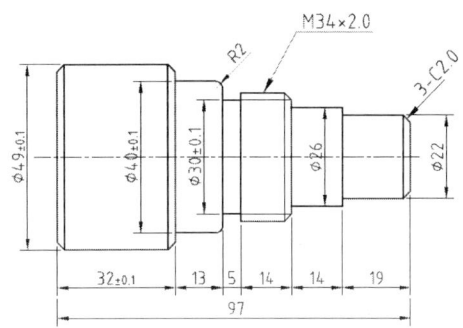

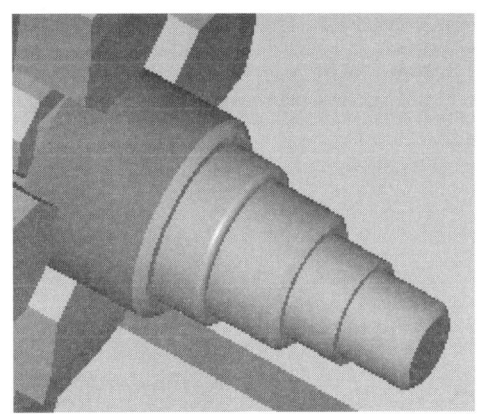

프로그램 번호 : O1004

CNC 선반 예제 4_2
홈(T05), 나사(T07) 가공 프로그램 완성

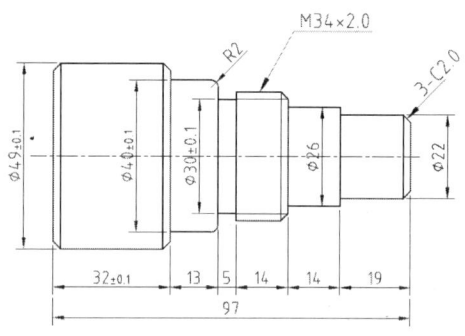

```
T0500
G97S500M03
G00X40.0Z-52.0T0505M08
G1X30.0F0.08
G04X1.0
G01X42.0
W2.0
G01X30.0
G04X1.0
G01X42.0
G00X150.0Z150.0T0500M09
M05
M01

T0700
G97S500M03
G00X36.0Z-32.0T0707M08
G76P021060Q50R20
G76X31.62Z-48.0P1190Q350F2.0
G00X150.0Z150.0T0700M09
M05
M02
%
```

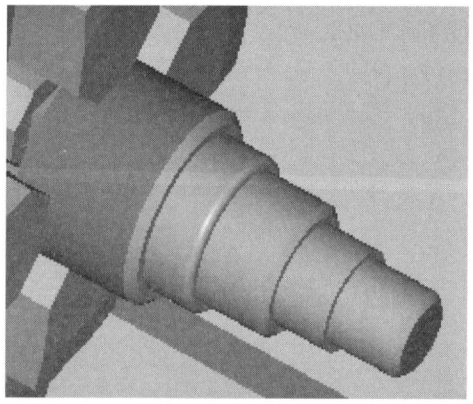

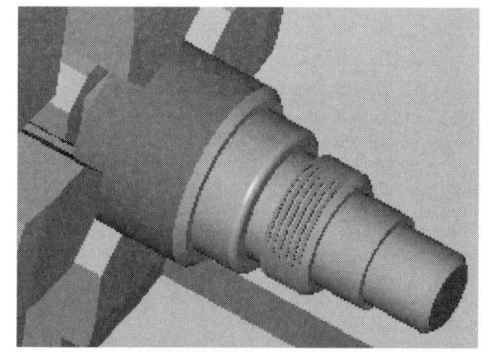

| 프로그램 번호 : O1004 (0T 프로그램) | CNC 선반 예제 4_3 황/정삭, 홈, 나사가공 프로그램 완성 |

```
%
O1004(완성)
G28U0.0W0.0
G50S1800
T0100
G96S180M03
G00X50.0Z50.0T0101
Z5.0M08
G71U1.5R2.0
G71P10Q20U0.4W0.1F0.2
N10G00G42X-2.0
G01Z0.0
X18.0
X22.0Z-2.0
Z-19.0
X26.0
Z-33.0
X30.0
X34.0Z-35.0
Z-52.0
X36.0
G03X40.0Z-54.0R2.0
G01Z-65.0
X45.0
N20X53.0Z-69.0
G00G40X150.0Z150.0T0100M09
M05
M01

G50S2000
T0303
G96S200M03
G00X50.0Z50.0T0303
Z5.0M08
G70P10Q20F0.15
G00G40X150.0Z150.0T0300M09
M05
M01

T0500
G97S500M03
G00X40.0Z-52.0T0505M08
G1X30.0F0.08
G04X1.0
G01X42.0
W2.0
G01X30.0
G04X1.0
G01X42.0
G00X150.0Z150.0T0500M09
M05
M01

T0700
G97S500M03
G00X36.0Z-32.0T0707M08
G76P021060Q50R20
G76X31.62Z-48.0P1190Q350F2.0
G00X150.0Z150.0T0700M09
M05
M02
%
```

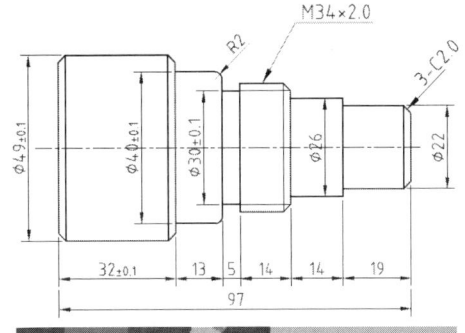

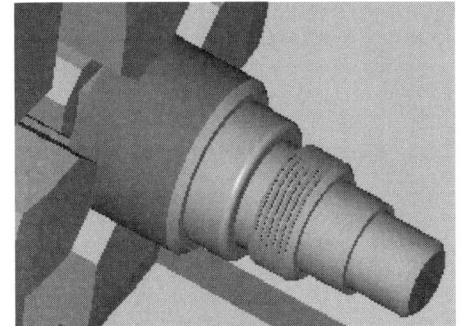

과제도면 5

CNC 선반 예제 5

프로그램을 완성하시오.

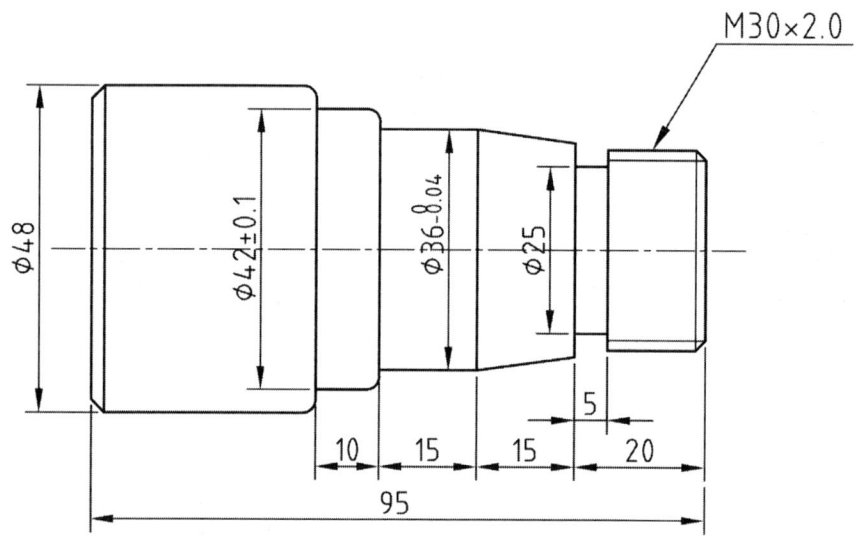

1. 도시되고 지시되지 않은 라운드와 모따기는 R2/C2
2. 홈 바이트 : 4mm

※ 나사절삭 데이터

절입 횟수	피치	1회	2회	3회	4회	5회	6회	7회	8회	계	비고
매회 절입 깊이	1.5	0.35	0.20	0.14	0.10	0.05	0.05			0.89	반경
	2.0	0.35	0.25	0.19	0.12	0.10	0.08	0.05	0.05	1.19	

작업 조건표

순서	공구종류	공구번호	절삭속도 (mm/rev)	회전속도 (RPM)	소재 치수
1	외경 황삭	T0100	0.25	130	φ50×90
2	외경 정삭	T0300	0.15	170	
3	외경 홈파기	T0500	0.08	500	재질
4	외경 나사깎기	T0700	2.0	500	SM20C

| 프로그램 번호 : O1005 (0T 이외 프로그램) | CNC 선반 예제 5 황/정삭, 홈, 나사가공 프로그램 완성 |

```
%
O1005
G28U0.0W0.0 -----1차가공
G50S1300T0100
G96S130M03
G00X55.0Z10.0T0101M08
G01X0.0F0.25
Z0.0
X44.0
X48.0Z-2.0
Z-50.0
G00X100.0Z100.0M09
T0100
M05
M01

G28U0.0W0.0----- 2차가공
G50S1300T0100
G96S130M03
G00X55.0Z10.0T0101M08
G71P10Q20U0.4W0.1D2000F0.25
        ------황삭
N10G42G01X0.0
Z0.0
X26.0
X30.0Z-2.0
Z-20.0
X32.0
X36.0Z-35.0
Z-50.0
X38.0
G03X42.0Z-52.0R2.0
G01Z-60.0
X44.0
N20X52.0Z-64.0
G40G00X100.0Z100.0M09
T0100
M05
M01
```

```
G50S1700T0300
G96S170M03
G00X55.0Z10.0T0101M08
G70P10Q20F0.15 ------정삭
G40G00X100.0Z100.0M09
T0300
M05
M01

T0500 --------------홈
G97S500M03
G00X34.0Z-20.0T0505M08
G01X25.0F0.08
G04X1.0
G01X34.0
Z-19.0
G01X25.0F0.08
G04X1.0
G01X33.0
G00X100.0Z100.0M09
T0500

T0700 ---------나사
G97S500M03
G00X32.0Z2.0T0707M08
G76X27.62Z-17.0K1.19D350F2.0A60
G00X100.0Z100.0M09
T0700
M05
M02
%
```

SECTION 02 프로그램 완성 1단계

과제도면 6 — CNC 선반 예제 6

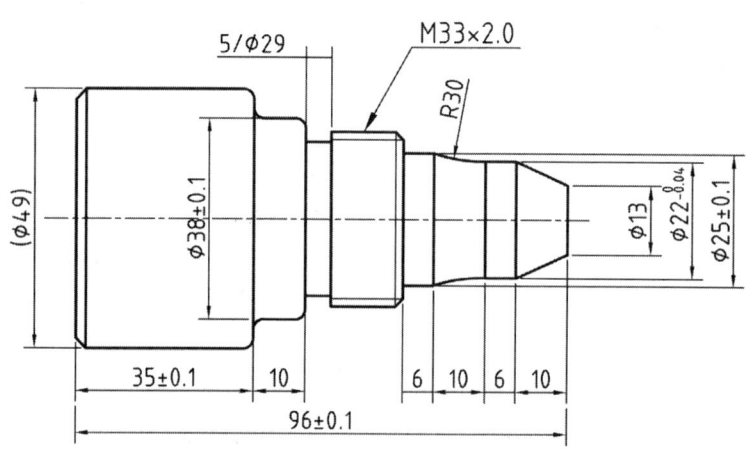

1. 도시되고 지시되지 않은 라운드와 모따기는 R2/C2
2. 홈 바이트 : 4mm

※ 나사절삭 데이터

절입 횟수	피치	1회	2회	3회	4회	5회	6회	7회	8회	계	비고
매회 절입 깊이	1.5	0.35	0.20	0.14	0.10	0.05	0.05			0.89	반경
	2.0	0.35	0.25	0.19	0.12	0.10	0.08	0.05	0.05	1.19	

작업 조건표

순서	공구종류	공구번호	절삭속도 (mm/rev)	회전속도 (RPM)	소재 치수
1	외경 황삭	T01	0.2	150	φ50×100
2	외경 정삭	T03	0.15	180	
3	외경 홈파기	T05	0.08	500	재질
4	외경 나사깎기	T07	2.0	500	SM20C

프로그램 번호 : O2006 (OT 프로그램)

CNC 선반 예제 6
황/정삭, 홈, 나사가공 프로그램 완성

```
%
O2006(2차가공) ;
G28 U0.0 W0.0 ;
G50 X300.0 Z385.0 S1500 ;
T0100 ;
G96 S150 M03 ;
G00 X53.0 Z50.0 T0101 ;
Z5.0 M08 ;
G71 U1.0 R1.0 ;
G71 P10 Q20 U0.2 W0.1 F0.2 ;
N10 G42 G00 X-2.0 ;
G01 Z0.0 ;
X13.0 ;
X21.98 Z-10.0 ;
Z-16.0 ;
G02 X25.0 Z-26.0 R30.0 ;
G01 Z-32.0 ;
X28.962 ;
X32.962 Z-34.0 ;
Z-51.0 ;
G03 X38.0 Z-53.0 R2.0 ;
G01 Z-59.0 ;
G02 X42.0 Z-61.0 R2.0 ;
G01 X45.0 ;
G03 X49.0 Z-63.0 R2.0 ;
N20 G01 X55.0 ;
G40 G00 X150.0 Z150.0 T0100 M09 ;
M05 ;
M01 ;

G50 S1800 ;
T0300 ;
G96 S180 M03 ;
G00 X53.0 Z50.0 T0303 ;
Z5.0 M08 ;
G70 P10 Q20 F0.15 ;
G40 G00 X150.0 Z150.0 T0300 M09 ;
M05 ;
M01 ;

T0500 ;
G97 S500 M03 ;
G00 X41.0 Z50.0 T0505 M08 ;
Z-51.0 ;
G01 X29.0 F0.08 ;
G04 X1.0 ;
G01 X41.0 ;
W2.0 ;
G01 X29.0 ;
G04 X1.0 ;
G01 X35.0 ;
G00 X150.0 Z150.0 T0500 M09 ;
M05 ;
M01 ;

T0700 ;
G97 S500 M03 ;
G00 X34.962 Z50.0 T0707 M08 ;
Z5.0 ;
Z-30.0 ;
G76 P020060 Q50 R30 ;
G76 X30.62 Z-48.0 P1190 Q350 F2.0 ;
G00 X150.0 Z150.0 T0700 M09 ;
M05 ;
M02 ;
%
```

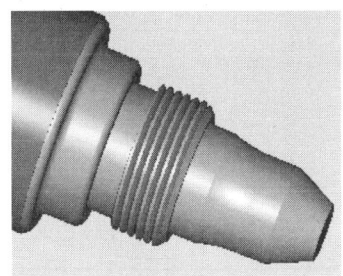

과제도면 7 — CNC 선반 예제 7

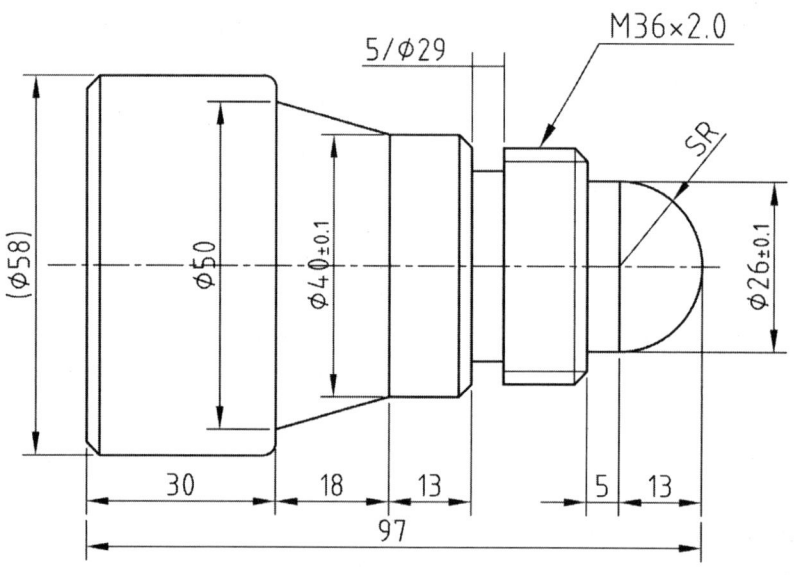

1. 도시되고 지시되지 않은 라운드와 모따기는 R2/C2
2. 홈 바이트 : 3mm

※나사절삭 데이터

절입 횟수	피치	1회	2회	3회	4회	5회	6회	7회	8회	계	비고
매회 절입 깊이	1.5	0.35	0.20	0.14	0.10	0.05	0.05			0.89	반경
	2.0	0.35	0.25	0.19	0.12	0.10	0.08	0.05	0.05	1.19	

작업 조건표

순서	공구종류	공구번호	절삭속도 (mm/rev)	회전속도 (RPM)	소재 치수
1	외경 황삭	T01	0.2	180	$\phi 60 \times 100$
2	외경 정삭	T03	0.15	200	
3	외경 홈파기	T05	0.08	500	재질
4	외경 나사깎기	T07	2.0	500	SM20C

프로그램 번호 : O2007 (0T 이외 프로그램)

CNC 선반 예제 7
황/정삭, 홈, 나사가공 프로그램 완성

```
%
O2007
G28U0.0W0.0
G50X300.0Z385.0S1800T0100
G96S180M03
G00X65.0Z10.0T0101 M08
G71P10Q20U0.2W0.1D1500F0.25
N10 G00X-2.0
G01Z0.0
X0.0
G03X26.0Z-13.0R13.0
G01Z-18.0
X32.0
X36.0Z-20.0
Z-36.0
X40.0Z-38.0
Z-49.0
X50.0Z-67.0
X54.0
G03X58.0Z-69.0R2.0
N20 X60.0 M09
G00X150.0Z150.0M05
T0100

G50S2000T0300
G96S200M03
G00X65.0Z5.0T0303
G70P10Q20F0.15 M08
G00X150.0Z150.0M05
M09
T0300

T0500
G97S500M03
G00X42.0Z-36.0T0505
G01X29.0F0.08 M08
G04U1.0
G01X42.0
Z-34.0
X29.0
G04U1.0
G01X38.0 M09
G00X150.0Z150.0M05
T0500

T0700
G97S500M03
G00X39.0Z-16.0T0707
G76X33.4Z-33.0K1.3D400F2.0 M08
G00X150.0Z150.0M05
M09
T0700
M02
%
```

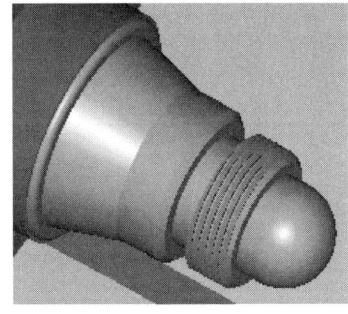

과제도면 8 — CNC 선반 예제 8

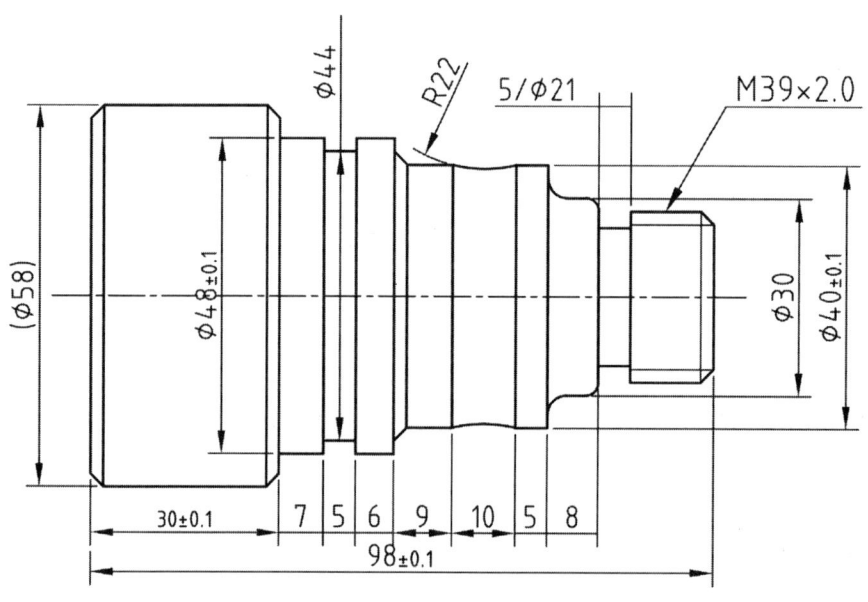

1. 도시되고 지시되지 않은 라운드와 모따기는 R2/C2
2. 홈 바이트 : 3mm

※ 나사절삭 데이터

절입 횟수	피치	1회	2회	3회	4회	5회	6회	7회	8회	계	비고
매회 절입 깊이	1.5	0.35	0.20	0.14	0.10	0.05	0.05			0.89	반경
	2.0	0.35	0.25	0.19	0.12	0.10	0.08	0.05	0.05	1.19	

작업 조건표

순서	공구종류	공구번호	절삭속도 (mm/rev)	회전속도 (RPM)	소재 치수
1	외경 황삭	T01	0.2	180	$\phi 60 \times 100$
2	외경 정삭	T03	0.15	200	
3	외경 홈파기	T05	0.08	500	재질
4	외경 나사깎기	T07	2.0	500	SM20C

프로그램 번호 : O2008 (OT 이외 프로그램)
CNC 선반 예제 8
황/정삭, 홈, 나사가공 프로그램 완성

```
%
O2008 (1차가공)
G28U0.0W0.0
G50S1800T0100
G96S180M03
G00X65.0Z10.0T0101
G01Z0.0F0.2
X-2.0
G00X54.0Z2.0
G01X58.0Z-2.0
Z-40.0
X65.0
G00X150.0Z150.0M05
T0100
M02

O2008 (2차가공)
G28U0.0W0.0
G50S1800T0100
G96S180M03
G00X65.0Z10.0T0101
G71P10Q20U0.2W0.1D1500F0.2
N10 G01X-2.0
Z0.0
G00X18.0Z2.0
G01X26.0Z-2.0
Z-18.0
G03X30.0Z-20.0R2.0
G01Z-23.0
G02X36.0Z-26.0R3.0
G01X40.0
Z-48.0
X44.0Z-50.0
X48.0
Z-68.0
X54.0
X62.0Z-72.0
N20X65.0
G00X150.0Z150.0M05
T0100
M01

G50S2000T0300
G96S200M03
G00X65.0Z5.0T0303
G70P10Q20F0.15
G00Z-31.0
X45.0
G01X40.0
G02X40.0Z-41.0R22.0
G01X42.0
G00X150.0Z150.0M05
T0300
M01

T0500
G97S500M03
G00X65.0Z-61.0T0505
G01X44.0F0.08
G04U2.0
G01X50.0
Z-60.0
X44.0
G04U2.0
G01X50.0
G00Z-18.0
X35.0
G01X21.0
G04U2.0
G01X35.0
Z-17.0
X21.0
G04U2.0
G01X35.0
G00X150.0Z150.0M05
T0500
M01

T0700
G97S500M03
G00X28.0Z2.0T0707
G76X23.4Z-15.0K1.3D400F2.0
G00X150.0Z150.0M05
T0700
M02
%
```

과제도면 9   CNC 선반 예제 9

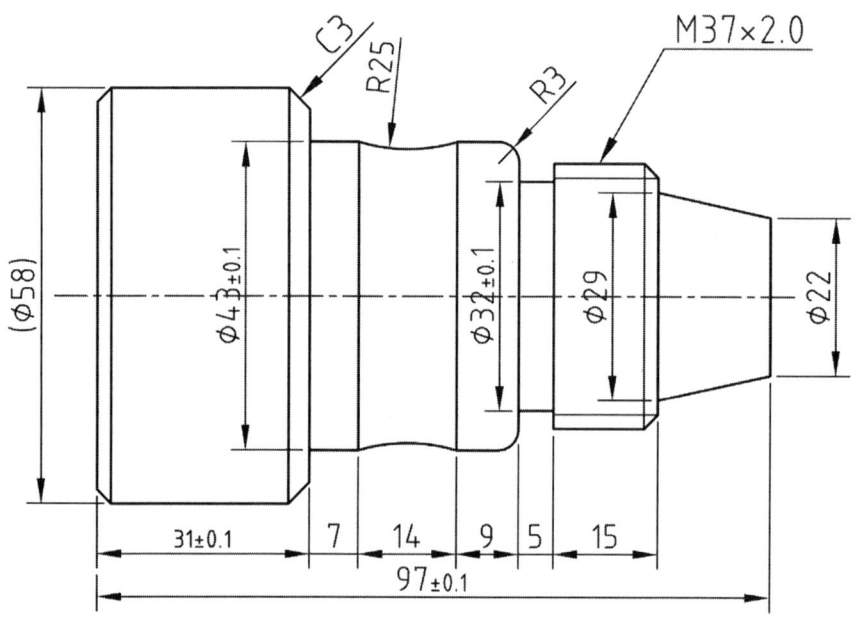

1. 도시되고 지시되지 않은 라운드와 모따기는 R2/C2
2. 홈 바이트 : 4mm

※나사절삭 데이터

절입 횟수	피치	1회	2회	3회	4회	5회	6회	7회	8회	계	비고
매회 절입 깊이	1.5	0.35	0.20	0.14	0.10	0.05	0.05			0.89	반경
	2.0	0.35	0.25	0.19	0.12	0.10	0.08	0.05	0.05	1.19	

작업 조건표

순서	공구종류	공구번호	절삭속도 (mm/rev)	회전속도 (RPM)	소재 치수
1	외경 황삭	T01	0.2	180	$\phi 60 \times 100$
2	외경 정삭	T03	0.15	200	
3	외경 홈파기	T05	0.08	500	재질
4	외경 나사깎기	T07	2.0	500	SM20C

| 프로그램 번호 : O2009 (0T 이외 프로그램) | CNC 선반 예제 9 황/정삭, 홈, 나사가공 프로그램 완성 |

```
%
O2009
G28U0.0W0.0
G50S1800T0100
G96S180M03
G00X65.0Z10.0T0101 M08
G71P10Q20U0.2W0.1D1500F0.2
N10 G01X-2.0
Z0.0
G01X22.0
X29.0Z-16.0
X33.0
X37.0Z-18.0
Z-36.0
G03X43.0Z-39.0R3.0
G01Z-66.0
X52.0
N20 X62.0Z-71.0 M09
G00X150.0Z150.0M05
T0100
M01

G50S2000T0300
G96S200M03
G00X65.0Z5.0T0303
G70P10Q20F0.15 M08
G00Z-45.0
X45.0
G01X43.0F0.15
G02X43.0Z-59.0R25.0
G01Z-60.0
X45.0
G00X150.0Z150.0M05
M09
T0300
M01

T0500
G97S500M03
G00X45.0Z-36.0T0505
G01X32.0F0.08 M08
G04U1.0
G01X45.0
Z-34.0
X32.0
G04U0.1
G01X40.0 M09
G00X150.0Z150.0M05
T0500
M01

T0700
G97S500M03
G00X39.0Z-14.0T0707
G76X34.4Z-33.0K1.3D400F2.0 M08
G00X150.0Z150.0M05
M09
T0700
M02
%
```

과제도면 10   CNC 선반 예제 10

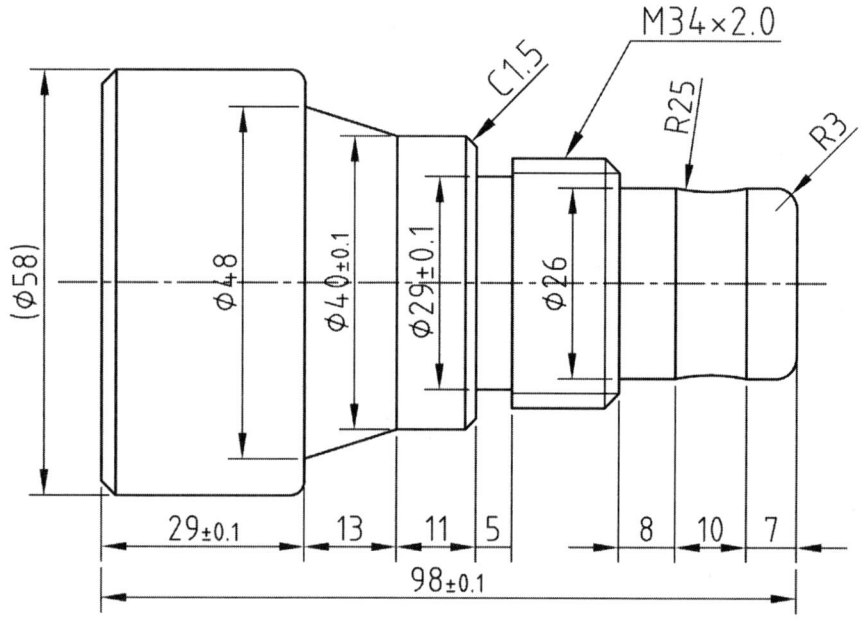

1. 도시되고 지시되지 않은 라운드와 모따기는 R2/C2
2. 홈 바이트 : 4mm

※나사절삭 데이터

절입 횟수	피치	1회	2회	3회	4회	5회	6회	7회	8회	계	비고
매회 절입 깊이	1.5	0.35	0.20	0.14	0.10	0.05	0.05			0.89	반경
	2.0	0.35	0.25	0.19	0.12	0.10	0.08	0.05	0.05	1.19	

작업 조건표

순서	공구종류	공구번호	절삭속도 (mm/rev)	회전속도 (RPM)	소재 치수
1	외경 황삭	T01	0.25	150	$\phi 60 \times 100$
2	외경 정삭	T03	0.15	180	
3	외경 홈파기	T05	0.08	600	재질
4	외경 나사깎기	T07	2.0	500	SM20C

| 프로그램 번호 : O2010 (OT 이외 프로그램) | CNC 선반 예제 10 황/정삭, 홈, 나사가공 프로그램 완성 |

```
%
O2010
G28U0.0W0.0
G50S1500T0100
G96S150M03
G00X65.0Z10.0T0101 M08
G71P10Q20U0.2W0.1D1500F0.25
N10 G42 G01X-2.0
Z0.0
X20.0
G03X26.0Z-3.0R3.0
G01Z-7.0
G02X26.0Z-17.0R25.0
G01Z-25.0
X30.0
X34.0Z-27.0
Z-45.0
X37.0
X40.0Z-46.5
Z-56.0
X48.0Z-69.0
X55.0
G03X58.0Z-71.0R2.0
N20 G01X60.0
G40 G00X150.0Z150.0M05
T0100
M09
M01

G50S1800T0300
G96S180M03
G00X65.0Z10.0T0303 M08
G70P10Q20F0.15
G00X150.0Z150.0M05
T0300
M09
M01

T0500
G97S600M03
G00X42.0Z-45.0T0505 M08
G01X29.0F0.08
G04U2.0
G01X42.0
Z-43.0
G01X29.0F0.1
G04U2.0
G01X36.0
G00X150.0Z150.0M05
T0500
M09
M01

T0700
G97S500M03
G00X36.0Z-23.0T0707 M08
G76X31.4Z-42.0K1.3D400F2.0
G00X150.0Z150.0M05
T0700
M09
M02
%
```

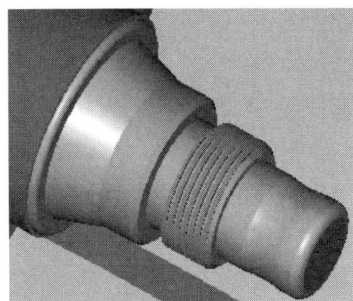

과제도면 11   CNC 선반 예제 11

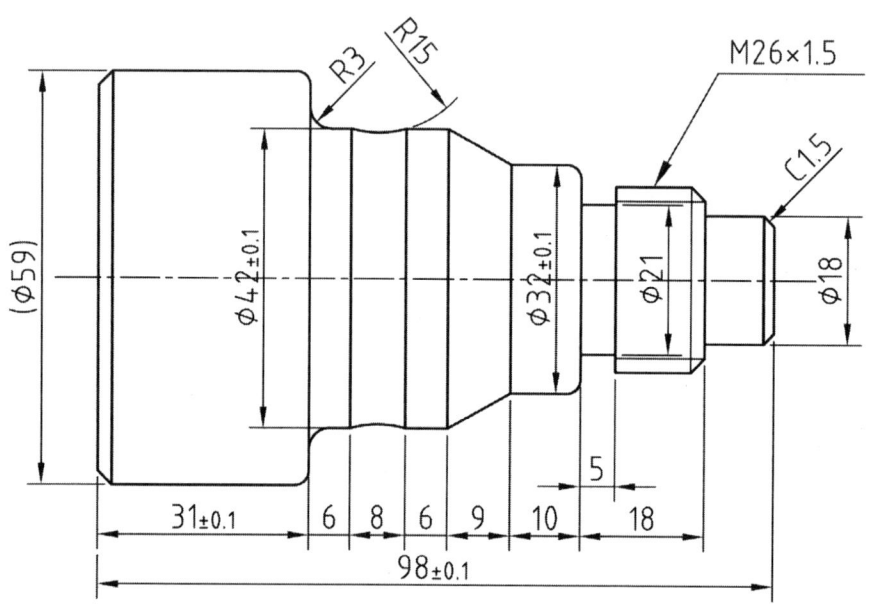

1. 도시되고 지시되지 않은 라운드와 모따기는 R2/C2
2. 홈 바이트 : 4mm

※ 나사절삭 데이터

절입 횟수	피치	1회	2회	3회	4회	5회	6회	7회	8회	계	비고
매회 절입 깊이	1.5	0.35	0.20	0.14	0.10	0.05	0.05			0.89	반경
	2.0	0.35	0.25	0.19	0.12	0.10	0.08	0.05	0.05	1.19	

작업 조건표

순서	공구종류	공구번호	절삭속도 (mm/rev)	회전속도 (RPM)	소재 치수
1	외경 황삭	T01	0.2	150	φ60×100
2	외경 정삭	T03	0.15	180	
3	외경 홈파기	T05	0.08	600	재질
4	외경 나사깎기	T07	2.0	500	SM20C

프로그램 번호 : O2011 (0T 이외 프로그램)
CNC 선반 예제 11
황/정삭, 홈, 나사가공 프로그램 완성

```
%
O2011
G28U0.0W0.0
G50S1500T0100
G96S150M03
G00X65.0Z10.0T0101 M08
G71P10Q20U0.2W0.1D1500F0.25
N10 G42 G01X-2.0
Z0.0
X15.0
X18.0Z-1.5
Z-10.0
X26.0Z-12.0
Z-28.0
X28.0
G03X32.0Z-30.0R2.0
G01Z-38.0
X42.0Z-47.0
Z-53.0
G02X42.0Z-61.0R15.0
G01Z-64.0
G02X48.0Z-67.0R3.0
G01X53.0
N20 X61.0Z-77.0
G40 G00X150.0Z150.0 M05
T0100
M09
M01

G50S1800T0300
G96S180M03
G00X65.0Z10.0T0303 M08
G70P10Q20F0.15
G00X150.0Z150.0 M05
T0300
M09
M01
```

```
T0500
G97S600M03
G00X34.0Z-28.0T0505 M08
G01X21.0F0.08
G04U2.0
G01X34.0
Z-26.0
G01X21.0F0.1
G04U2.0
G01X28.0
G00X150.0Z150.0 M05
T0500
M09
M01

T0700
G97S500M03
G00X28.0Z-8.0T0707 M08
G76X24.06Z-25.0K0.97D350F1.5
G00X150.0Z150.0M05
T0700
M09
M02
%
```

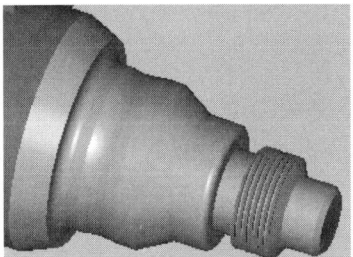

SECTION 03 프로그램 완성 2단계

과제도면 12 — 컴퓨터응용선반기능사 예제 12

※ 나사절삭 데이터

절입 횟수	피치	1회	2회	3회	4회	5회	6회	7회	8회	계	비고
매회 절입 깊이	1.5	0.35	0.20	0.14	0.10	0.05	0.05			0.89	반경
	2.0	0.35	0.25	0.19	0.12	0.10	0.08	0.05	0.05	1.19	

작업 조건표

순서	공구종류	공구번호	절삭속도 (mm/rev)	회전속도 (RPM)	소재 치수
1	외경 황삭	T01	0.2	180	$\phi 50 \times 100$
2	외경 정삭	T03	0.1	200	
3	외경 홈	T05	0.08	400	재질
4	외경 나사	T07	2.0	500	SM20C

(0T 프로그램) 컴퓨터응용선반기능사 예제 12

%
O3012
G28 U0.0 W0.0
G50 X300.0 Z385.0 S1800 T0100
G96 S180 M03
G00 X65.0 Z5.0 T0101
G71 U1.5 R0.5
G71 P10 Q30 U0.4 W0.2 F0.15
N10 G00 Z-68.0
G01 X59.0
G02 X53.0 Z-65.0 R3.0
G01 X45.0
X39.0 Z-43.0
X34.0
G03 X30.0 Z-41.0 R2.0
G01 Z-22.0
X24.0
Z-2.0
N30 X20.0 Z0.0
G00 X150.0 Z150.0 T0100

G96 S200 M03 T0303
G00 X65.0 Z5.0
G70 P10 Q30 F0.1
G00 X150.0 Z150.0 T0300

G96 S400 M03 T0505
G00 X31.0 Z-22.0
G01 X20.0 F0.08
G04 P1500
G00 X31.0
Z-20.0
G01 X20.0 F0.08
G04 P1500
G00 X31.0
G00 X150.0 Z150.0 T0500

G96 S500 M03 T0707
G00 X34.0 Z2.0
G76 P011060 Q50 R20
G76 X19.34 Z-19.0 P970 Q350 F2.0
G00 X150.0 Z150.0 T0700
M05
M30
%

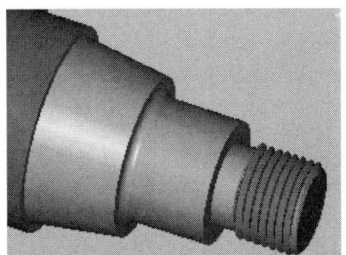

과제도면 13 — 컴퓨터응용선반기능사 예제 13

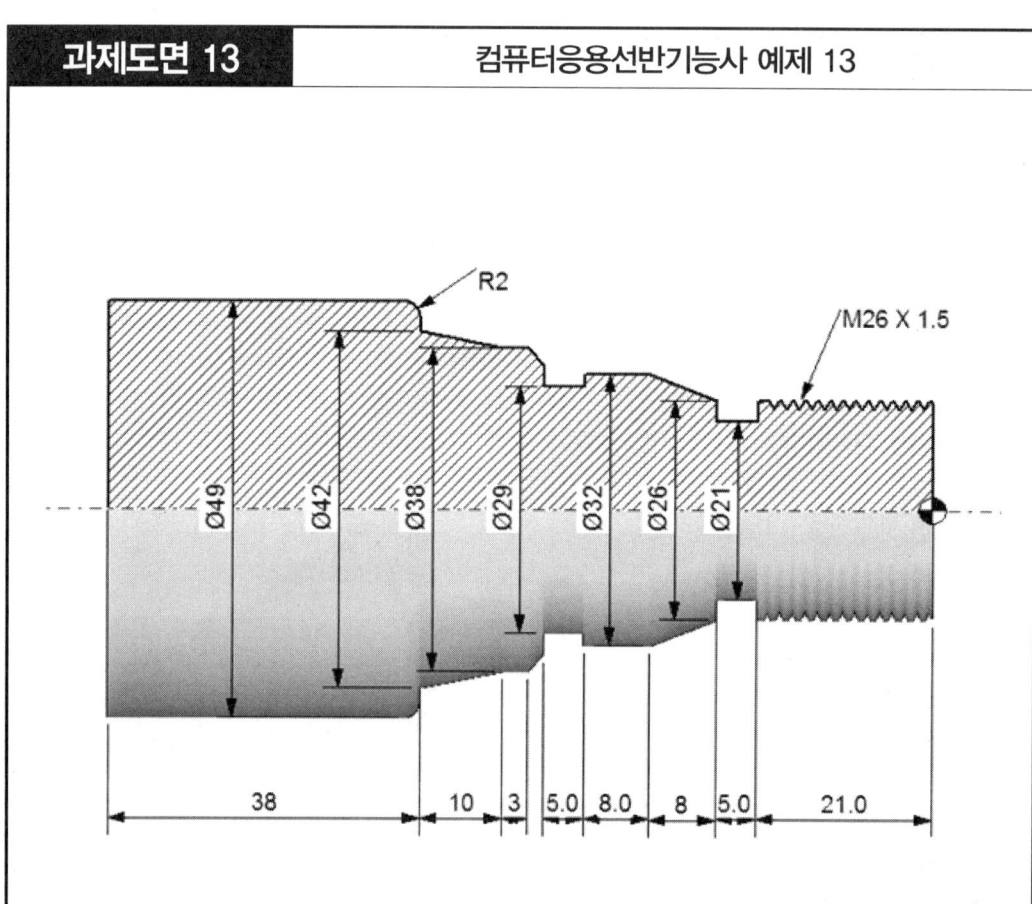

※ 나사절삭 데이터

절입 횟수	피치	1회	2회	3회	4회	5회	6회	7회	8회	계	비고
매회 절입 깊이	1.5	0.35	0.20	0.14	0.10	0.05	0.05			0.89	반경
	2.0	0.35	0.25	0.19	0.12	0.10	0.08	0.05	0.05	1.19	

작업 조건표

순서	공구종류	공구번호	절삭속도 (mm/rev)	회전속도 (RPM)	소재 치수
1	외경 황삭	T01	0.2	180	$\phi 50 \times 100$
2	외경 정삭	T03	0.1	200	
3	외경 홈	T05	0.07	500	재질
4	외경 나사	T07	1.5	500	SM20C

(0T 프로그램) 컴퓨터응용선반기능사 예제 13

```
%
O3013
G28 U0.0 W0.0
G50 X300.0 Z385.0 S1800 T0100
G96 S180 M03
G00 X55.0 Z5.0 T0101
G71 U2.0 R0.5
G71 P10 Q30 U0.4 W0.2 F0.2
N10 G00 X26.0
G01 Z-26.0
X32.0 Z-34.0
Z-47.0
X34.0
X38.0 Z-49.0
Z-52.0
X42.0 Z-62.0
X45.0
G03 X49.0 Z-64.0 R2.0
N30 G01 Z-70.0
G00 X150.0 Z150.0 T0100

G96 S200 M03 T0303
G00 X55.0 Z5.0
G70 P10 Q30 F0.1
G00 X150.0 Z150.0 T0300

G96 S500 M03 T0505
G00 X35.0 Z-47.0
G01 X29.0 F0.07
G04 P1500
G00 X35.0
Z-46.0
G01 X29.0 F0.07
G04 P1500
G00 X35.0
G00 X35.0 Z-26.0
G01 X21.0 F0.07
G04 P1500
G00 X35.0
Z-25.0
G01 X21.0 F0.07
G04 P1500
G00 X35.0
G00 X150.0 Z150.0 T0500

G96 S500 M03 T0707
G00 X30.0 Z2.0
G76 P011060 Q50 R20
G76 X23.99 Z-22.0 P1190 Q350 F1.5
G00 X150.0 Z150.0 T0700
M05
M30
%
```

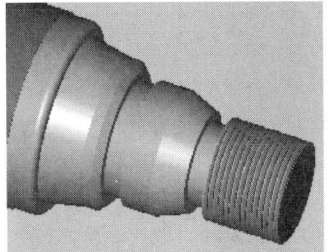

과제도면 14 — 컴퓨터응용선반기능사 예제 14

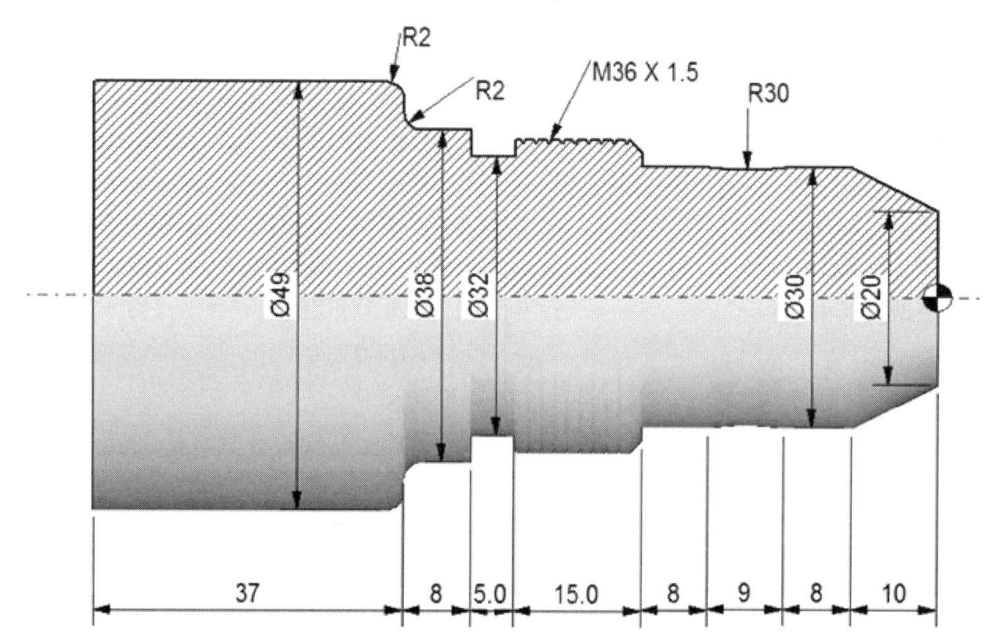

※ 나사절삭 데이터

절입 횟수	피치	1회	2회	3회	4회	5회	6회	7회	8회	계	비고
매회 절입 깊이	1.5	0.35	0.20	0.14	0.10	0.05	0.05			0.89	반경
	2.0	0.35	0.25	0.19	0.12	0.10	0.08	0.05	0.05	1.19	

작업 조건표

순서	공구종류	공구번호	절삭속도 (mm/rev)	회전속도 (RPM)	소재 치수
1	외경 황삭	T01	0.2	180	$\phi 50 \times 100$
2	외경 정삭	T03	0.1	200	
3	외경 홈	T05	0.08	500	재질
4	외경 나사	T07	1.5	500	SM20C

(0T 프로그램) 컴퓨터응용선반기능사 예제 14

```
%
O3014
G28 U0.0 W0.0
G50 X300.0 Z385.0 S1800 T0100
G96 S180 M03
G00 X55.0 Z5.0 T0101
G71 U1.5 R0.5
G71 P10 Q30 U0.4 W0.2 F0.2
N10 G00 X20.0
G01 Z0.0
X30.0 Z-10.0
Z-18.0
G02 Z-27.0 R30.0
G01 Z-35.0
X33.0
X36.0 Z-36.5
Z-55.0
X38.0
Z-61.0
G02 X42.0 Z-63.0 R2.0
G01 X45.0
G03 X49.0 Z-65.0 R2.0
N30 G01 Z-70.0
G00 X150.0 Z150.0 T0100

G96 S200 M03 T0303
G00 X55.0 Z5.0
G70 P10 Q30 F0.1
G00 X150.0 Z150.0 T0300

G96 S400 M03 T0505
G00 X39.0 Z-55.0
G01 X32.0 F0.07
G04 P1500
G00 X39.0
Z-54.0
G01 X32.0 F0.7
G04 P1500
G00 X39.0
G00 X150.0 Z150.0 T0500

G96 S500 M03 T0707
G00 X40.0 Z-33.0
G76 P011060 Q50 R20
G76 X34.99 Z-52.0 P1190 Q350 F1.5
G00 X150.0 Z150.0 T0700
M05
M30
%
```

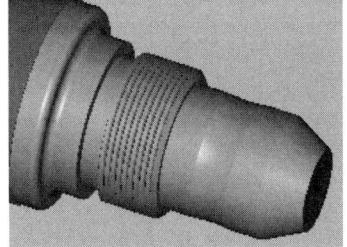

과제도면 15 — 컴퓨터응용선반기능사 예제 15

※나사절삭 데이터

절입 횟수	피치	1회	2회	3회	4회	5회	6회	7회	8회	계	비고
매회 절입 깊이	1.5	0.35	0.20	0.14	0.10	0.05	0.05			0.89	반경
	2.0	0.35	0.25	0.19	0.12	0.10	0.08	0.05	0.05	1.19	

작업 조건표

순서	공구종류	공구번호	절삭속도 (mm/rev)	회전속도 (RPM)	소재 치수
1	외경 황삭	T01	0.2	180	$\phi 50 \times 100$
2	외경 정삭	T03	0.1	200	
3	외경 홈	T05	0.08	500	재질
4	외경 나사	T07	2.0	500	SM20C

(0T 프로그램) 컴퓨터응용선반기능사 예제 15

```
%
O3015
G28 U0.0 W0.0
G50 X300.0 Z385.0 S1800 T0100
G96 S180 M03
G00 X55.0 Z5.0 T0101
G71 U1.5 R0.5
G71 P10 Q30 U0.4 W0.2 F0.2
N10 G00 X12.0
G01 Z0.0
X16.0 Z-2.0
Z-7.0
X24.0 Z-13.0
Z-20.0
G02 Z-28.0 R20.0
G01 Z-35.0
X28.0
X32.0 Z-37.0
Z-54.0
X33.0
X37.0 Z-56.0
Z-62.0
G02 X41.0 Z-64.0 R2.0
G01 X45.0
N30 X49.0 Z-66.0
G00 X150.0 Z150.0 T0100
G96 S200 M03 T0303
G00 X55.0 Z5.0
G70 P10 Q30 F0.1
G00 X150.0 Z150.0 T0300
G96 S400 M03 T0505
G00 X38.0 Z-54.0
G01 X28.0 F0.07
G04 P1500
G00 X38.0
Z-53.0
G01 X28.0 F0.7
G04 P1500
G00 X38.0
G00 X150.0 Z150.0 T0500
G96 S500 M03 T0707
G00 X34.0 Z-33.0
G76 P011060 Q50 R20
G76 X30.663 Z-51.0 P1190 Q350 F2.0
G00 X150.0 Z150.0 T0700
M05
M30
%
```

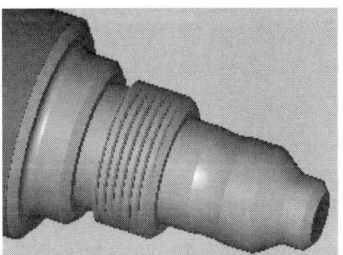

과제도면 16 — 컴퓨터응용선반기능사 예제 16

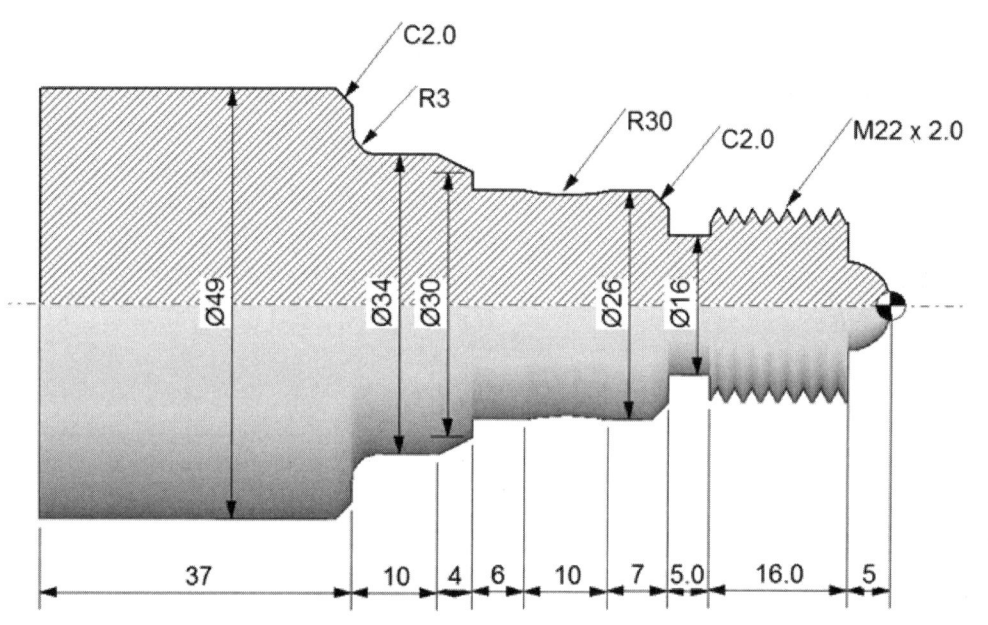

※ 나사절삭 데이터

절입 횟수	피치	1회	2회	3회	4회	5회	6회	7회	8회	계	비고
매회 절입 깊이	1.5	0.35	0.20	0.14	0.10	0.05	0.05			0.89	반경
	2.0	0.35	0.25	0.19	0.12	0.10	0.08	0.05	0.05	1.19	

작업 조건표

순서	공구종류	공구번호	절삭속도 (mm/rev)	회전속도 (RPM)	소재 치수
1	외경 황삭	T01	0.2	180	$\phi 50 \times 100$
2	외경 정삭	T03	0.1	200	
3	외경 홈	T05	0.08	500	재질
4	외경 나사	T07	2.0	500	SM20C

(OT 프로그램) 컴퓨터응용선반기능사 예제 16

```
%
O3016
G28 U0.0 W0.0
G50 X300.0 Z385.0 S1800 T0100
G96 S180 M03
G00 X55.0 Z5.0 T0101
G71 U2.0 R0.5
G71 P10 Q30 U0.4 W0.2 F0.2
N10 G00 Z-65.0
G01 X49.0
X45.0 Z-63.0
X40.0
G03 X34.0 Z-60.0 R3.0
G01 Z-53.0
X30.0 Z-49.0
X26.0
Z-43.0
G03 Z-33.0 R30.0
G01 Z-28.0
X22.0 Z-26.0
Z-5.0
X10.0
N30 G02 X0.0 Z0.0 R5.0
G00 X150.0 Z150.0 T0100
G96 S200 M03 T0303
G00 X55.0 Z5.0
G70 P10 Q30 F0.1
G00 X150.0 Z150.0 T0300
G96 S400 M03 T0505
G00 X28.0 Z-26.0
G01 X16.0 F0.07
G04 P1500
G00 X28.0
Z-25.0
G01 X16.0 F0.7
G04 P1500
G00 X28.0
G00 X150.0 Z150.0 T0500
G96 S500 M03 T0707
G00 X24.0 Z-3.0
G76 P011060 Q50 R20
G76 X18.663 Z-23.0 P1190 Q350 F2.0
G00 X150.0 Z150.0 T0700
M05
M30
%
```

과제도면 17 — 컴퓨터응용선반기능사 예제 17

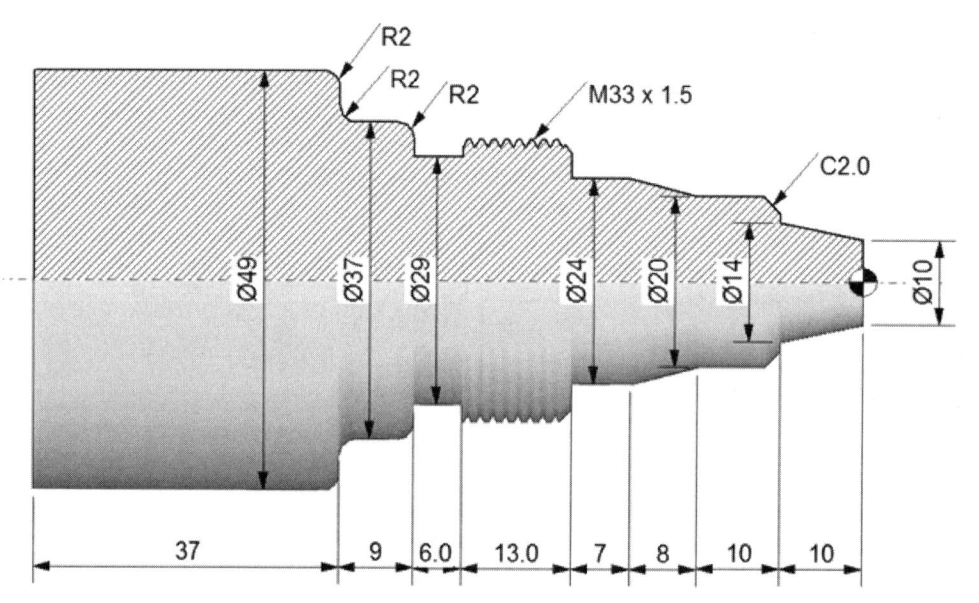

※ 나사절삭 데이터

절입 횟수	피치	1회	2회	3회	4회	5회	6회	7회	8회	계	비고
매회 절입 깊이	1.5	0.35	0.20	0.14	0.10	0.05	0.05			0.89	반경
	2.0	0.35	0.25	0.19	0.12	0.10	0.08	0.05	0.05	1.19	

작업 조건표

순서	공구종류	공구번호	절삭속도 (mm/rev)	회전속도 (RPM)	소재 치수
1	외경 황삭	T01	0.2	180	$\phi 50 \times 100$
2	외경 정삭	T03	0.1	200	
3	외경 홈	T05	0.08	500	재질
4	외경 나사	T07	1.5	500	SM20C

(0T 프로그램) 컴퓨터응용선반기능사 예제 17

%
O3017
G28 U0.0 W0.0
G50 X300.0 Z385.0 S1800 T0100
G96 S180 M03
G00 X53.0 Z5.0 T0101
G71 U2.0 R0.5
G71 P10 Q20 U0.4 W0.2 F0.2
N10 X-2.0
G01 Z0.0
X10.0
X14.0 Z-10.0
X16.0
X20.0 Z-12.0
Z-20.0
X24.0 Z-28.0
Z-35.0
X30.0
X33.0 Z-36.5
Z-54.0
G03 X37.0 Z-56.0 R2.0
G01 Z-61.0
G02 X41.0 Z-63.0 R2.0
G01 X45.0
G03 X49.0 Z-65.0 R2.0
N20 G01 X53.0
G00 X150.0 Z150.0 T0100
G96 S200 M03 T0303
G00 X53.0 Z5.0
G70 P10 Q20 F0.1
G00 X150.0 Z150.0 T0300
G97 S500 M03 T0505
G00 X40.0 Z-54.0
G01 X29.0 F0.08
G04 P1500
G01 X40.0
Z-52.0
X29.0
G04 P1500
G01 X40.0
G00 X150.0 Z150.0 T0500
G97 S500 M03 T0707
G00 X35.0 Z-31.0
G76 P011060 Q50 R20
G76 X31.22 Z-51.0 P1190 Q350 F1.5
G00 X150.0 Z150.0 T0700
M05
M30
%

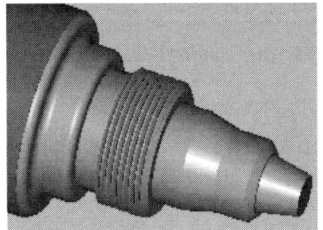

과제도면 18 — 컴퓨터응용선반기능사 예제 18

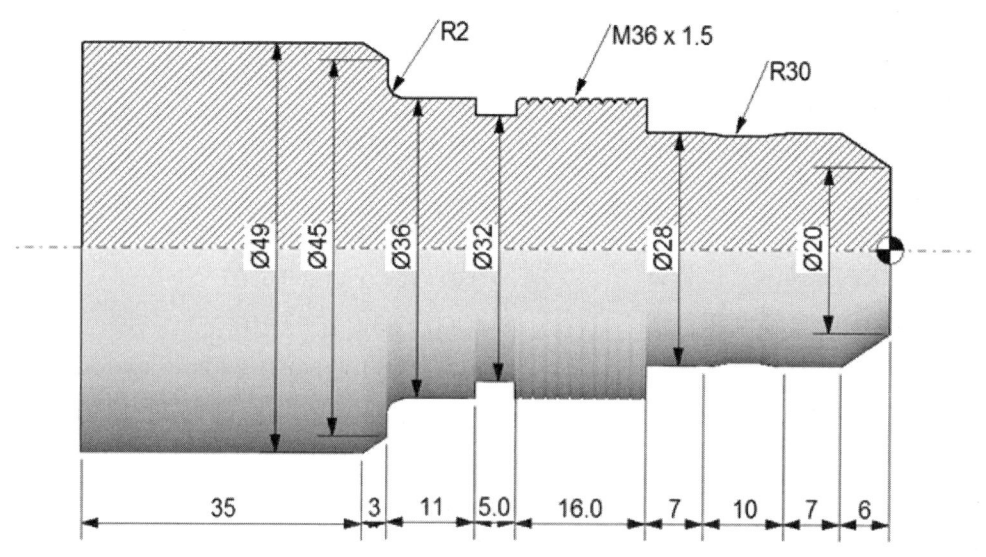

※ 나사절삭 데이터

절입 횟수	피치	1회	2회	3회	4회	5회	6회	7회	8회	계	비고
매회 절입 깊이	1.5	0.35	0.20	0.14	0.10	0.05	0.05			0.89	반경
	2.0	0.35	0.25	0.19	0.12	0.10	0.08	0.05	0.05	1.19	

작업 조건표

순서	공구종류	공구번호	절삭속도 (mm/rev)	회전속도 (RPM)	소재 치수
1	외경 황삭	T01	0.2	180	$\phi 50 \times 100$
2	외경 정삭	T03	0.1	200	
3	외경 홈	T05	0.08	500	재질
4	외경 나사	T07	1.5	500	SM20C

(0T 프로그램) 컴퓨터응용선반기능사 예제 18

```
%
O3018
G28 U0.0 W0.0
G50 X300.0 Z385.0 S1800 T0100
G96 S180 M03
G00 X55.0 Z5.0 T0101
G71 U2.0 R0.5
G71 P10 Q30 U0.4 W0.2 F0.2
N10 G00 Z-65.0
G01 X49.0
X45.0 Z-62.0
X40.0
G03 X36.0 Z-60.0 R2.0
G01 Z-30.0
X28.0
Z-23.0
G03 Z-13.0 R30.0
G01 Z-6.0
N30 X20.0 Z0.0
G00 X150.0 Z150.0 T0100
G96 S200 M03 T0303
G00 X55.0 Z5.0
G70 P10 Q30 F0.1
G00 X150.0 Z150.0 T0300
G96 S400 M03 T0505
G00 X38.0 Z-51.0
G01 X32.0 F0.07
G04 P1500
G00 X38.0
Z-50.0
G01 X32.0 F0.7
G04 P1500
G00 X38.0
G00 X150.0 Z150.0 T0500
G96 S500 M03 T0707
G00 X40.0 Z-28.0
G76 P011060 Q50 R20
G76 X34.994 Z-48.0 P1190 Q350 F1.5
G00 X150.0 Z150.0 T0700
M05
M30
%
```

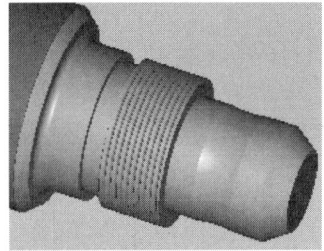

과제도면 19 — 컴퓨터응용선반기능사 예제 19

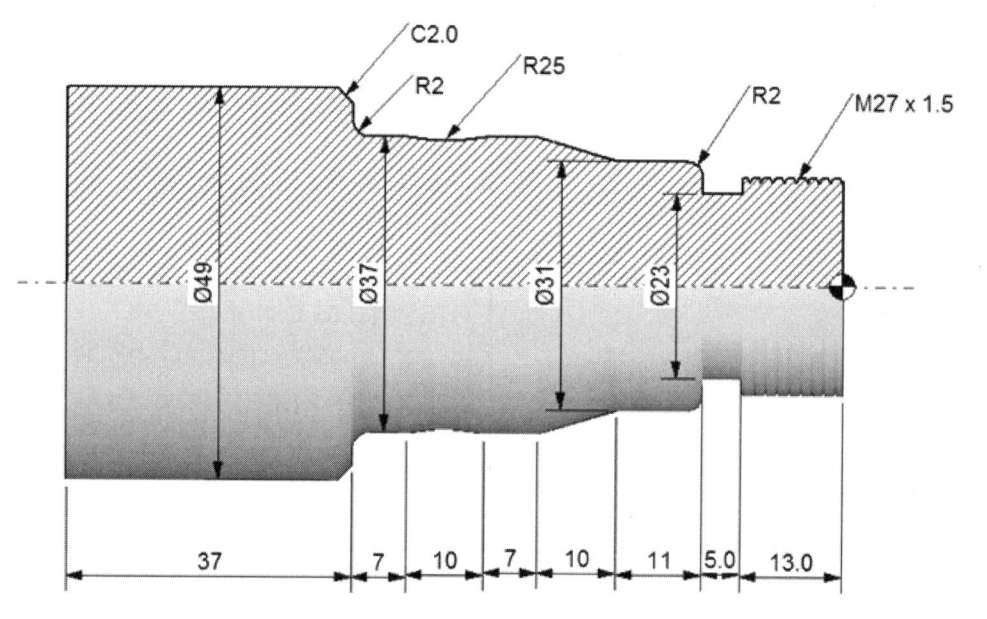

※ 나사절삭 데이터

절입 횟수	피치	1회	2회	3회	4회	5회	6회	7회	8회	계	비고
매회 절입 깊이	1.5	0.35	0.20	0.14	0.10	0.05	0.05			0.89	반경
	2.0	0.35	0.25	0.19	0.12	0.10	0.08	0.05	0.05	1.19	

작업 조건표

순서	공구종류	공구번호	절삭속도 (mm/rev)	회전속도 (RPM)	소재 치수
1	외경 황삭	T01	0.2	180	$\phi 50 \times 100$
2	외경 정삭	T03	0.1	200	
3	외경 홈	T05	0.08	500	재질
4	외경 나사	T07	1.5	500	SM20C

(0T 프로그램) 컴퓨터응용선반기능사 예제 19

```
%
O3019
G28 U0.0 W0.0
G50 X300.0 Z385.0 S1800 T0100
G96 S180 M03
G00 X55.0 Z5.0 T0101
G71 U2.0 R0.5
G71 P10 Q30 U0.4 W0.2 F0.2
N10 G00 Z-65.0
G01 X49.0
X45.0 Z-63.0
X41.0
G03 X37.0 Z-61.0 R2.0
G01 Z-56.0
G03 Z-46.0 R25.0
G01 Z-39.0
X31.0 Z-29.0
Z-20.0
G02 X27.0 Z-18.0 R2.0
N30 G01 Z0.0
G00 X150.0 Z150.0 T0100
G96 S200 M03 T0303
G00 X55.0 Z5.0
G70 P10 Q30 F0.1
G00 X150.0 Z150.0 T0300
G96 S400 M03 T0505
G00 X33.0 Z-18.0
G01 X23.0 F0.07
G04 P1500
G00 X33.0
Z-17.0
G01 X23.0 F0.7
G04 P1500
G00 X33.0
G00 X150.0 Z150.0 T0500
G96 S500 M03 T0707
G00 X30.0 Z2.0
G76 P011060 Q50 R20
G76 X25.994 Z-15.0 P1190 Q350 F1.5
G00 X150.0 Z150.0 T0700
M05
M30
%
```

과제도면 20 — 컴퓨터응용선반기능사 예제 20

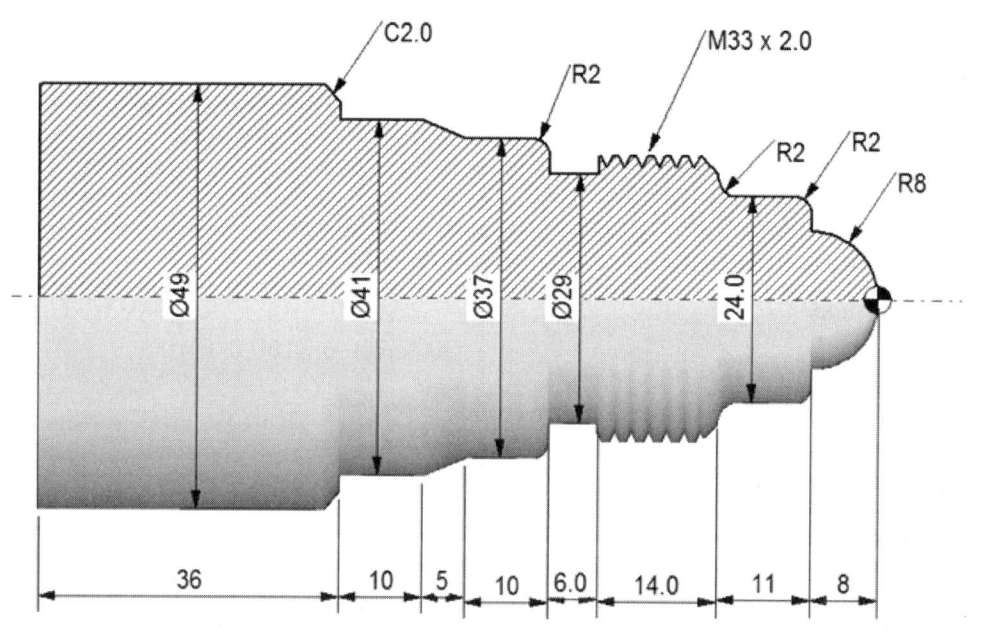

※ 나사절삭 데이터

절입 횟수	피치	1회	2회	3회	4회	5회	6회	7회	8회	계	비고
매회 절입 깊이	1.5	0.35	0.20	0.14	0.10	0.05	0.05			0.89	반경
	2.0	0.35	0.25	0.19	0.12	0.10	0.08	0.05	0.05	1.19	

작업 조건표

순서	공구종류	공구번호	절삭속도 (mm/rev)	회전속도 (RPM)	소재 치수
1	외경 황삭	T01	0.2	180	$\phi 50 \times 100$
2	외경 정삭	T03	0.1	200	
3	외경 홈	T05	0.08	500	재질
4	외경 나사	T07	1.5	500	SM20C

(0T 프로그램) 컴퓨터응용선반기능사 예제 20

```
%
O3020
G28 U0 W0
G50 X300.0 Z385.0 S1800 T0100
G96 S180 M03
G00 X53.0 Z5.0 T0101
G71 U2.0 R0.5
G71 P10 Q20 U0.4 W0.2 F0.2
N10 X-2.0
G01 Z0
X0
G03 X16.0 Z-8.0 R8.0
G01 X20.0
G03 X24.0 Z-10.0 R2.0
G01 Z-17.0
G02 X28.0 Z-19.0 R2.0
G01 X29.0
X33.0 Z-21.0
Z-39.0
G03 X37.0 Z-41.0 R2.0
G01 Z-49.0
X41.0 Z-54.0
Z-64.0
X45.0
X49.0 Z-66.0
N20 X53.0
G00 X150.0 Z150.0 T0100
G96 S200 M03 T0303
G00 X53.0 Z5.0
G70 P10 Q20 F0.1
G00 X150.0 Z150.0 T0300
G97 S500 M03 T0505
G00 X40.0 Z-39.0
G01 X29.0 F0.08
G04 P1500
G01 X40.0
Z-37.0
X29.0
G04 P1500
G01 X40.0
G00 X150.0 Z150.0 T0500
G97 S500 M03 T0707
G00 X35.0 Z-15.0
G76 P011060 Q50 R20
G76 X30.62 Z-36.0 P1190 Q350 F2.0
G00 X150.0 Z150.0 T0700
M05
M30
%
```

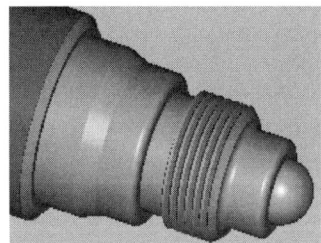

과제도면 21 — 컴퓨터응용선반기능사 예제 21

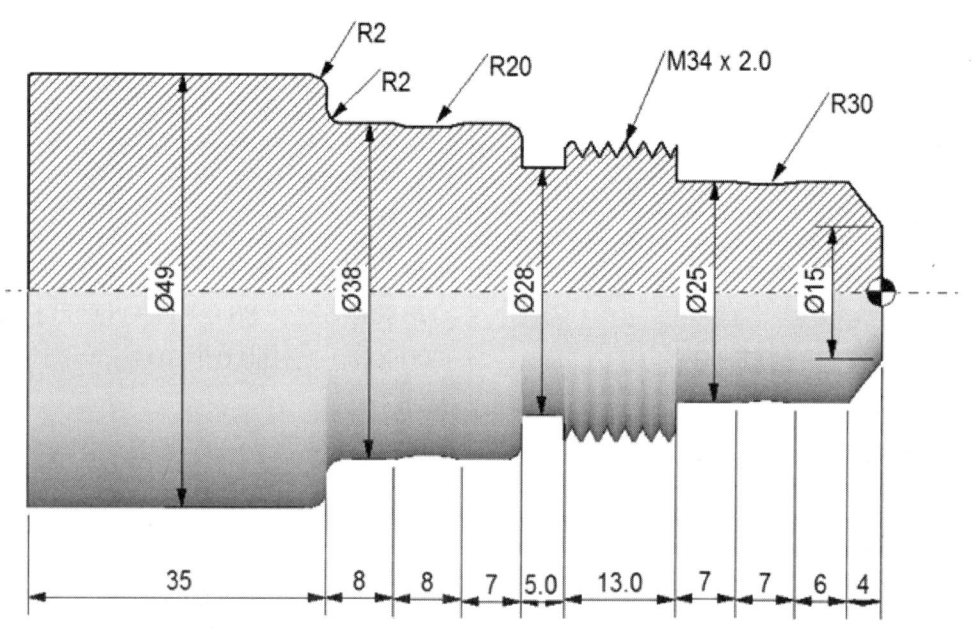

※ 나사절삭 데이터

절입 횟수	피치	1회	2회	3회	4회	5회	6회	7회	8회	계	비고
매회 절입 깊이	1.5	0.35	0.20	0.14	0.10	0.05	0.05			0.89	반경
	2.0	0.35	0.25	0.19	0.12	0.10	0.08	0.05	0.05	1.19	

작업 조건표

순서	공구종류	공구번호	절삭속도 (mm/rev)	회전속도 (RPM)	소재 치수
1	외경 황삭	T01	0.2	180	$\phi 50 \times 100$
2	외경 정삭	T03	0.1	200	
3	외경 홈	T05	0.08	500	재질
4	외경 나사	T07	2.0	500	SM20C

(0T 프로그램) 컴퓨터응용선반기능사 예제 21

```
%
O3021
G28 U0.0 W0.0
G50 X300.0 Z385.0 S1800 T0100
G96 S180 M03
G00 X55.0 Z5.0 T0101
G71 U2.0 R0.5
G71 P10 Q30 U0.4 W0.2 F0.2
N10 G00 Z-67.0
G01 X49.0
G02 X45.0 Z-65.0 R2.0
G01 X42.0
G03 X38.0 Z-63.0 R2.0
G01 Z-57.0
G03 Z-49.0 R20.0
G01 Z-44.0
G02 X34.0 Z-42.0 R2.0
G01 Z-24.0
X25.0
Z-17.0
G03 Z-10.0 R30.0
G01 Z-4.0
N30 X15.0 Z0.0
G00 X150.0 Z150.0 T0100

G96 S200 M03 T0303
G00 X55.0 Z5.0
G70 P10 Q30 F0.1
G00 X150.0 Z150.0 T0300
G96 S400 M03 T0505
G00 X40.0 Z-42.0
G01 X28.0 F0.07
G04 P1500
G00 X40.0
Z-41.0
G01 X28.0 F0.7
G04 P1500
G00 X40.0
G00 X150.0 Z150.0 T0500
G96 S500 M03 T0707
G00 X34.0 Z-22.0
G76 P011060 Q50 R20
G76 X30.663 Z-39.0 P1190 Q350 F2.0
G00 X150.0 Z150.0 T0700
M05
M30
%
```

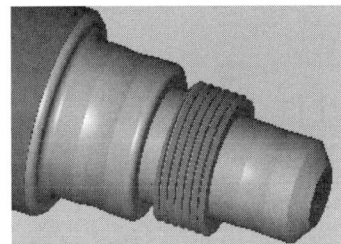

SECTION 04 | 내경 가공

과제도면 22 — 내경가공 예제 22

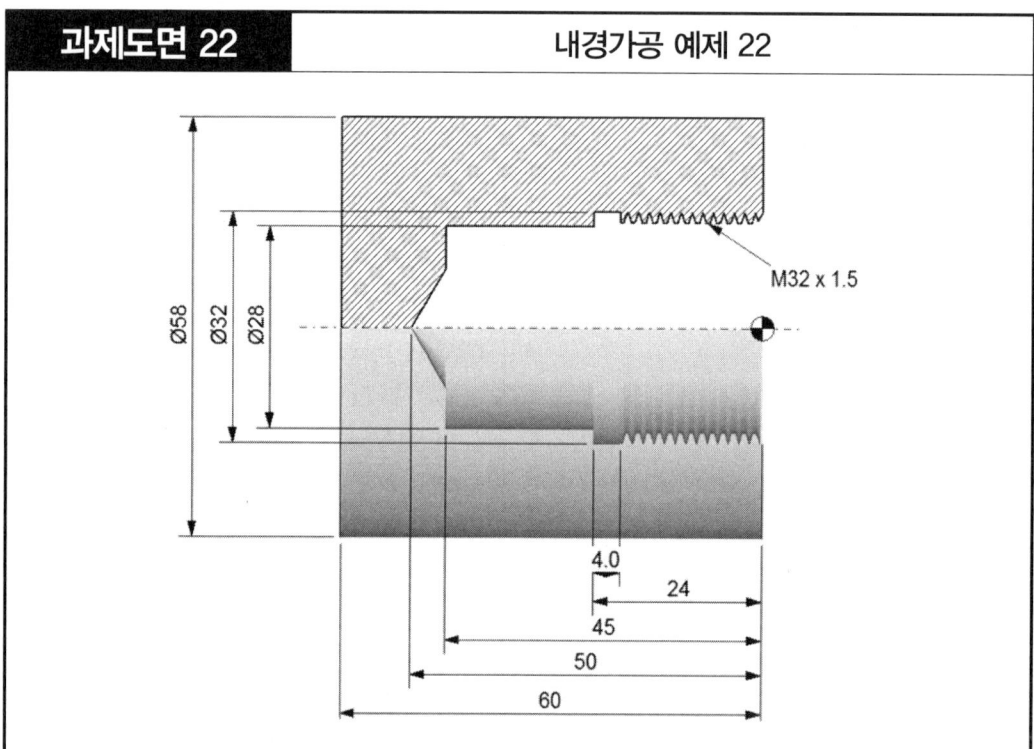

1. 도시되고 지시되지 않은 라운드와 모따기는 R2/C2
2. 홈 바이트 : 3mm

※나사절삭 데이터

절입 횟수	피치	1회	2회	3회	4회	5회	6회	7회	8회	계	비고
매회 절입 깊이	1.5	0.35	0.20	0.14	0.10	0.05	0.05			0.89	반경
	2.0	0.35	0.25	0.19	0.12	0.10	0.08	0.05	0.05	1.19	

작업 조건표

순서	공구종류	공구번호	절삭속도 (mm/rev)	회전속도 (RPM)	소재 치수
1	드릴	T02	0.15	320	$\phi 58 \times 60$
2	내경 황삭	T04	0.15	80	
3	내경 정삭	T06	0.15	100	재질
4	내경 홈	T08	0.05	450	SM20C
5	내경 나사	T10	1.5	500	

(0T 프로그램) 내경가공 예제 22

```
%
O4022
G28 U0.0 W0.0
G50 X300.0 Z425.0 T0200
G97 S320 M03
G00 X0.0 Z2.0 T0202 M08
G74 R0.5
G74 Z-50.0 Q2000 F0.15
G00 Z5.0
G00 X150.0 Z150.0 T0200
M01
G50 S1200 T0400
G96 S80 M03
G00 X24.0 Z2.0 T0404
G71 U1.0 R0.5
G71 P50 Q60 U-0.4 W0.2 F0.15
N50 G00 G41 X32.220
G01 Z0.0 F0.1
X29.0 W-1.0
Z-24.0
X28.0
Z-45.0
N60 U-1.0
G00 Z2.0
G00 G40 X150.0 Z150.0 T0400
M01
G50 S1500 T0600
G96 S100 M03
G00 X24.0 Z2.0 T0606
G70 P50 Q60
G00 Z2.0
G00 G40 X150.0 Z150.0 T0600
M01
G50 S1200 T0800
G96 S30 M03
G00 X26.0 Z2.0 T0808
Z-24.0
G01 X32.0 F0.05
G04 U1.5
G00 X26.0
Z2.0
X150.0 Z200.0 T0800
M01
T1000
G97 S500 M03
G00 X27.0 Z2.0 T1010
G76 P011060 Q50 R20
G76 X32.0 Z-21.0 P970 Q350 F1.5
G00 Z2.0
G00 X200.0 Z250.0 T1000 M09
M05
M30
%
```

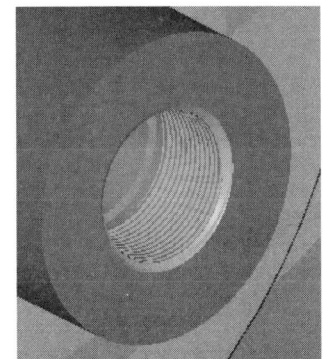

과제도면 23   내경가공 예제 23 _ 프로그램을 완성하시오.

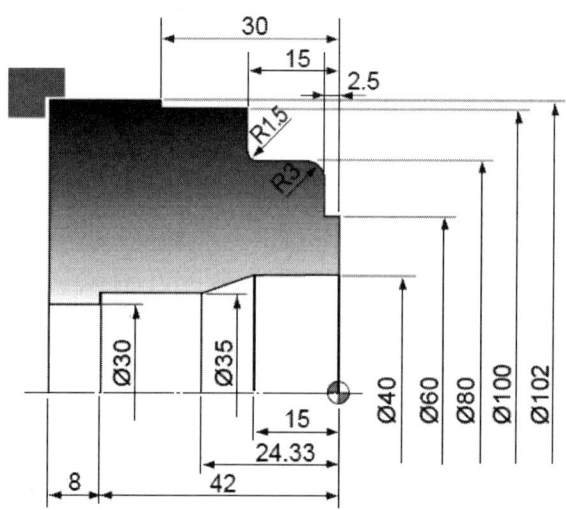

작업 조건표

순서	공구종류	공구번호	절삭속도 (mm/rev)	회전속도 (RPM)	소재 치수
1	드릴	T02	0.15	320	$\phi 102 \times 50$
2	내경 황삭	T04	0.15	80	
3	내경 정삭	T06	0.15	100	재질
4	내경 홈	T08	0.05	450	SM20C
5	내경 나사	T10	1.5	500	

프로그램 번호 : O4023	CNC 선반 내경가공 예제 23
	황/정삭 가공 프로그램을 완성하시오.

과제도면 24 — 내경가공 예제 24 _ 프로그램을 완성하시오.

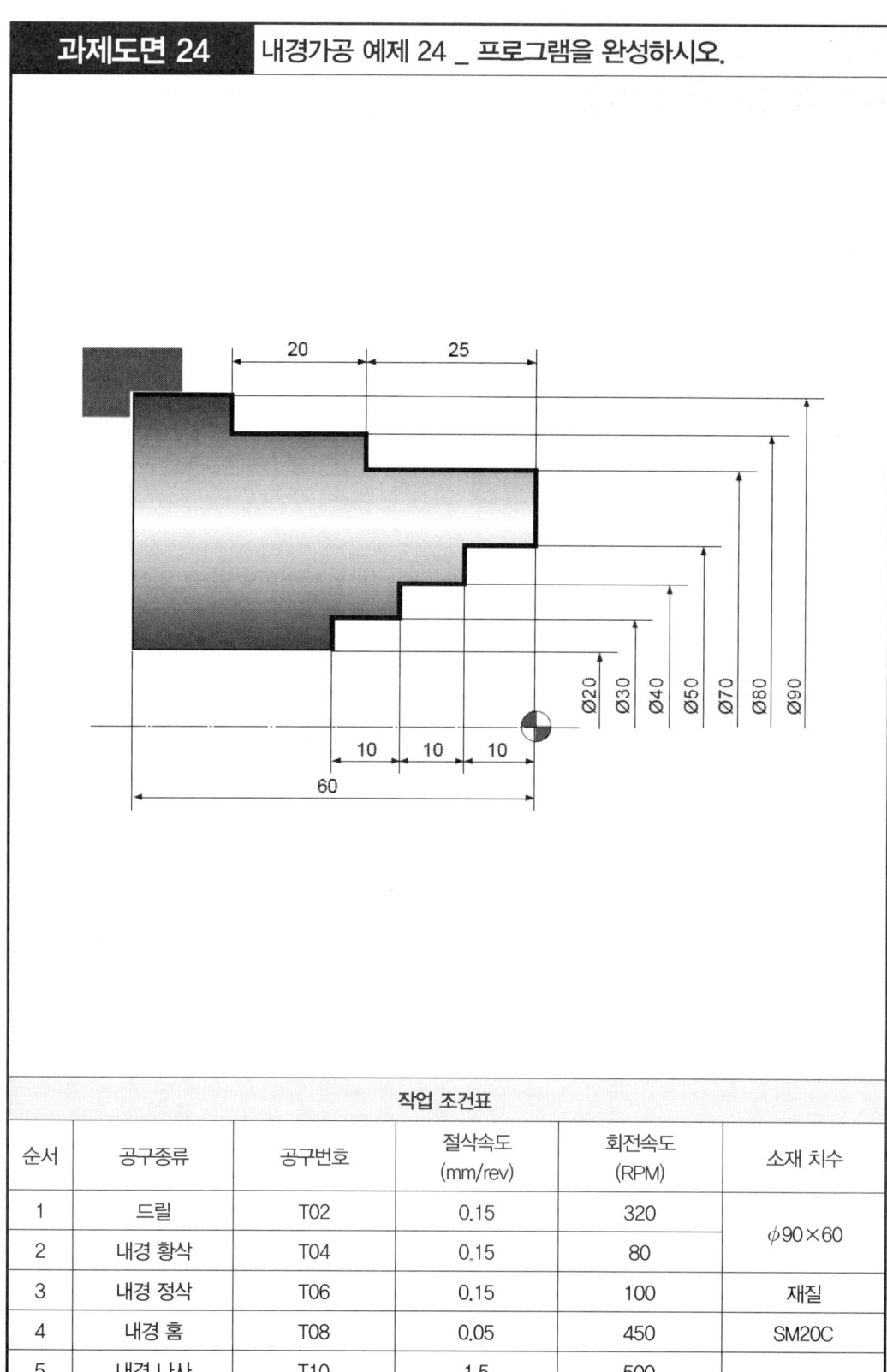

작업 조건표

순서	공구종류	공구번호	절삭속도 (mm/rev)	회전속도 (RPM)	소재 치수
1	드릴	T02	0.15	320	φ90×60
2	내경 황삭	T04	0.15	80	
3	내경 정삭	T06	0.15	100	재질
4	내경 홈	T08	0.05	450	SM20C
5	내경 나사	T10	1.5	500	

프로그램 번호 : O4024	CNC 선반 내경가공 예제 24
	황/정삭 가공 프로그램을 완성하시오.

과제도면 25   내경가공 예제 25 _ 프로그램을 완성하시오.

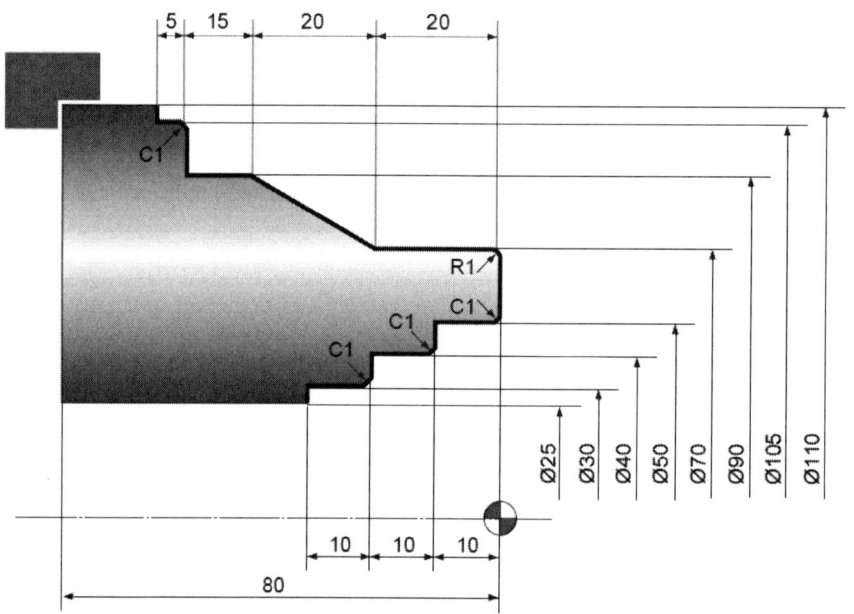

작업 조건표

순서	공구종류	공구번호	절삭속도 (mm/rev)	회전속도 (RPM)	소재 치수
1	드릴	T02	0.15	320	φ110×70
2	내경 황삭	T04	0.15	80	
3	내경 정삭	T06	0.15	100	재질
4	내경 홈	T08	0.05	450	SM20C
5	내경 나사	T10	1.5	500	

프로그램 번호 : O4025	CNC 선반 내경가공 예제 25
	황/정삭 가공 프로그램을 완성하시오.

과제도면 26 — 내경가공 예제 26 _ 프로그램을 완성하시오.

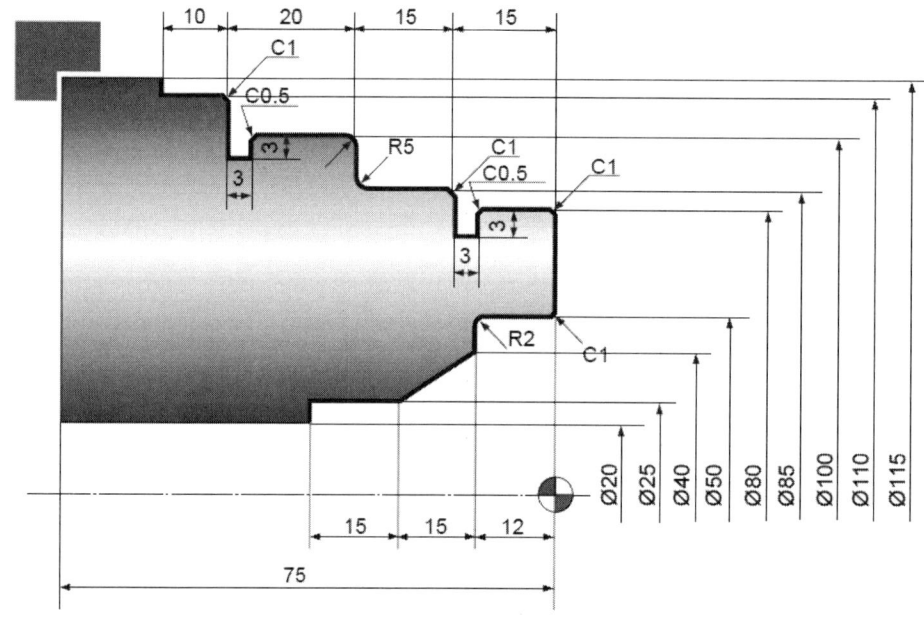

1. 도시되고 지시되지 않은 라운드와 모따기는 R5/C1
2. 홈 바이트 : 2mm

작업 조건표

순서	공구종류	공구번호	절삭속도 (mm/rev)	회전속도 (RPM)	소재 치수
1	드릴	T02	0.15	320	φ115×70
2	내경 황삭	T04	0.15	80	
3	내경 정삭	T06	0.15	100	재질
4	내경 홈	T08	0.05	450	SM20C
5	내경 나사	T10	1.5	500	

프로그램 번호 : O4026	CNC 선반 내경가공 예제 26
	황/정삭 가공 프로그램을 완성하시오.

과제도면 27   내경가공 예제 27 _ 프로그램을 완성하시오.

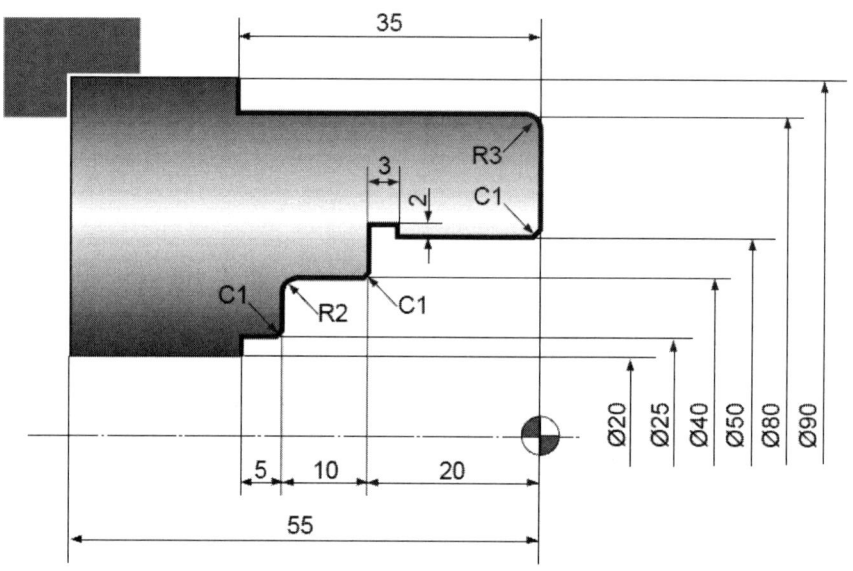

1. 도시되고 지시되지 않은 라운드와 모따기는 R2/C1
2. 홈 바이트 : 2mm

작업 조건표

순서	공구종류	공구번호	절삭속도 (mm/rev)	회전속도 (RPM)	소재 치수
1	드릴	T02	0.15	320	φ90×55
2	내경 황삭	T04	0.15	80	
3	내경 정삭	T06	0.15	100	재질
4	내경 홈	T08	0.05	450	SM20C
5	내경 나사	T10	1.5	500	

프로그램 번호 : O4027	CNC 선반 예제 27
	황/정삭, 홈 가공 프로그램을 완성하시오.

과제도면 28 — 내경가공 예제 28 _ 프로그램을 완성하시오.

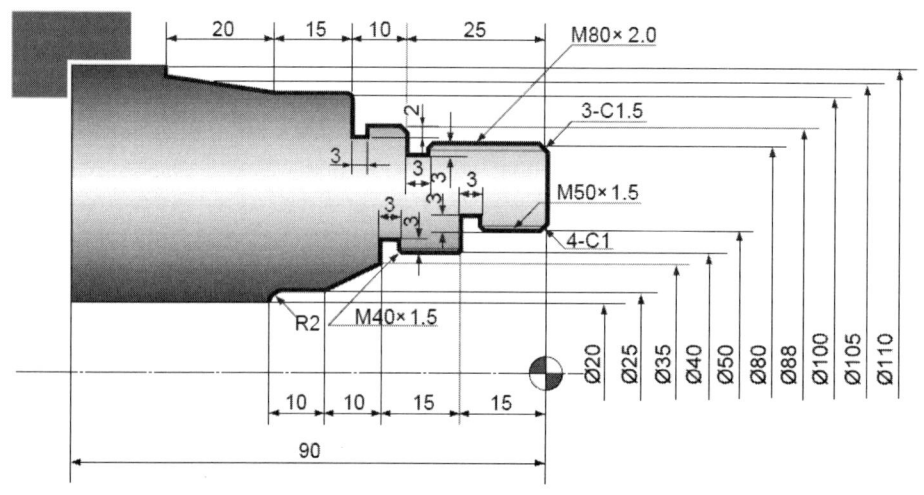

1. 도시되고 지시되지 않은 라운드와 모따기는 R2/C1
2. 홈 바이트 : 2mm

※나사절삭 데이터

절입 횟수	피치	1회	2회	3회	4회	5회	6회	7회	8회	계	비고
매회 절입 깊이	1.5	0.35	0.20	0.14	0.10	0.05	0.05			0.89	반경
	2.0	0.35	0.25	0.19	0.12	0.10	0.08	0.05	0.05	1.19	

작업 조건표

순서	공구종류	공구번호	절삭속도 (mm/rev)	회전속도 (RPM)	소재 치수
1	드릴	T02	0.15	320	$\phi 110 \times 90$
2	내경 황삭	T04	0.15	80	
3	내경 정삭	T06	0.15	100	재질
4	내경 홈	T08	0.05	450	SM20C
5	내경 나사	T10	1.5	500	

프로그램 번호 : O4028

CNC 선반 내경가공 예제 28
황/정삭, 홈, 나사가공 프로그램을 완성하시오.

SECTION 05 프로그램 연습 도면

과제도면 29 | CNC 선반 예제 29 _ 프로그램을 완성하시오.

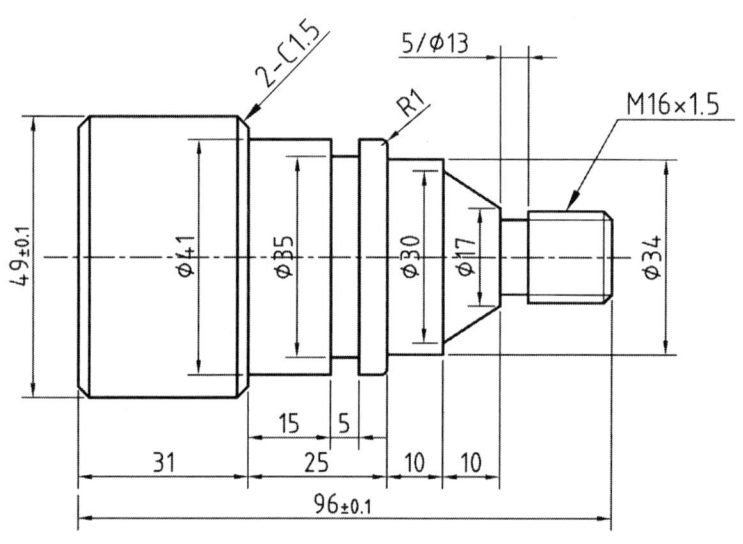

1. 도시되고 지시되지 않은 라운드와 모따기는 R2/C1.5
2. 홈 바이트 : 4mm

※ 나사절삭 데이터

절입 횟수	피치	1회	2회	3회	4회	5회	6회	7회	8회	계	비고
매회 절입 깊이	1.5	0.35	0.20	0.14	0.10	0.05	0.05			0.89	반경
	2.0	0.35	0.25	0.19	0.12	0.10	0.08	0.05	0.05	1.19	

작업 조건표

순서	공구종류	공구번호	절삭속도 (mm/rev)	회전속도 (RPM)	소재 치수
1	외경 황삭	T01	0.2	150	$\phi 60 \times 100$
2	외경 정삭	T03	0.15	150	
3	외경 홈파기	T05	0.08	500	재질
4	외경 나사깎기	T07	2.0	500	SM20C

프로그램 번호 : O5029	CNC 선반 예제 29
	황/정삭, 홈, 나사가공 프로그램을 완성하시오.

과제도면 30 — CNC 선반 예제 30 _ 프로그램을 완성하시오.

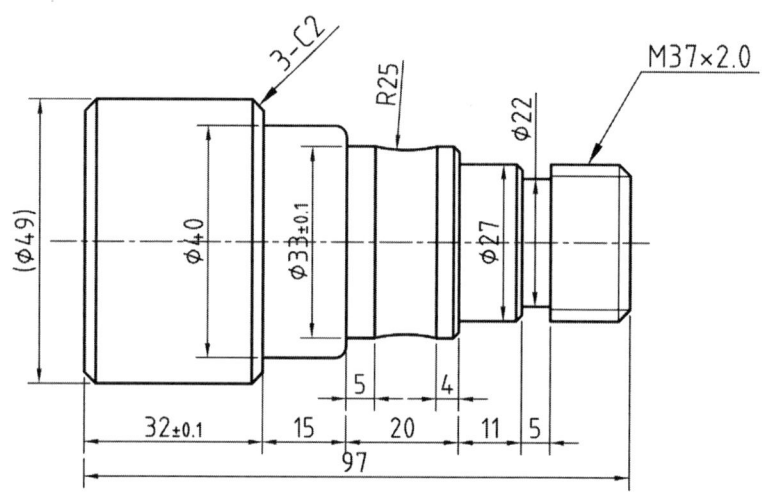

1. 도시되고 지시되지 않은 라운드와 모따기는 R2/C1
2. 홈 바이트 : 4mm

※나사절삭 데이터

절입 횟수	피치	1회	2회	3회	4회	5회	6회	7회	8회	계	비고
매회 절입 깊이	1.5	0.35	0.20	0.14	0.10	0.05	0.05			0.89	반경
	2.0	0.35	0.25	0.19	0.12	0.10	0.08	0.05	0.05	1.19	

작업 조건표

순서	공구종류	공구번호	절삭속도 (mm/rev)	회전속도 (RPM)	소재 치수
1	외경 황삭	T01	0.2	150	$\phi 60 \times 100$
2	외경 정삭	T03	0.15	150	
3	외경 홈파기	T05	0.08	500	재질
4	외경 나사깎기	T07	2.0	500	SM20C

프로그램 번호 : O5030	CNC 선반 예제 30
	황/정삭, 홈, 나사가공 프로그램을 완성하시오.

과제도면 31   CNC 선반 예제 31 _ 프로그램을 완성하시오.

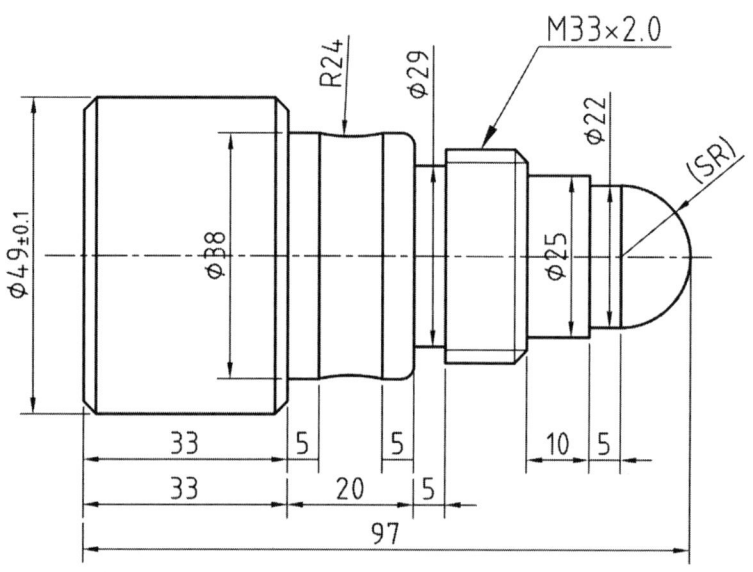

1. 도시되고 지시되지 않은 라운드와 모따기는 R2/C2
2. 홈 바이트 : 4mm

※나사절삭 데이터

절입 횟수	피치	1회	2회	3회	4회	5회	6회	7회	8회	계	비고
매회 절입 깊이	1.5	0.35	0.20	0.14	0.10	0.05	0.05			0.89	반경
	2.0	0.35	0.25	0.19	0.12	0.10	0.08	0.05	0.05	1.19	

작업 조건표

순서	공구종류	공구번호	절삭속도 (mm/rev)	회전속도 (RPM)	소재 치수
1	외경 황삭	T01	0.2	150	φ60×100
2	외경 정삭	T03	0.15	150	
3	외경 홈파기	T05	0.08	500	재질
4	외경 나사깎기	T07	2.0	500	SM20C

프로그램 번호 : O5031

CNC 선반 예제 31
황/정삭, 홈, 나사가공 프로그램을 완성하시오.

과제도면 32 — CNC 선반 예제 32 _ 프로그램을 완성하시오.

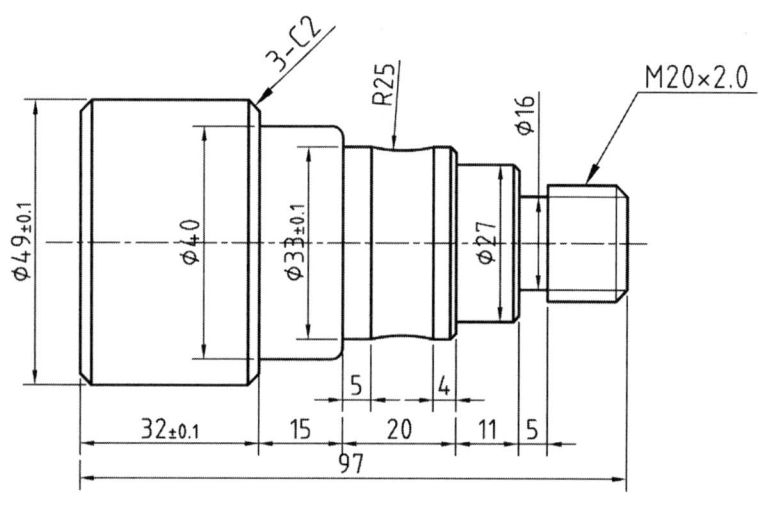

1. 도시되고 지시되지 않은 라운드와 모따기는 R2/C1
2. 홈 바이트 : 4mm

※ **나사절삭 데이터**

절입 횟수	피치	1회	2회	3회	4회	5회	6회	7회	8회	계	비고
매회 절입 깊이	1.5	0.35	0.20	0.14	0.10	0.05	0.05			0.89	반경
	2.0	0.35	0.25	0.19	0.12	0.10	0.08	0.05	0.05	1.19	

작업 조건표

순서	공구종류	공구번호	절삭속도 (mm/rev)	회전속도 (RPM)	소재 치수
1	외경 황삭	T01	0.2	150	φ60×95
2	외경 정삭	T03	0.15	150	
3	외경 홈파기	T05	0.08	500	재질
4	외경 나사깎기	T07	2.0	500	SM20C

프로그램 번호 : O5032	CNC 선반 예제 32
	황/정삭, 홈, 나사가공 프로그램을 완성하시오.

과제도면 33 — CNC 선반 예제 33 _ 프로그램을 완성하시오.

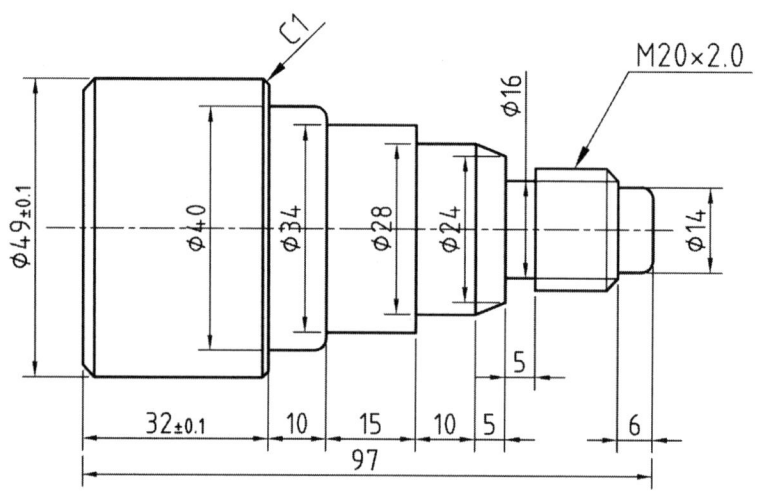

1. 도시되고 지시되지 않은 라운드와 모따기는 R2/C2
2. 홈 바이트 : 4mm

※ 나사절삭 데이터

절입 횟수	피치	1회	2회	3회	4회	5회	6회	7회	8회	계	비고
매회 절입 깊이	1.5	0.35	0.20	0.14	0.10	0.05	0.05			0.89	반경
	2.0	0.35	0.25	0.19	0.12	0.10	0.08	0.05	0.05	1.19	

작업 조건표

순서	공구종류	공구번호	절삭속도 (mm/rev)	회전속도 (RPM)	소재 치수
1	외경 황삭	T01	0.2	150	φ60×100
2	외경 정삭	T03	0.15	150	
3	외경 홈파기	T05	0.08	500	재질
4	외경 나사깎기	T07	2.0	500	SM20C

프로그램 번호 : O5033	CNC 선반 예제 33
	황/정삭, 홈, 나사가공 프로그램을 완성하시오.

과제도면 34 — CNC 선반 예제 34 _ 프로그램을 완성하시오.

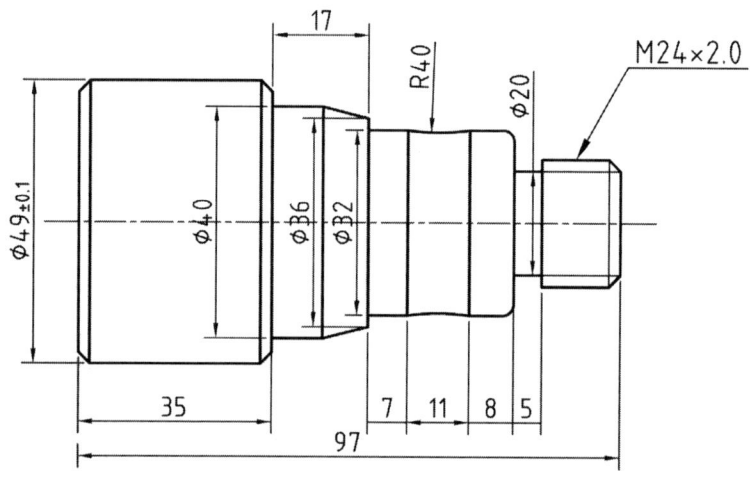

1. 도시되고 지시되지 않은 라운드와 모따기는 R2/C2
2. 홈 바이트 : 4mm

※ 나사절삭 데이터

절입 횟수	피치	1회	2회	3회	4회	5회	6회	7회	8회	계	비고
매회 절입 깊이	1.5	0.35	0.20	0.14	0.10	0.05	0.05			0.89	반경
	2.0	0.35	0.25	0.19	0.12	0.10	0.08	0.05	0.05	1.19	

작업 조건표

순서	공구종류	공구번호	절삭속도 (mm/rev)	회전속도 (RPM)	소재 치수
1	외경 황삭	T01	0.2	150	$\phi 60 \times 100$
2	외경 정삭	T03	0.15	150	
3	외경 홈파기	T05	0.08	500	재질
4	외경 나사깎기	T07	2.0	500	SM20C

프로그램 번호 : O5034	CNC 선반 예제 34
	황/정삭, 홈, 나사가공 프로그램을 완성하시오.

과제도면 35   CNC 선반 예제 35 _ 프로그램을 완성하시오.

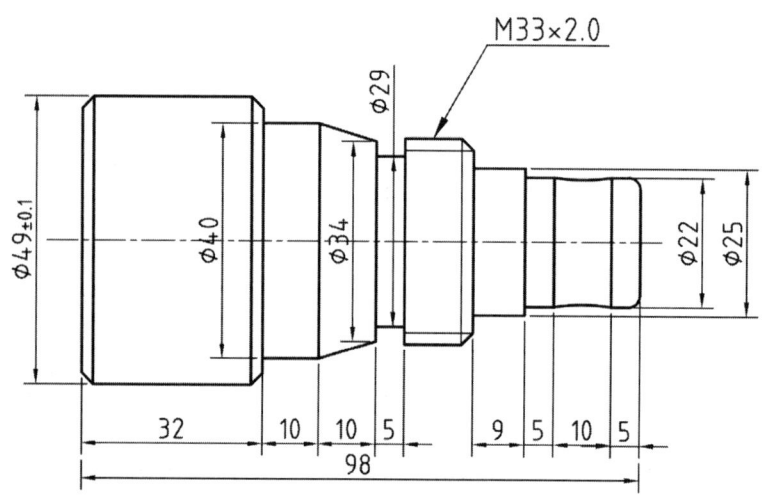

1. 도시되고 지시되지 않은 라운드와 모따기는 R2/C2
2. 홈 바이트 : 4mm

※나사절삭 데이터

절입 횟수	피치	1회	2회	3회	4회	5회	6회	7회	8회	계	비고
매회 절입 깊이	1.5	0.35	0.20	0.14	0.10	0.05	0.05			0.89	반경
	2.0	0.35	0.25	0.19	0.12	0.10	0.08	0.05	0.05	1.19	

작업 조건표

순서	공구종류	공구번호	절삭속도 (mm/rev)	회전속도 (RPM)	소재 치수
1	외경 황삭	T01	0.2	150	φ60×100
2	외경 정삭	T03	0.15	150	
3	외경 홈파기	T05	0.08	500	재질
4	외경 나사깎기	T07	2.0	500	SM20C

프로그램 번호 : O5035	CNC 선반 예제 35
	황/정삭, 홈, 나사가공 프로그램을 완성하시오.

과제도면 36 — CNC 선반 예제 36 _ 프로그램을 완성하시오.

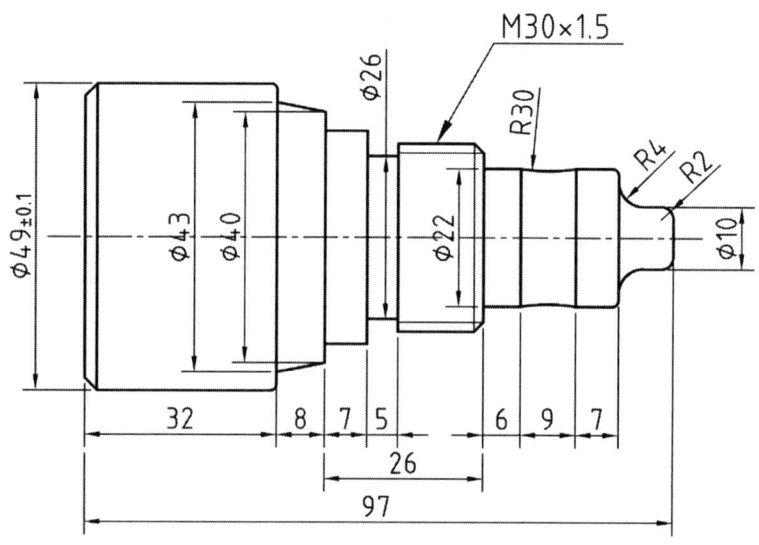

1. 도시되고 지시되지 않은 라운드와 모따기는 R1/C2
2. 홈 바이트 : 4mm

※ 나사절삭 데이터

절입 횟수	피치	1회	2회	3회	4회	5회	6회	7회	8회	계	비고
매회 절입 깊이	1.5	0.35	0.20	0.14	0.10	0.05	0.05			0.89	반경
	2.0	0.35	0.25	0.19	0.12	0.10	0.08	0.05	0.05	1.19	

작업 조건표

순서	공구종류	공구번호	절삭속도 (mm/rev)	회전속도 (RPM)	소재 치수
1	외경 황삭	T01	0.2	150	φ60×100
2	외경 정삭	T03	0.15	150	
3	외경 홈파기	T05	0.08	500	재질
4	외경 나사깎기	T07	2.0	500	SM20C

프로그램 번호 : O5036	CNC 선반 예제 36
	황/정삭, 홈, 나사가공 프로그램을 완성하시오.

SECTION 06 | 컴퓨터응용선반기능사 자격검정 실기 예상문제

과제도면 37 — 컴퓨터응용선반기능사 예제 37

1. 도시되고 지시되지 않은 라운드와 모따기는 R2/C2
2. 홈 바이트 : 4mm

구분 \ 공차	M28×2.0 – 보통급	
수나사	외 경	$26.968_{-0.236}^{0}$
	유효경	$26.701_{-0.150}^{0}$

※ 나사절삭 데이터

절입 횟수	피치	1회	2회	3회	4회	5회	6회	7회	8회	계	비고
매회 절입 깊이	1.5	0.35	0.20	0.14	0.10	0.05	0.05			0.89	반경
	2.0	0.35	0.25	0.19	0.12	0.10	0.08	0.05	0.05	1.19	

과제도면 38 — 컴퓨터응용선반기능사 예제 38

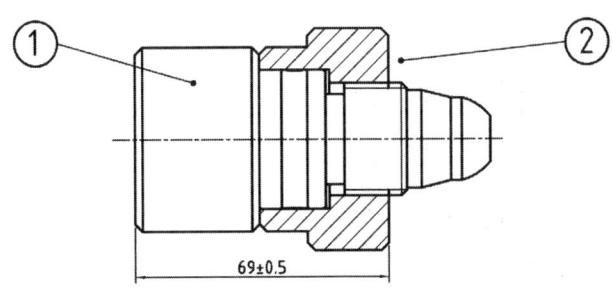

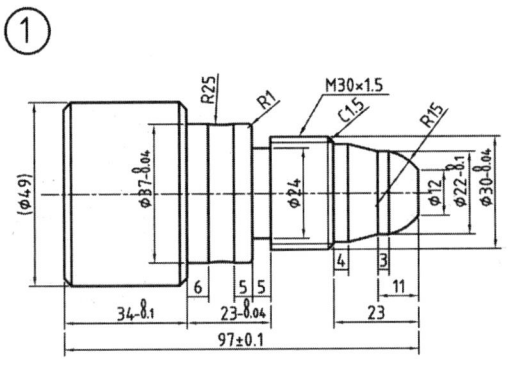

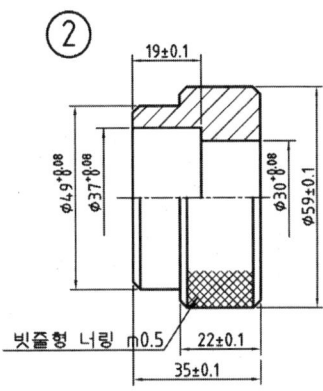

1. 도시되고 지시되지 않은 라운드와 모따기는 R2/C2
2. 홈 바이트 : 4mm

구분 \ 공차	M30×1.5 – 보통급	
수나사	외 경	$29.968_{-0.236}^{0}$
	유효경	$29.026_{-0.150}^{0}$

※ 나사절삭 데이터

절입 횟수	피치	1회	2회	3회	4회	5회	6회	7회	8회	계	비고
매회 절입 깊이	1.5	0.35	0.20	0.14	0.10	0.05	0.05			0.89	반경
	2.0	0.35	0.25	0.19	0.12	0.10	0.08	0.05	0.05	1.19	

과제도면 39 — 컴퓨터응용선반기능사 예제 39

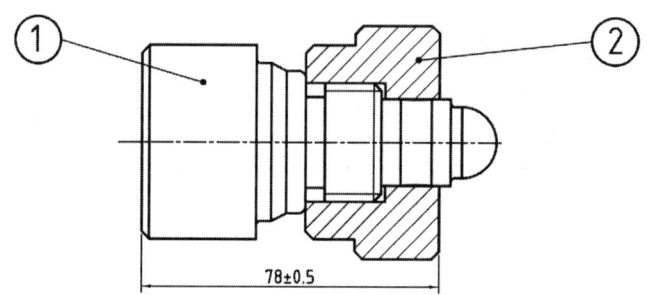

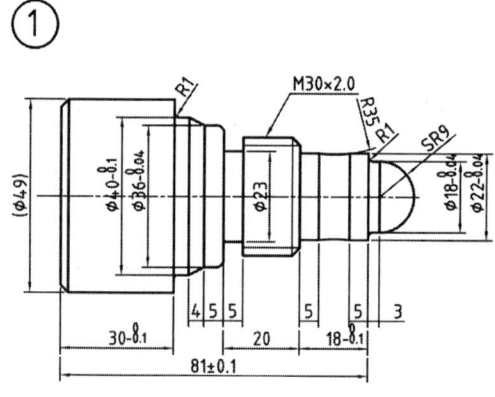
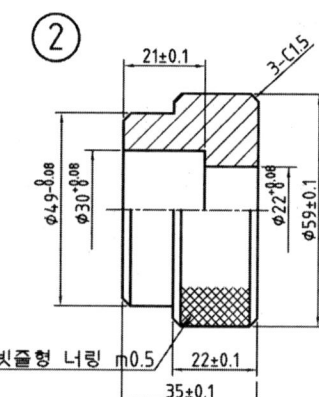

1. 도시되고 지시되지 않은 라운드와 모따기는 R2/C2
2. 홈 바이트 : 4mm

구분 \ 공차	M30×2.0-보통급	
수나사	외 경	$29.962_{-0.280}^{0}$
	유효경	$28.663_{-0.170}^{0}$

※ 나사절삭 데이터

절입 횟수	피치	1회	2회	3회	4회	5회	6회	7회	8회	계	비고
매회 절입 깊이	1.5	0.35	0.20	0.14	0.10	0.05	0.05			0.89	반경
	2.0	0.35	0.25	0.19	0.12	0.10	0.08	0.05	0.05	1.19	

과제도면 40 — 컴퓨터응용선반기능사 예제 40

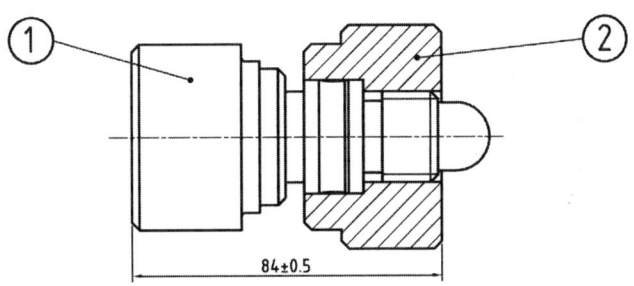

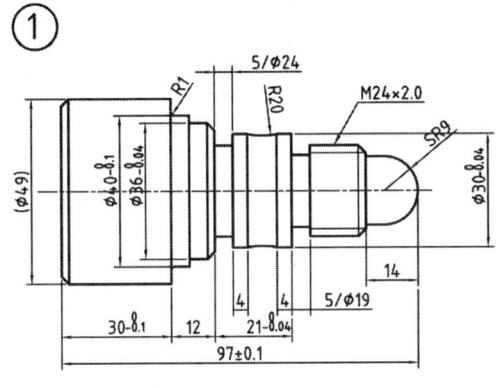

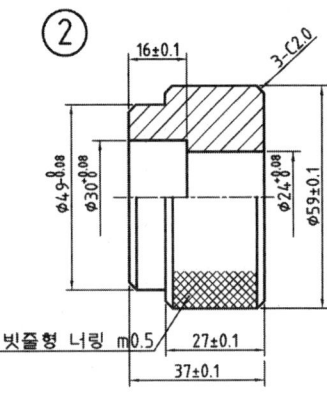

1. 도시되고 지시되지 않은 라운드와 모따기는 R2/C2
2. 홈 바이트 : 4mm

구분 \ 공차	M24×2.0 - 보통급	
수나사	외 경	$23.968_{-0.236}^{0}$
	유효경	$22.702_{-0.150}^{0}$

※ 나사절삭 데이터

절입 횟수	피치	1회	2회	3회	4회	5회	6회	7회	8회	계	비고
매회 절입 깊이	1.5	0.35	0.20	0.14	0.10	0.05	0.05			0.89	반경
	2.0	0.35	0.25	0.19	0.12	0.10	0.08	0.05	0.05	1.19	

과제도면 41 — 컴퓨터응용선반기능사 예제 41

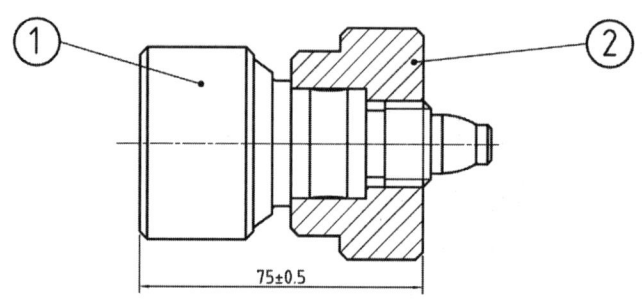

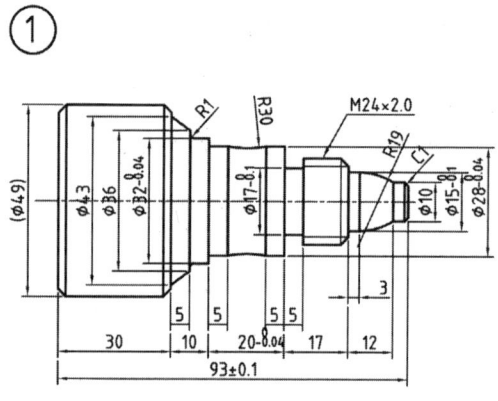
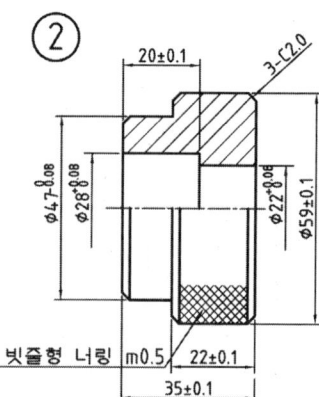

1. 도시되고 지시되지 않은 라운드와 모따기는 R2/C2
2. 홈 바이트 : 4mm

구분 \ 공차	M22×2.0 – 보통급	
수나사	외 경	$21.962^{\ 0}_{-0.280}$
	유효경	$20.663^{\ 0}_{-0.150}$

※ 나사절삭 데이터

절입 횟수	피치	1회	2회	3회	4회	5회	6회	7회	8회	계	비고
매회 절입 깊이	1.5	0.35	0.20	0.14	0.10	0.05	0.05			0.89	반경
	2.0	0.35	0.25	0.19	0.12	0.10	0.08	0.05	0.05	1.19	

과제도면 42 — 컴퓨터응용선반기능사 예제 42

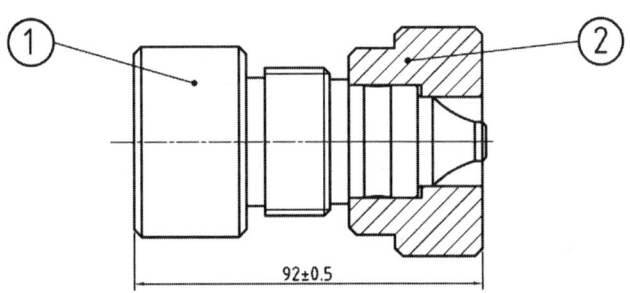

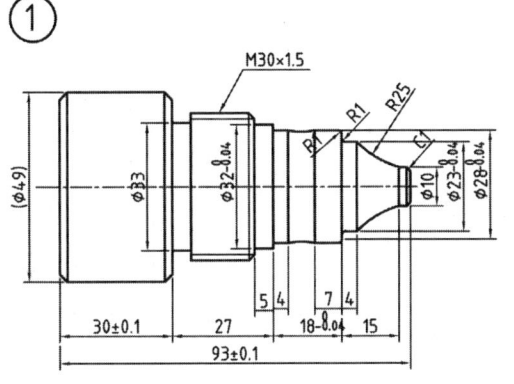

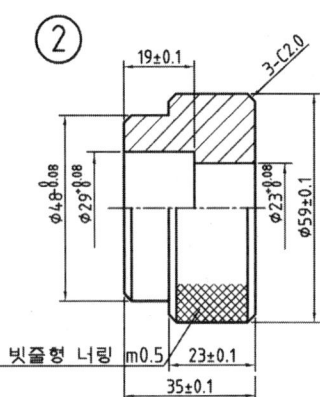

1. 도시되고 지시되지 않은 라운드와 모따기는 R2/C2
2. 홈 바이트 : 4mm

구분 \ 공차	M38×1.5 – 보통급	
수나사	외 경	$37.968_{-0.236}^{0}$
	유효경	$36.993_{-0.150}^{0}$

※ 나사절삭 데이터

절입 횟수	피치	1회	2회	3회	4회	5회	6회	7회	8회	계	비고
매회 절입 깊이	1.5	0.35	0.20	0.14	0.10	0.05	0.05			0.89	반경
	2.0	0.35	0.25	0.19	0.12	0.10	0.08	0.05	0.05	1.19	

과제도면 43 — 컴퓨터응용선반기능사 예제 43

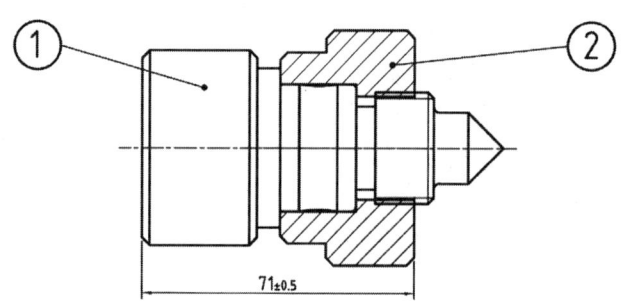

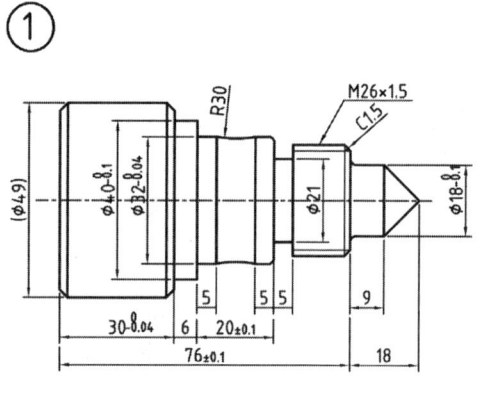

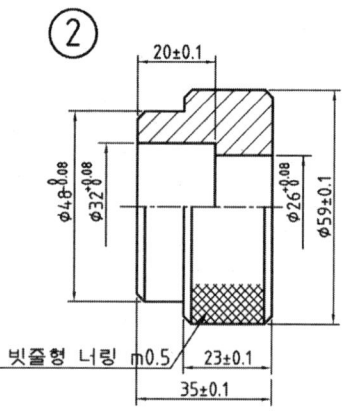

1. 도시되고 지시되지 않은 라운드와 모따기는 R2/C2
2. 홈 바이트 : 4mm

구분 \ 공차		M26×1.5 – 보통급
수나사	외 경	$25.968_{-0.236}^{0}$
	유효경	$24.994_{-0.150}^{0}$

※나사절삭 데이터

절입 횟수	피치	1회	2회	3회	4회	5회	6회	7회	8회	계	비고
매회 절입 깊이	1.5	0.35	0.20	0.14	0.10	0.05	0.05			0.89	반경
	2.0	0.35	0.25	0.19	0.12	0.10	0.08	0.05	0.05	1.19	

과제도면 44 — 컴퓨터응용선반기능사 예제 44

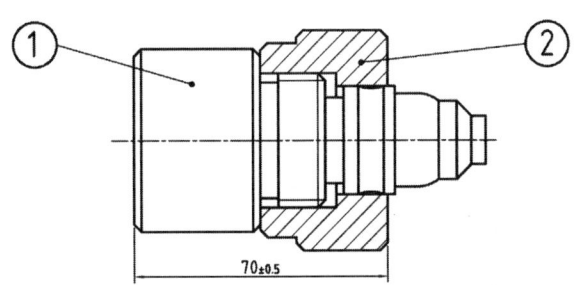

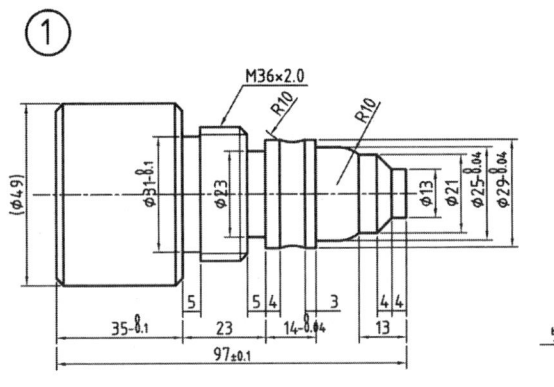

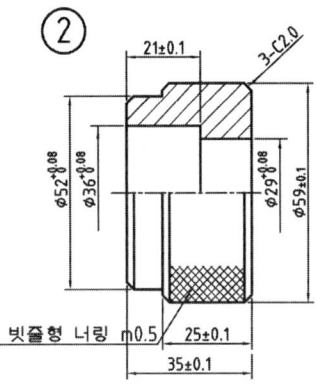

1. 도시되고 지시되지 않은 라운드와 모따기는 R2/C2
2. 홈 바이트 : 4mm

구분 \ 공차	M36×2.0 – 보통급	
수나사	외 경	$35.968_{-0.236}^{0}$
	유효경	$34.701_{-0.150}^{0}$

※ 나사절삭 데이터

절입 횟수	피치	1회	2회	3회	4회	5회	6회	7회	8회	계	비고
매회 절입 깊이	1.5	0.35	0.20	0.14	0.10	0.05	0.05			0.89	반경
	2.0	0.35	0.25	0.19	0.12	0.10	0.08	0.05	0.05	1.19	

과제도면 45 — 컴퓨터응용선반기능사 예제 45

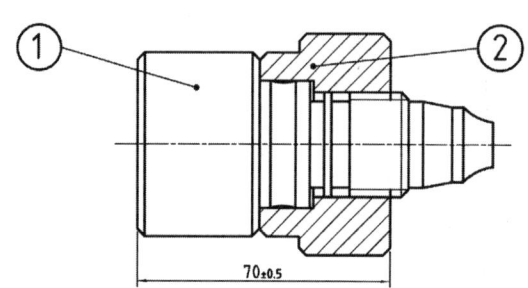

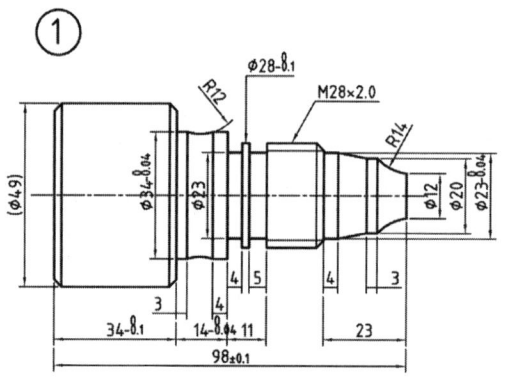

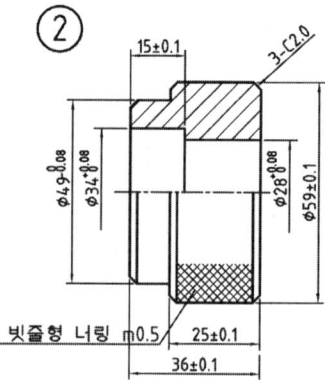

1. 도시되고 지시되지 않은 라운드와 모따기는 R2/C2
2. 홈 바이트 : 4mm

구분 \ 공차	M28×2.0 – 보통급	
수나사	외 경	$27.968_{-0.236}^{0}$
	유효경	$26.701_{-0.150}^{0}$

※ 나사절삭 데이터

절입 횟수	피치	1회	2회	3회	4회	5회	6회	7회	8회	계	비고
매회 절입 깊이	1.5	0.35	0.20	0.14	0.10	0.05	0.05			0.89	반경
	2.0	0.35	0.25	0.19	0.12	0.10	0.08	0.05	0.05	1.19	

과제도면 46 컴퓨터응용선반기능사 예제 46

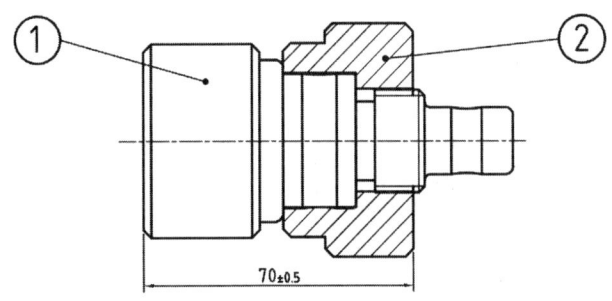

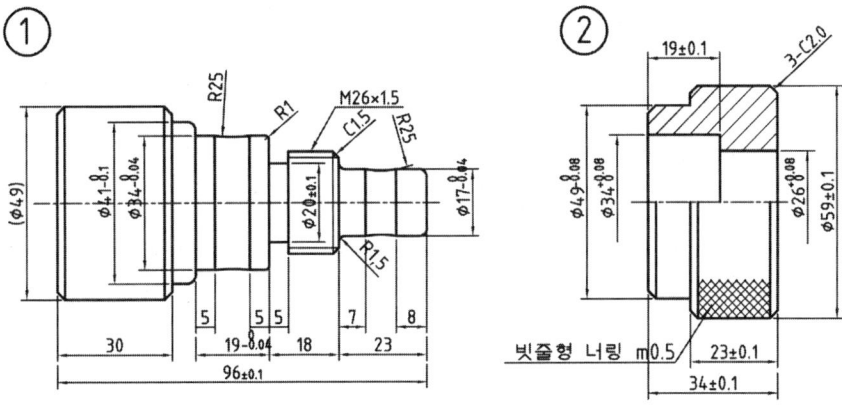

1. 도시되고 지시되지 않은 라운드와 모따기는 R2/C2
2. 홈 바이트 : 4mm

구분 \ 공차	M26×1.5 - 보통급	
수나사	외 경	$25.968_{-0.236}^{0}$
	유효경	$24.994_{-0.150}^{0}$

※ 나사절삭 데이터

절입 횟수	피치	1회	2회	3회	4회	5회	6회	7회	8회	계	비고
매회 절입 깊이	1.5	0.35	0.20	0.14	0.10	0.05	0.05			0.89	반경
	2.0	0.35	0.25	0.19	0.12	0.10	0.08	0.05	0.05	1.19	

과제도면 47 — 컴퓨터응용선반기능사 예제 47

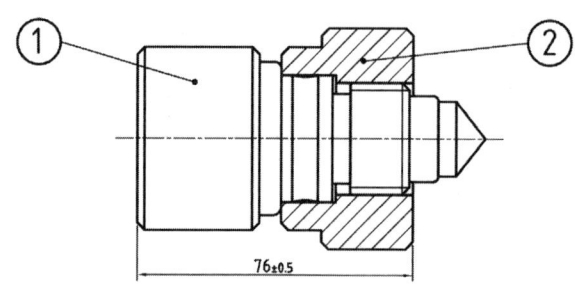

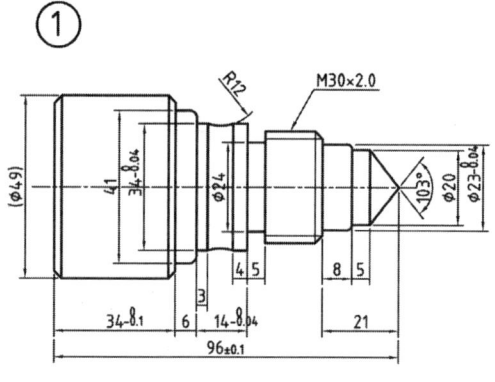
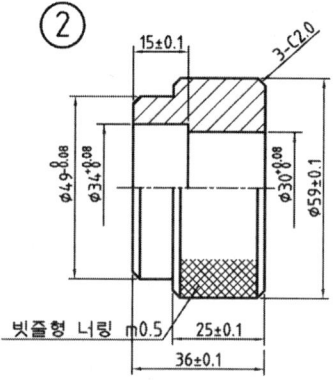

1. 도시되고 지시되지 않은 라운드와 모따기는 R2/C2
2. 홈 바이트 : 4mm

구분 \ 공차	M30×2.0 – 보통급	
수나사	외경	$29.968_{-0.236}^{0}$
	유효경	$28.701_{-0.150}^{0}$

※ 나사절삭 데이터

절입 횟수	피치	1회	2회	3회	4회	5회	6회	7회	8회	계	비고
매회 절입 깊이	1.5	0.35	0.20	0.14	0.10	0.05	0.05			0.89	반경
	2.0	0.35	0.25	0.19	0.12	0.10	0.08	0.05	0.05	1.19	

PART

03

V-CNC

Chapter 01 | V-CNC 실행 및 종료
Chapter 02 | V-CNC 운전 및 조작
Chapter 03 | V-CNC 작업 과정
Chapter 04 | V-CNC 시뮬레이션

CHAPTER 01 V-CNC 실행 및 종료

1 실행

① 윈도우 바탕화면에 V-CNC의 단축아이콘()이 나타난다.
② V-CNC 동영상이 실행된다.
③ Machining Center(머시닝센터)와 CNC-Lathe(CNC 선반)을 선택할 수 있는 화면이 나타난다.
④ 사용할 기계의 그림을 마우스로 선택한다.

2 화면구성

CNC 시뮬레이터의 화면은 일반적으로 기계윈도우 화면과 컨트롤러 화면으로 구성되어 있다.

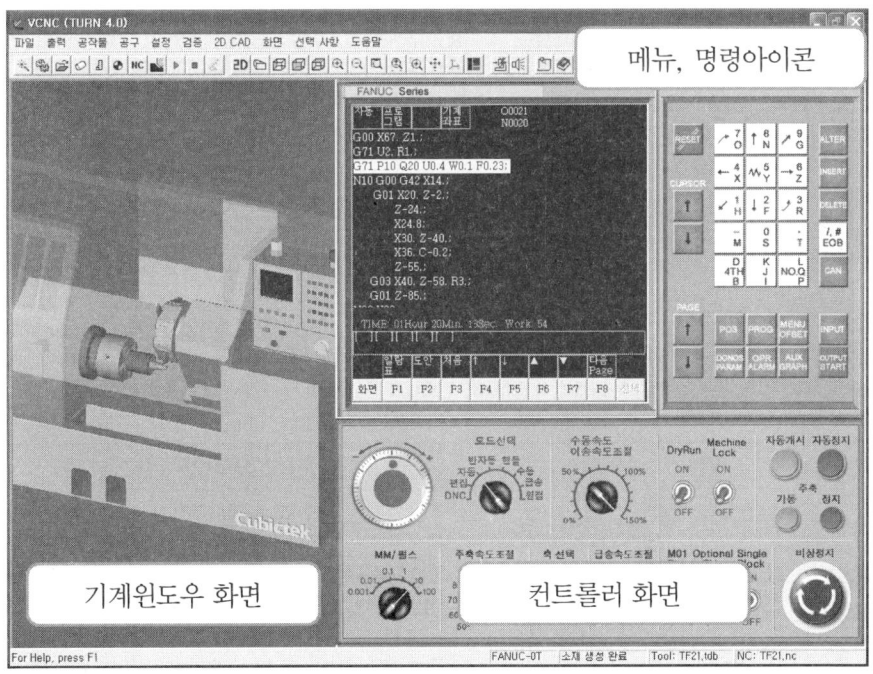

[V-CNC 선반 실행 화면]

1. 기계 윈도우 화면

기계 윈도우 화면은 실제 기계가 모의 가공되는 모습을 보여 주는 화면이다.
화면에는 각각의 기계 구성 요소들이 나타나 있다. CNC 선반의 주요 구조는 다음과 같다.

① 주축대 : 가공물을 고정하고 회전시켜 준다. 척은 특수 용도의 척과 연동척으로서 유압으로 작동되며 하드 조(Hard Jaw)와 소프트 조(Soft Jaw)로 되어 있다.
② 공구대 : 일반적으로 드럼형 터릿 공구대가 많이 사용되며 가장 빨리 공구를 선택할 수 있도록 근접 회전 방식을 선택하고 있다.
③ 심압대 : 긴 공작물의 떨림 방지 및 저속으로 강력 절삭할 때 공작물 지지에 사용한다.
④ 조작판넬 : 선반의 정면에 있으며 기계를 움직이고 프로그램 등을 입력·수정할 수 있는 여러 개의 키로 고성되어 있다.

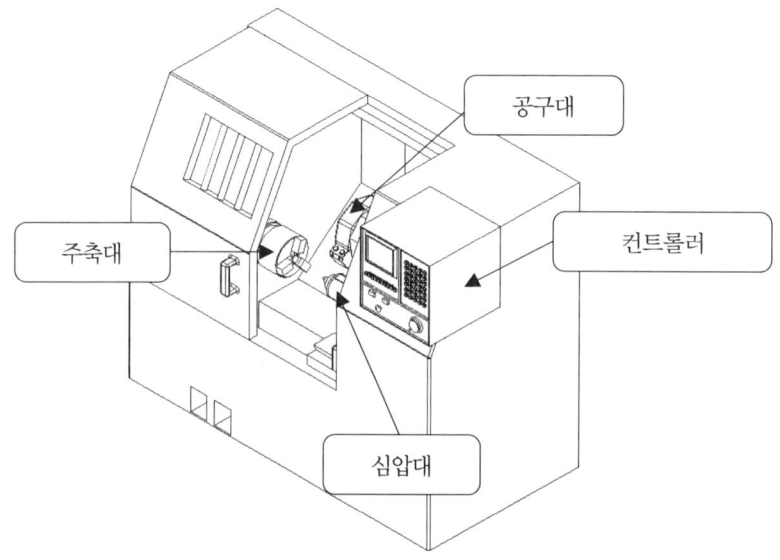

※ 기계화면 마우스 조작법(3버튼 휠 마우스)
아래 작업은 기계 윈도우 화면에서만 적용된다.

작업	조작 방법
Zoom in/out	마우스 휠 굴리기
Zoom Dynamic	마우스 오른쪽 버튼을 누른 상태에서 움직이기
Zoom Pan	키보드 Ctrl 키 + 마우스 휠을 누른 상태에서 움직이기
Zoom All	📁(아이콘 메뉴 → 퍼스펙티브 화면 아이콘 클릭)

2. 컨트롤러 조작판

조작반의 기능은 같은 컨트롤러(Controller)를 사용해도 공작기계 메이커에 따라서 스위치(Switch) 모양과 종류, 조작방법 등은 다르다.

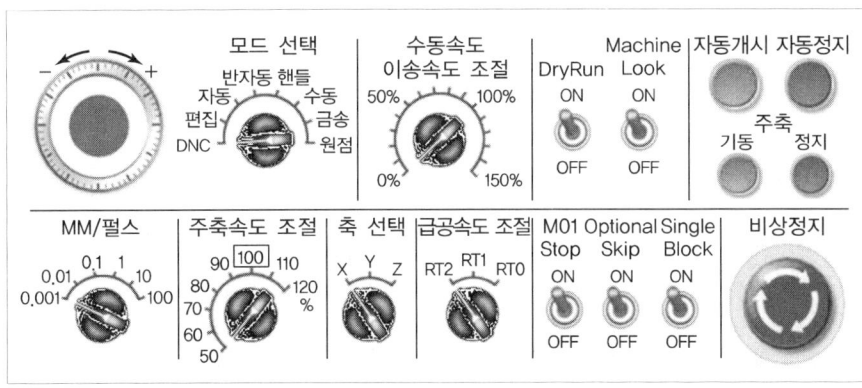

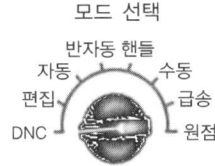

모드 스위치(Mode Switch)
① DNC : DNC 운전을 한다.
② 편집(EDIT) : 프로그램의 신규 작성 및 PC에 저장된 프로그램을 수정할 수 있다.
③ 자동(AUTO) : 선택한 프로그램을 자동 운전한다.
④ 반자동(MDI ; Manual Data Input) : 프로그램을 작성하지 않고 기계를 동작시킬 수 있다. NC 선반에서는 복합형 고정 Cycle 중에서 G70, G71, G72, G73 기능을 제외하고 프로그램으로 실행시킬 수 있다.
⑤ 핸들(Handle) : MPG(Manual Pules Generation)로도 표시하고 조작판의 핸들을 이용하여 축을 이동시킬 수 있다. 핸들의 한 눈금(1 Pulse)당 이동량은 0.001mm, 0.01mm, (0.1mm)의 종류가 있다.
⑥ 수동(JOG) : 공구이송을 연속적으로 외부 이송속도 조절 스위치의 속도로 이송시킨다. 엔드밀(End Mill)의 직선절삭, 페이스 밀(Face Mill)의 직선절삭 등 간단한 수동작업을 한다.
⑦ 급송(RPD ; Rapid) : 공구를 급속(기계의 최대속도 G00)으로 이동시킨다.
⑧ 원점(REF.R ; Reference Point Return) : 공구를 기계원점으로 복귀시킨다. 조작반의 원점방향 축 버튼을 누르면 자동으로 기계원점까지 복귀한다.

급송속도 조절(Rapid Override)
자동, 반자동, 급속이송 Mode에서 G00의 급속 위치 결정 속도를 외부에서 변화를 주는 기능이다.

수동속도/이송속도 조절(Feed Override)
자동, 반자동 Mode에서 지령된 이송속도(Feed)를 외부에서 변화시키는 기능이다. 보통 0~150%까지이고 10%의 간격을 가진다.

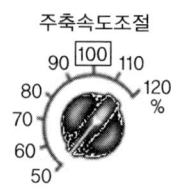

주축속도 조절(Spindle Override)
Mode에 관계없이 주축속도(rpm)를 외부에서 변화시키는 기능이다.

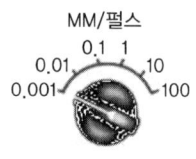

MM/펄스
핸들(MPG)의 한 눈금 이동 단위를 선택한다.
주) 0.1 Pulse에서 핸들의 사용은 천천히 돌려야 한다. 핸들 이동에는 자동 가감속 기능이 없기 때문에 축의 이동에 충격을 주면 볼스크루와 볼스크루지베어링의 파손 원인이 된다.

비상정지 버튼(Emergency Stop Button)
돌발적인 충돌이나 위급한 상황에서 작동시킨다.
누르면 비상정지(Stop)하고 Main 전원을 차단한 효과를 나타낸다. 해제 방법은 한 번 더 누른다.

자동개시(Cycle Start)
자동, 반자동, DNC Mode에서 프로그램을 실행한다.

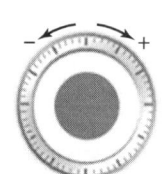

자동정지(Feed Hold)
자동개시의 실행으로 진행중인프로그램을 정지시킨다.
이송정지 상태에서는 자동개시 버튼을 누르면 현재 위치에서 재개한다. 이송정지 상태에서는 주축 정지, 절삭유 등은 이송정지 직전의 상태로 유지된다.
주) 나사가공(G32, G92, G76) 실행 중에는 이송정지를 작동시켜도 나사가공 Block은 정지하지 않고 다음 Block에서 정지한다.

주축회전(Spindle Rotate)
- 기동 : 수동조작(HANDLE, JOG, RPD, ZRN Mode)에서 마지막에 지령된 조건으로 회전한다.
- 정지 : Mode에 관계없이 회전 중인 주축을 정지시킨다.

핸들(MPG ; Manual Pulse Generator)
축(Axis)의 이동을 핸들 Mode에서 펄스단위로 이동시킨다.

- 토글스위치의(ON/OFF)의 사용 : 프로그램보다 우선한다.
- M01 : Optional Program Stop(프로그램 내부에 M01을 만나면 실행 중지)
- 드라이 런 : 프로그램 이송속도와 상관없이 내장된 속도로 이동 - 위험)
- 머신 록 : 축이동을 하지 않음 - 자동 실행 중 사용하면 위험)
- 싱글블록 : 프로그램을 한 블록씩 실행한다.
- 옵셔날 블록 스킵 : 프로그램에서 /를 만나면 건너뛴다.
- 절삭유 : 프로그램과 상관없이 절삭유 토출
- Manual ABS : 수동 조작의 이동량을 프로그램에 적용하지 않는다.(항상 ON 상태로 사용해야 함)

❸ 주요 아이콘

아이콘	명령어	내용
	마법사	마법사 기능을 시작한다.
	설정	기계와 컨트롤러 종류 등을 선택할 수 있는 설정 마법사 대화상자가 나타난다.
	NC CODE 열기	NC CODE를 열수 있는 대화상자가 나타난다.
	공작물 생성	공작물을 생성할 수 있다.
	공구 교환	공구를 교환하는 대화상자가 나타난다.
	공구 공작물접촉	공구와 공작물을 접촉하는 대화상자나 화면이 나타난다.
	검증	가공한 공작물의 치수를 검증하는 화면으로 전환된다.
	기계가동 비상정지	아이콘을 사용하면 기계윈도우 화면만을 띄워 놓은 상태에서도 가공을 할 수 있다.
	퍼스펙티브 화면 보기	Perspective 화면으로 기계윈도우 화면을 보고자 할 때 사용한다. 원근감이 있는 3차원 화면으로서 좀 더 실제적인 기계 모습을 보고자 할 때 사용한다.
	YZ, XZ, XY 평면 보기	각각 X, Y, Z의 수직 방향인 면에서 바라본 화면으로 전환하여 준다.
	확대,축소	기계윈도우 화면을 일정한 단계씩 확대/축소하는 기능이다.
	꽉차게	화면에 가공부분(공구와 공작물 화면)이 가득차게 카메라를 조정한다.
	다이나믹확대	동적으로 화면을 확대하거나 축소할 수 있다.
	영역확대	화면 중에서 특정한 부분만 확대해서 보고 싶을 때 사용한다. 기존의 확대가 직사각형 형태로 확대했다면 임의로 화면을 잡아서 확대한다.
	이동	화면을 이동한다.
	돌려보기	화면을 회전시킨다.
	기계가동 비상정지	아이콘을 사용하면 기계윈도우 화면만을 띄워 놓은 상태에서도 가공을 할 수 있다.
	화면정렬	3가지 화면을 선택해서 볼 수 있다.
	충돌검사	가공 중 충돌검사를 하지 않는다.
	음향효과	가공 중 발생하는 음향효과 조정
	실습예제	실습예제 창을 띄우는 기능
	도움말	도움말을 보는 기능(pdf)

V-CNC 운전 및 조작

1 원점복귀

① 모드 선택에서 원점을 선택한다.
② 이 상태에서 키패드의 숫자키 8을 누른다.(X축이 원점복귀 동작을 시작한다.)
③ 다음에 숫자 6을 누른다.(Z축이 원점복귀 동작을 시작한다.)

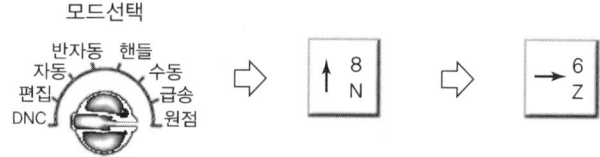

[CNC 선반 원점 복귀]

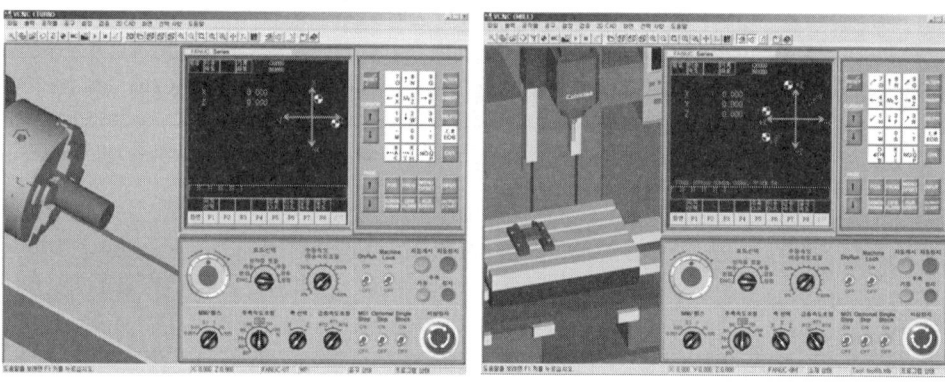

[V-CNC 원점 복귀]

2 핸들운전

① 핸들운전 모드를 선택한다.
② 이송축을 선택한다.
③ 한 눈금당 이송량을 선택한다.
④ 수동이송 핸들 위에 마우스를 올려놓으면 마우스 왼쪽 버튼은 (-)방향, 마우스 오른쪽 버튼은 (+)방향이다. 왼쪽 버튼을 눌러서 (-)방향으로 돌린다.

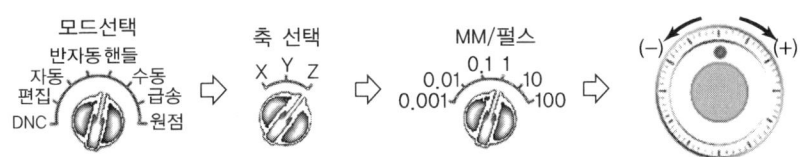

[핸들 이동]

> **Tips 핸들 운전의 조작방법**
> 핸들의 가운데 파란 원에 마우스를 위치한다.
> 마우스의 왼쪽 버튼과 오른쪽 버튼으로 (−), (+) 이동을 할 수 있다.

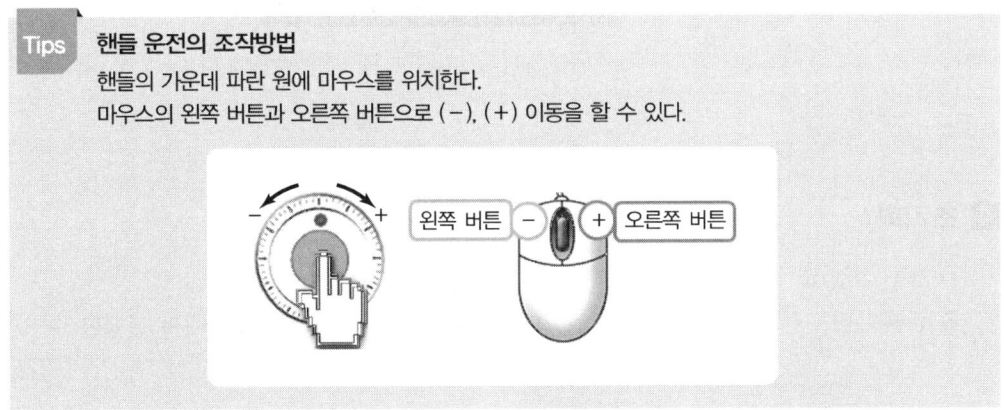

3 반자동운전

1. 공구 교환

① 반자동 모드를 선택한다.
② CRT 화면을 클릭하고 지령을 입력한다.(M06 T02 ;)
③ 자동개시 키를 누른다.

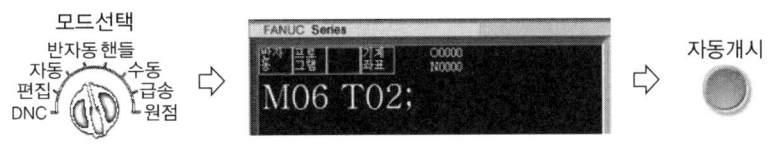

[공구 교환]

④ 실행이 완료된 블록부터 지령이 사라지면서 실행된다.
⑤ 싱글블록, 드라이런 등의 보조기능은 자동운전과 공통으로 유효하므로 상황에 따라 확인한 후 실행한다.
⑥ 반자동에서 실행된 모든 지령은 자동 모드로, 다시 시작해도 계속 유효하므로 주의해야 한다.

2. 공구 회전

① 반자동 모드를 선택한다.
② CRT 화면을 클릭하고 지령을 입력한다.(M03 S500 ;)
③ 자동개시 키를 누른다.

[공구 회전]

4 초기화

① 가공 설정 및 공작물의 형상을 가공전의 상태로 복원할 때 사용한다.
② 주 메뉴바 → 선택 사항 → 상태 초기화 실행을 하거나 아이콘 메뉴에서 실행할 수 있다.

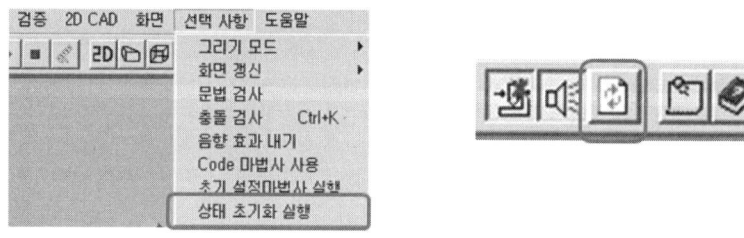

[상태 초기화]

③ 초기화를 실행하면 아래와 같이 메시지가 나오며 예를 눌러 초기화를 진행한다.

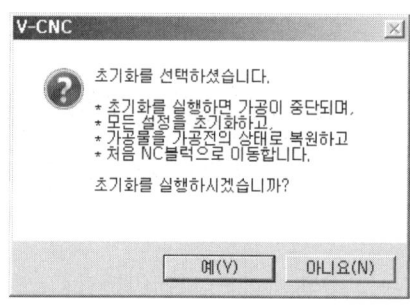

[초기화 메시지]

CHAPTER 03 V-CNC 작업 과정

1 작업과정

② 도면 및 NC 코드

도면 48 — 컴퓨터응용선반기능사 예제

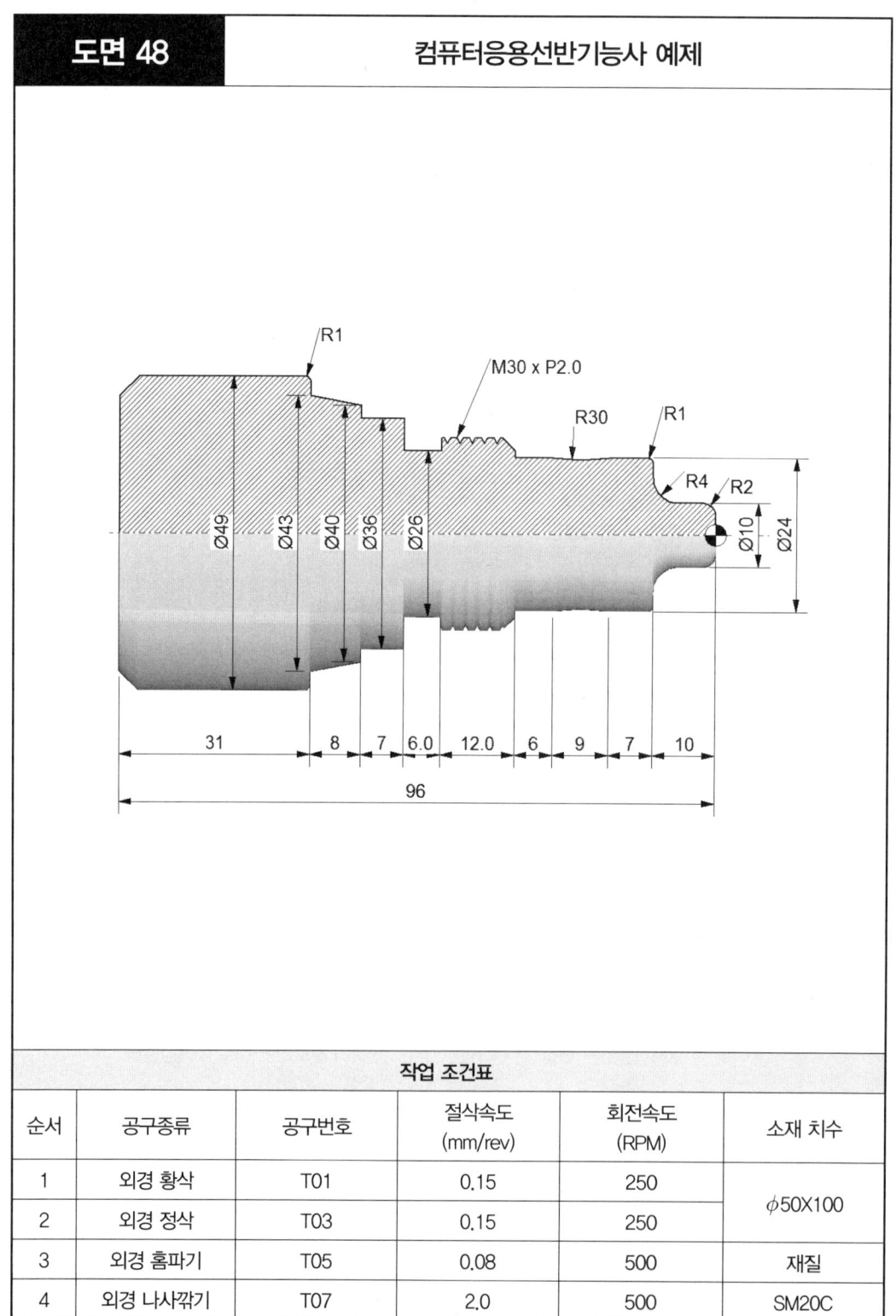

작업 조건표

순서	공구종류	공구번호	절삭속도 (mm/rev)	회전속도 (RPM)	소재 치수
1	외경 황삭	T01	0.15	250	φ50X100
2	외경 정삭	T03	0.15	250	
3	외경 홈파기	T05	0.08	500	재질
4	외경 나사깎기	T07	2.0	500	SM20C

NC 코드 — 컴퓨터응용선반기능사 예제

```
%
O4848
G28 U0. W0.
G50 X300. Z385. S2500 T0300
G96 S250 M03
G00 X52. Z0. T0303
G01 X-1.8 F0.1 M08
G00 X41. Z1.
G01 X49. Z-3. F0.05
Z-35. F0.15
G00 X150. Z150. T0300 M09
M05
M02
G28 U0. W0.
G50 X300. Z389. S2500 T0100
G96 S250 M03
G00 X52. Z4. T0101
G94 X-1.8 Z3.5 F0.1 M08
Z3.0
Z2.5
Z2.0
Z1.5
Z1.0
Z0.5
Z0.
G71 U1.0 R0.5
G71 P10 Q20 U0.4 W0.2 F0.15
N10 G00 X0.
G01 Z0.
X6.
G03 X10. Z-2. R2.
G01 Z-6.
G02 X18. Z-10. R4.
G01 X22.
G03 X24. Z-11. R1.
G01 Z-17.
G02 Z-26. R30.
G01 Z-32.
X26.
X30. Z-34.
Z-50.
X36.
Z-57.
X40.
X43. Z-65.
X47.
G03 X49. Z-66. R1.
G01 X51.
N20 G01 X51.
G00 X150. Z150. T0100 M09
T0303
G96 S250 M03
G00 X52. Z2. M08
G70 P10 Q20 F0.15
G00 X150. Z150. T0300 M09
T0505
G97 S500 M08
G00 X37. Z-50. M08
G01 X26. F0.08
G04 P1500
X37.
Z-48.
X26.
G04 P1500
X37.
G00 X150. Z150. T0500 M09
T0707
G97 S500 M03
G00 X30. Z-30. M08
G76 P011060 Q50 R20
G76 X28.32 Z-47. P1190 Q350 F2.0
G00 X150. Z150. T0700 M09
M05
M02
%
```

❸ 가공 시뮬레이션 및 검증

1. 기계 설정

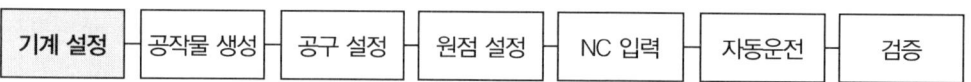

① 주 메뉴바 → 설정 → 기계 설정을 클릭한다.

[기계 설정]

② 설정 마법사의 화면 중 기계 탭이 활성화된다.
③ 컨트롤러 → FANUC 0T 선택
④ 적용 버튼을 눌러 기계 설정을 한다.

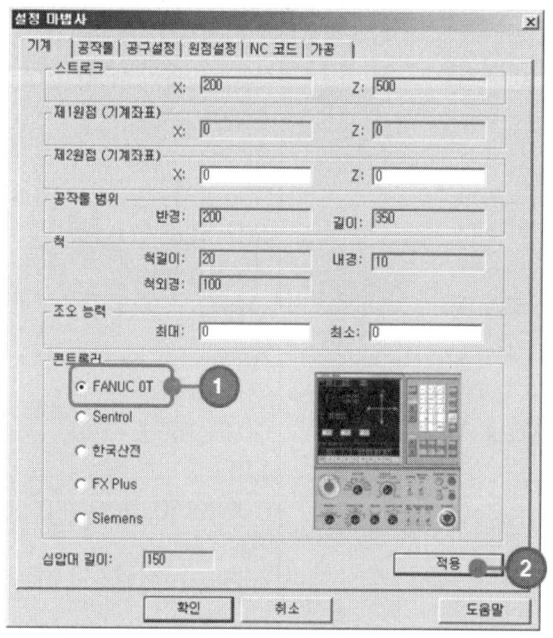

[컨트롤러 선택]

2. 공작물 생성

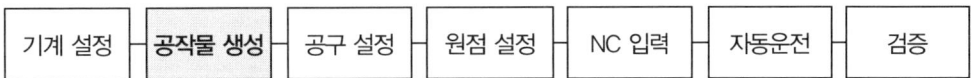

① 공작물 탭을 선택한다.
② 공작물 종류 → 원기둥 선택 → 직경 50, 길이 100을 입력한다.
③ 적용 버튼을 눌러 공작물을 생성한다.

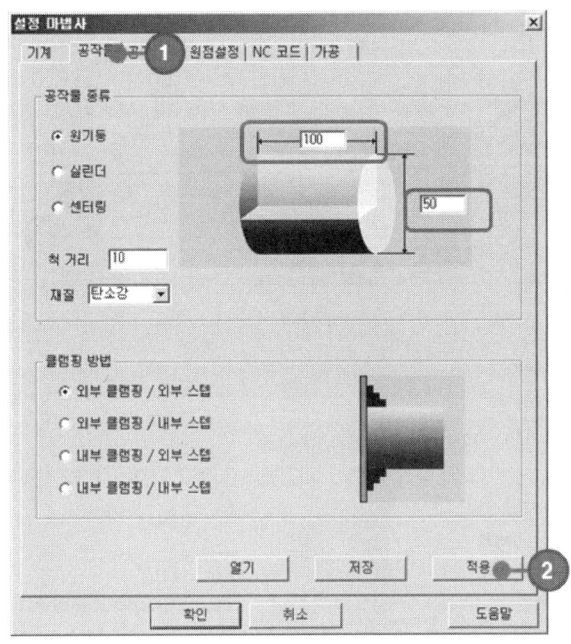

[공작물 크기 설정]

3. 공구설정

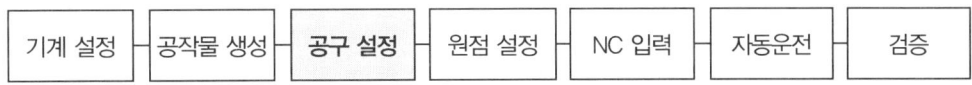

① 공구설정 탭을 선택한다.
② 공구보정값 자동입력(숙련용) → 공구보정값 설정하기 버튼 선택
③ 적용 버튼을 눌러 공구를 설정한다.

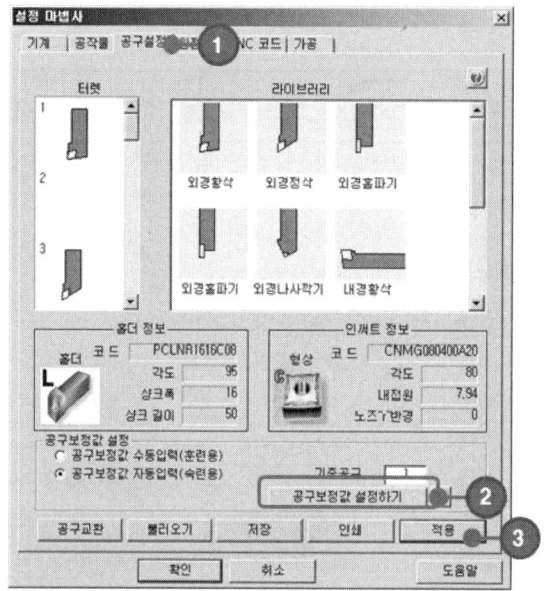

[공구 설정]

> **Tips**
>
> 기본으로 다음과 같이 터렛에 등록되어 있다.
> 터렛 1 외경황삭, 터렛 3 외경정삭, 터렛 5, 외경홈, 터렛 7 외경나사, 외경 홈 파기 공구의 경우 4mm의 팁이 기본으로 장착되어 있다.
> [3mm로 변경하는 방법]

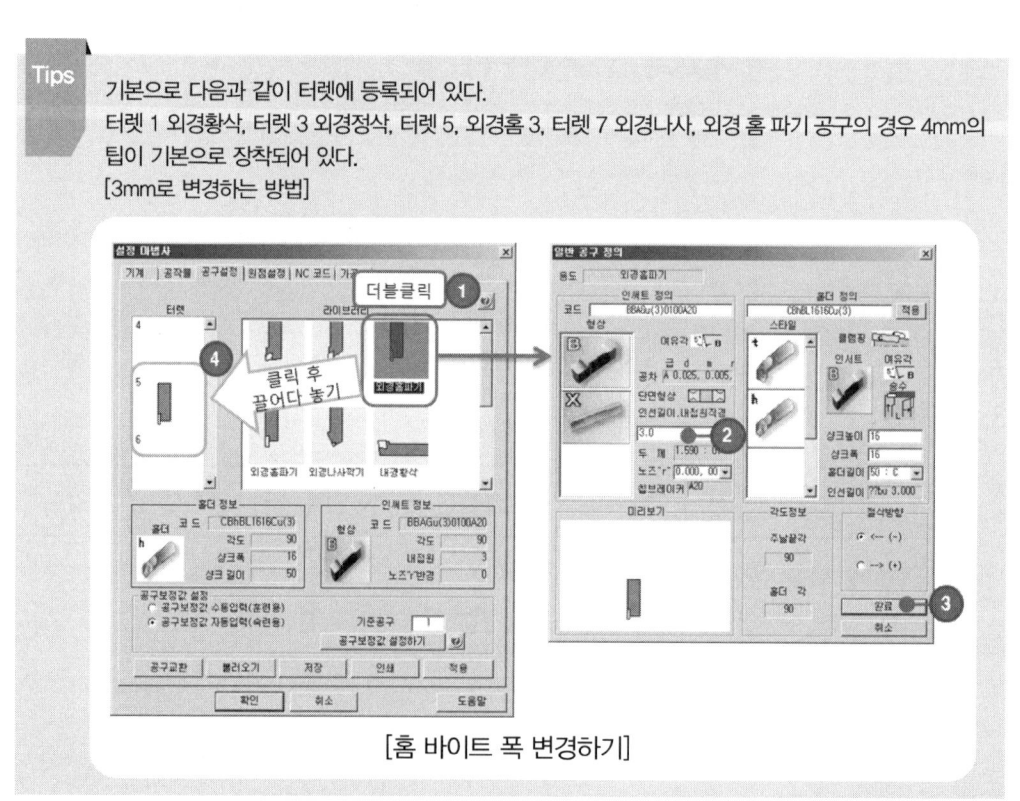

[홈 바이트 폭 변경하기]

4. 원점 설정

① 원점설정 탭을 선택한다.
② 빠른방식(숙련용 선택) → 공작물 중앙점 선택 → 가공원점 알아내기를 누르면 기계 좌표가 나타난다.
③ 기계 좌표값을 기억한다.($\phi 50 \times 100$mm의 공작물의 경우 : X-300, Z-385이다.)
④ 확인을 눌러 설정 마법사 창을 닫는다.

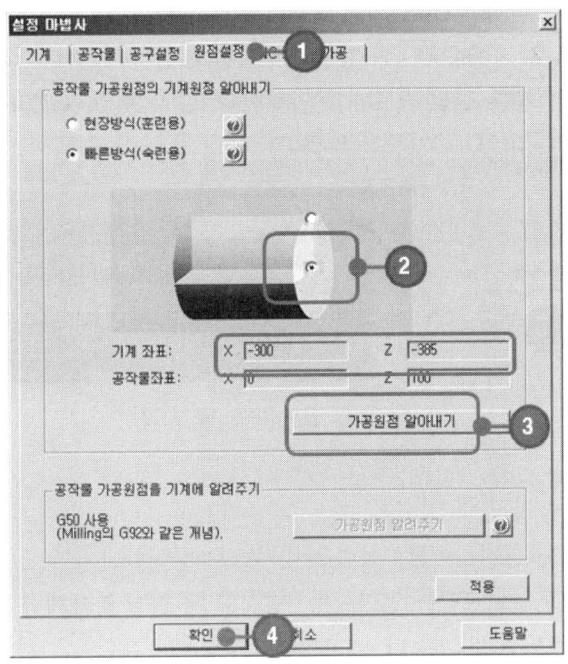

[가공 원점 알아내기]

5. NC 입력

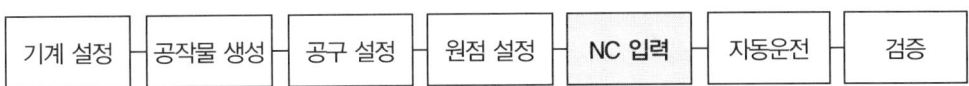

(1) 방법 1 : NC 파일 열기

① 주 메뉴바 → 파일 → 열기를 선택한다.
② 열기 창이 실행되면 이미 저장된 NC 파일을 찾아 파일을 클릭하고 열기를 클릭한다.

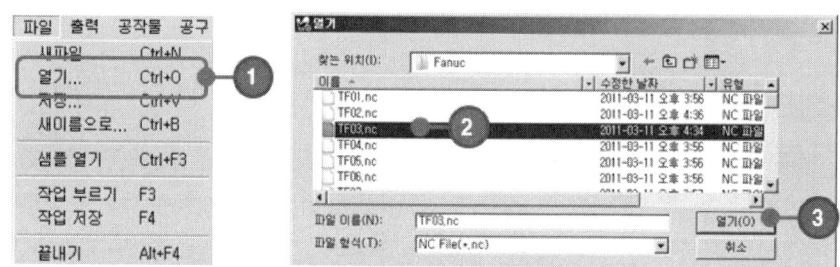

[NC 코드 열기]

③ 위에서 설명한 내용을 참고하여 공작물원점좌표를 수정해 준다.
④ 모드선택 → 편집→ CRT 화면을 마우스로 클릭한다.
⑤ G50 X___ Z___ S2500 T0300 ; 부분을 편집한다.
⑥ 입력 시 기억해둔 원점 좌표계를 입력한다.(G50 X300.0 Z385.0 S2500 T0300)
⑦ 주 메뉴바 → 파일 → 저장을 누른다.

[NC 코드 편집 및 입력]

(2) 방법 2 : NC 파일 입력 및 저장
① 모드 선택 → 편집→ CRT 화면을 마우스로 클릭한다.
② CRT 화면에 프로그램을 입력한다. 입력할 때 원점 좌표계를 함께 입력한다.
③ 입력이 완료되면 주 메뉴바 → 파일 → 저장을 누른다.
④ 파일이름을 9000 미만의 숫자 4자리로 입력하고 저장을 누른다.

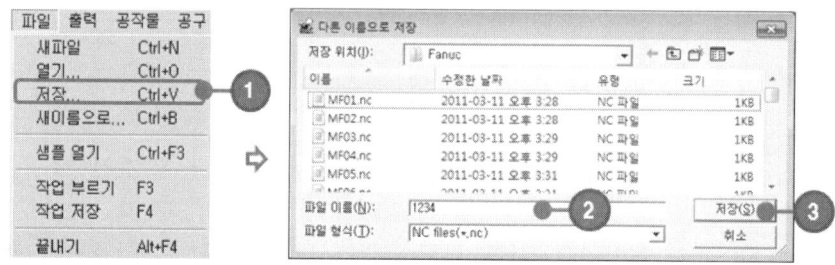

[NC 코드 저장]

6. 자동운전

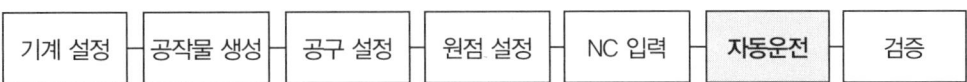

① 컨트롤러 조작반 → 모드 선택 → 자동 모드를 선택한다.
② 컨트롤러 화면 → 처음[F3] → 컨트롤러 조작반 → 자동개시를 클릭한다.

[가공 시작]

③ 뒷면깎기가 완료되면 마우스로 기계화면을 클릭한다.
④ 마우스 오른쪽 버튼을 클릭한 후 공작물 돌리기를 선택한다.

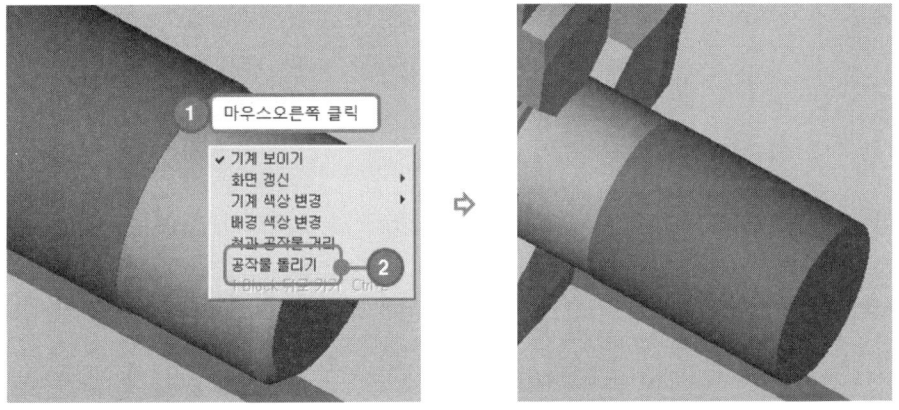

[공작물 돌려 물리기]

⑤ F5(아래 블록으로 이동)를 눌러 G28 U0. W0. 블록으로 이동한다.

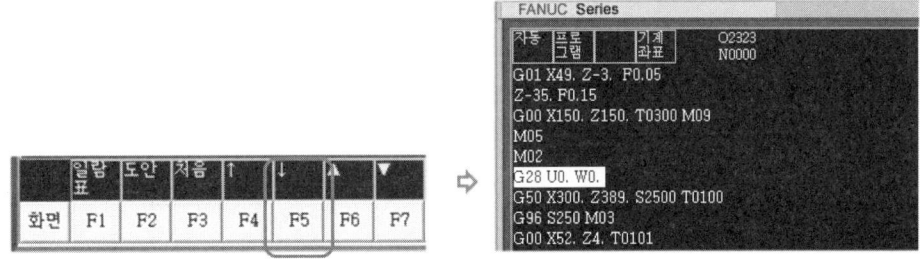

[블록 이동]

⑥ 컨트롤러 화면 → 처음[F3] → 컨트롤러 조작반 → 자동개시를 클릭한다.

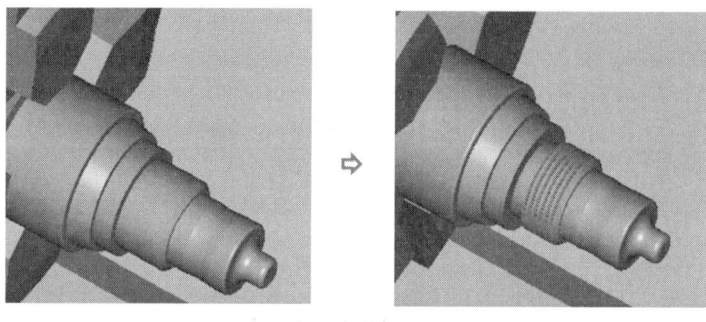

[가공 결과]

7. 검증

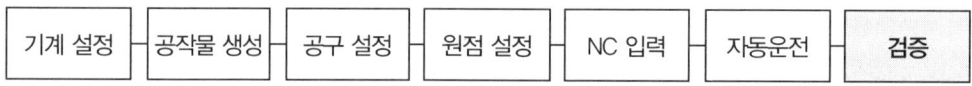

① 메뉴 → 검증 → 공작물 검사를 클릭한다.

[공작물 검사]

② 화면 오른쪽 측정 도구에서 '수평 방향 측정'을 클릭하고 그래픽 화면에서 포인트를 클릭하여 측정한다.

③ 화면 오른쪽측정 도구에서 '수직 방향 측정'을 클릭하고 그래픽 화면에서 포인트를 클릭하여 측정한다.

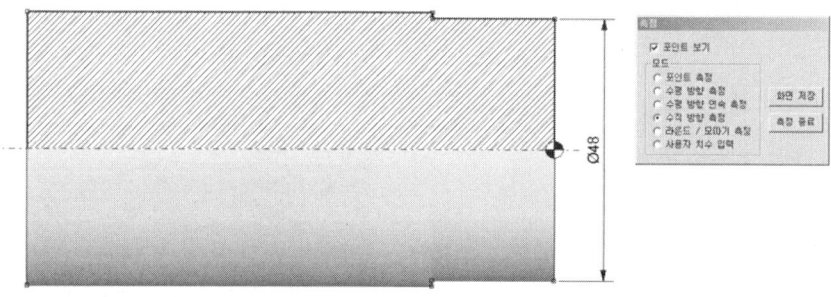

[치수 측정]

CHAPTER 04 COMPUTER NUMERICAL CONTROL

V-CNC 시뮬레이션

1 도면 및 NC 코드

도면 49 CNC 선반 운전 및 조작

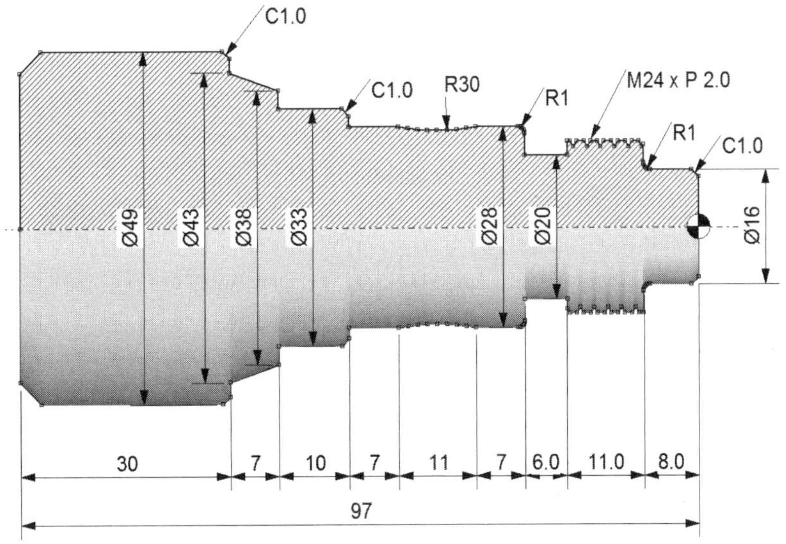

작업 조건표					
순서	공구종류	공구번호	절삭속도 (mm/rev)	회전속도 (RPM)	소재 치수
1	외경 황삭	T01	0.1	250	ϕ50X100
2	외경 정삭	T03	0.15	250	
3	외경 홈파기	T05	0.08	500	재질
4	외경 나사깎기	T07	2.0	500	SM20C

NC 코드	CNC 선반 운전 및 조작
% O4949 G28 U0. W0. G50 X300. Z385. S2500 T0300 G96 S250 M03 G00 X52. Z0. T0303 G01 X-1.8 F0.1 M08 G00 X41. Z1. G01 X49. Z-3. F0.05 Z-35. F0.15 G00 X150. Z150. T0300 M09 M05 M02 G28 U0. W0. G50 X300. Z388. S2500 T0100 G96 S250 M03 G00 X52. Z3. T0101 G94 X-1.8 Z2.5 F0.1 M08 Z2.0 Z1.5 Z1.0 Z0.5 Z0. G71 U1.0 R0.5 G71 P10 Q20 U0.4 W0.2 F0.15 N10 G00 X14. G01 Z0. X16. Z-1. Z-7. G02 X18. Z-8. R1. G01 X24. Z-25. X26. G03 X28. Z-26. R1.	G01 Z-32. G02 Z-43. R30. G01 Z-50. X31. X33. Z-51. Z-60. X38. X43. Z-67. X47. X49. Z-68. N20 G01 X51. G00 X150. Z150. T0100 M09 T0303 G96 S250 M03 G00 X52. Z2. M08 G70 P10 Q20 F0.15 G00 X150. Z150. T0300 M09 T0505 G97 S500 M08 G00 X30. Z-25. M08 G01 X20. F0.08 G04 P1500 X30. Z-23. X20. G04 P1500 X30. G00 X150. Z150. T0500 M09 T0707 G97 S500 M03 G00 X26. Z-6. M08 G76 P011060 Q50 R20 G76 X22.32 Z-22. P1190 Q350 F2.0 G00 X150. Z150. T0700 M09 M05 M02 %

2 컨트롤러 설정

1. 컨트롤러

① 주 메뉴바 → 설정 → 기계 설정을 클릭한다.

[기계 설정]

② 컨트롤러에서 Sentrol을 선택한다.
③ 적용 버튼을 클릭하여 컨트롤러를 적용한다.

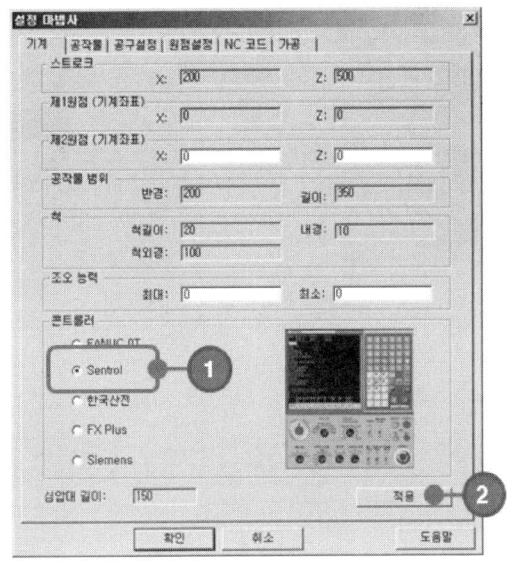

[컨트롤러 선택]

> **Tips**
> 선반에서는 NC 코드의 사이클의 종류에 따라 컨트롤러를 선택하여야 한다.
> G71(황삭), G76(나사) 등 사이클의 1줄, 2줄 사용에 따라 변형하여야 하며 1줄 사이클인 경우에 Sentrol 컨트롤러를 사용하고 2줄 사이클인 경우에 FANUC 컨트롤러를 사용하여 진행한다.

❸ 공작물 설정

1. 공작물 크기

① 공작물 탭을 선택한다.
② 공작물 종류 → 원기둥 선택 → 직경 50, 길이 100을 입력한다.
③ 적용 버튼을 눌러 공작물을 생성한다.

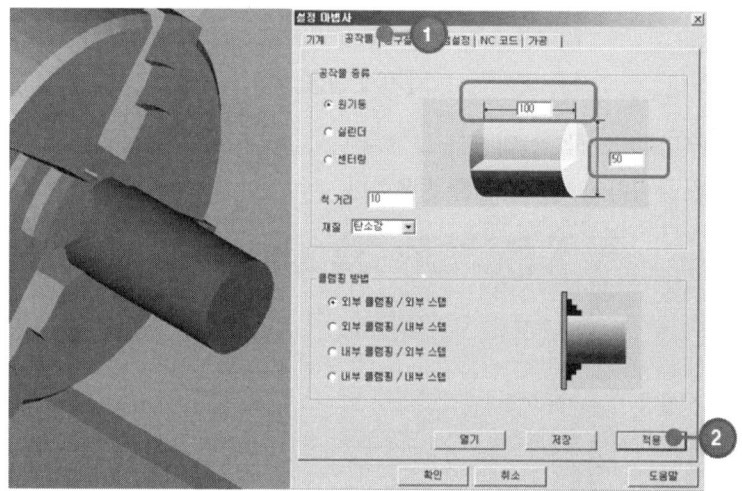

[공작물 직경 및 길이 입력]

2. 척 거리

척 거리는 공작물의 물림양을 의미하며 기본값은 10으로 설정되어 있고 최대 30까지 물릴 수 있다.

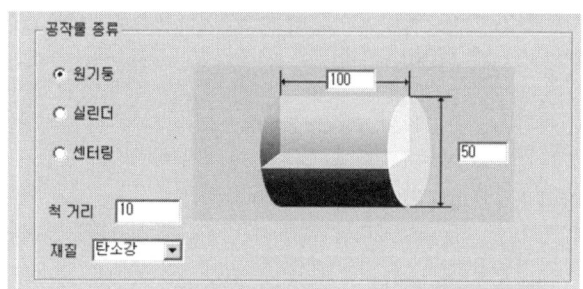 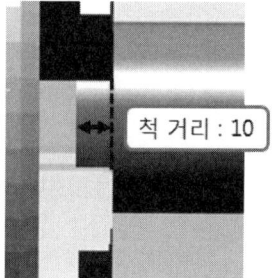

[척 거리 입력]

4 공구 설정

1. 공구 라이브러리

① 공구 설정 탭을 선택한다.
② 공구 라이브러리에서 각 공구를 더블클릭하면 세부 설정을 할 수 있다.

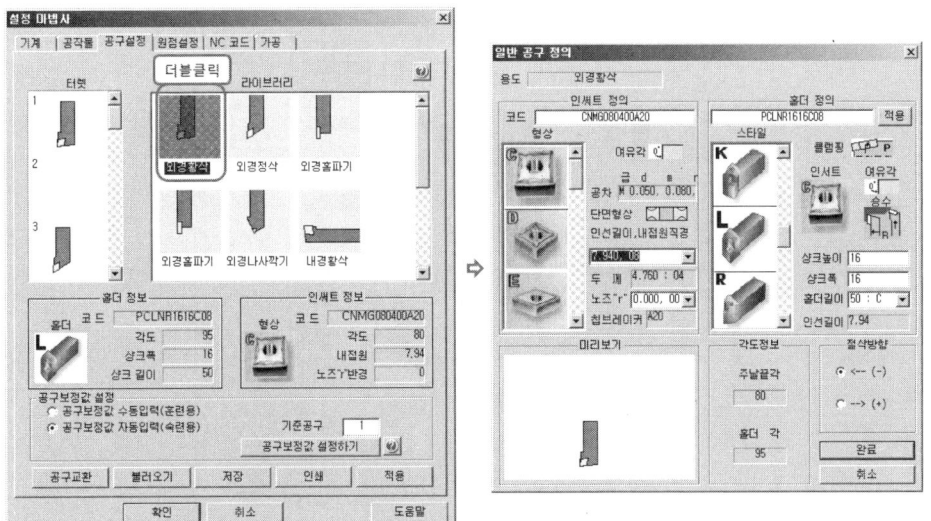

[공구 정의 대화 상자]

③ 외경 홈파기 공구를 3mm로 변경하기 위해 공구를 더블클릭한다.
④ 외경 홈파기 공구의 정의창이 실행되면 인선길이의 값을 3mm로 입력하고 완료를 클릭한다.

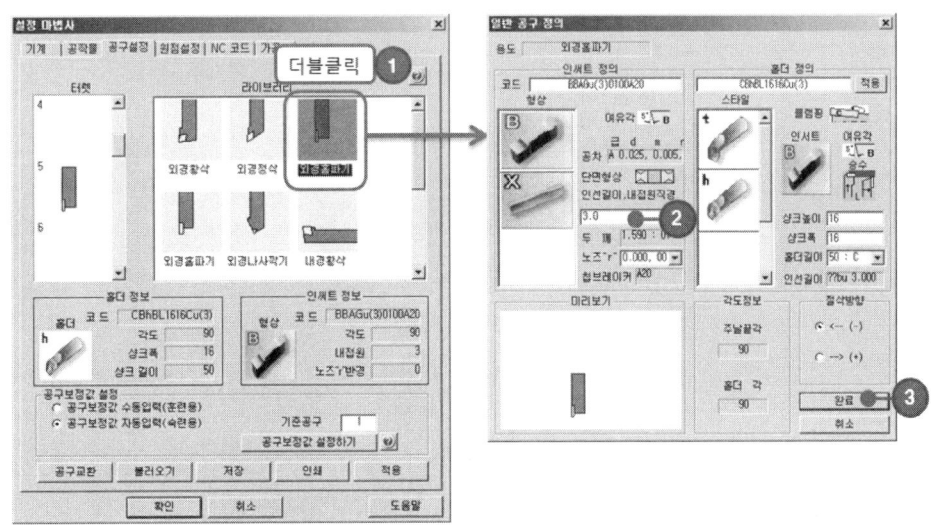

[공구 사양 변경]

2. 터렛

① 수정된 외경 홈파기 공구를 터렛의 5번에 끌어다 놓는다.
② 기존에 있던 공구가 새로운 공구로 변경된다.

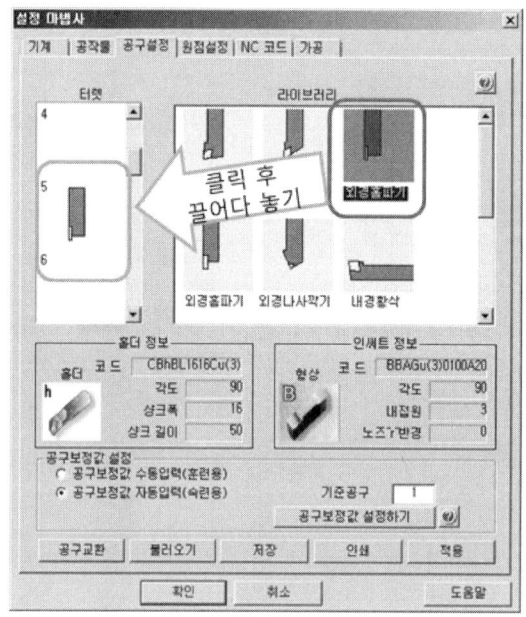

[변경된 공구 사양 끌어다 놓기]

※ 기존 공구를 삭제하려면 터렛에서 해당하는 공구를 선택하고 DEL키를 눌러 삭제한다.

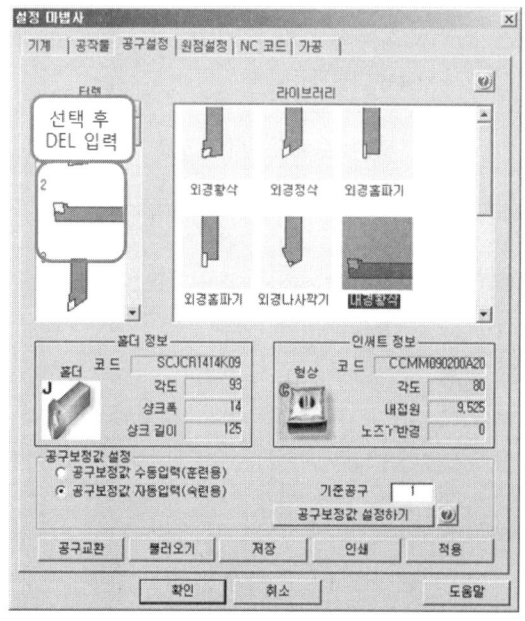

[불필요한 공구 삭제]

Tips 터렛에 장착되어 사용되고 있는 공구는 삭제할 수 없으며 다른 공구로 교환하여 삭제해야 한다. 공구 교환은 아래 "3. 공구교환" 항목을 참고한다.

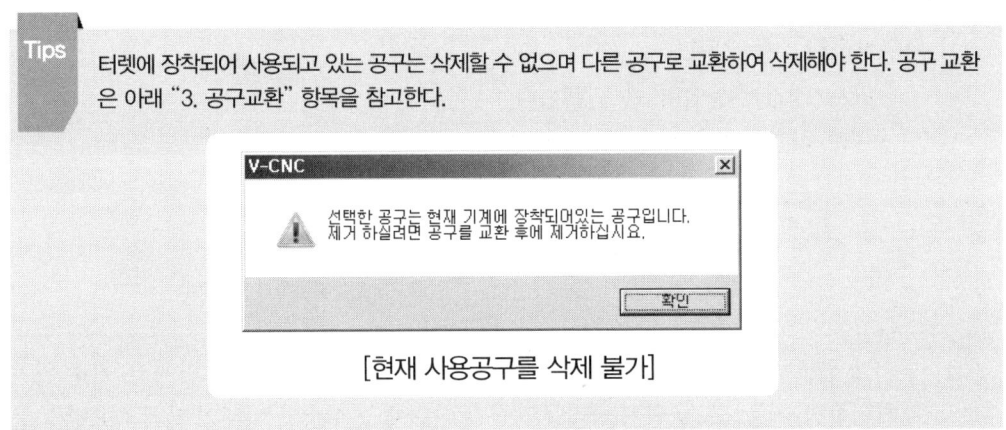

[현재 사용공구를 삭제 불가]

3. 공구교환

① 터렛에서 교환할 공구를 선택한다.(3번 공구 선택)
② 공구교환 버튼을 클릭한다.
③ 시뮬레이션 화면에서 공구가 교환된다.

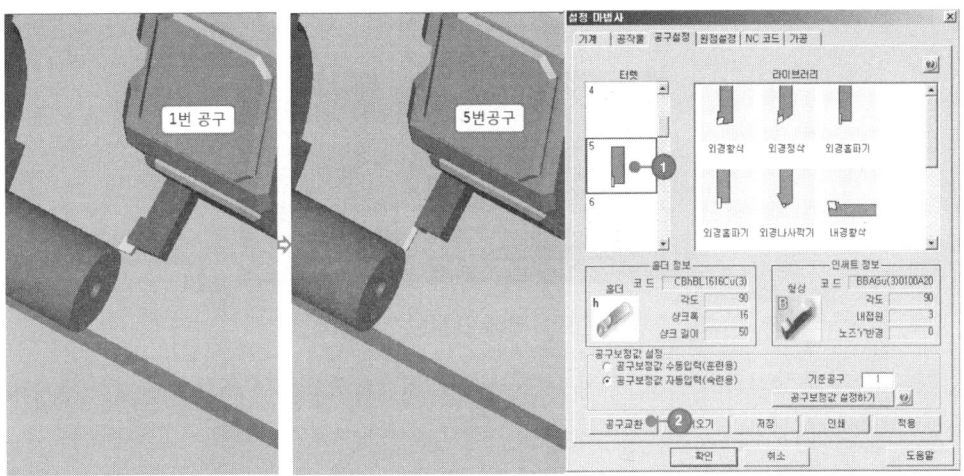

[공구대화상자에서의 공구 교환]

4. 공구보정

(1) 공구보정값 수동 입력

① "공구보정값 수동입력"을 선택한다.
② 공구보정값 설정하기 버튼을 클릭한다.

③ 기계 윈도우화면의 하단에 보면 공작물 위치를 클릭할 수 있는 그림에서 '기준 위치'를 클릭하면, 자동으로 공구가 공작물의 우측 상단에 접촉한다. 이때의 기계 좌표값(X,Z)을 CRT 화면에서 알아내어 메모한다.

[기준 위치 지정]

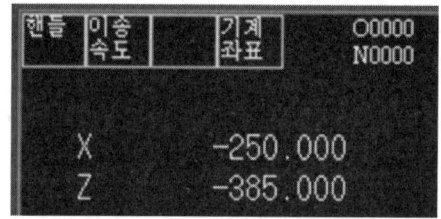

[컨트롤러에 표시된 기계좌표]

④ 공구를 교환하기 위해, 원점 모드 선택 후 키패드의 8, 6번 버튼을 클릭하여 기계원점으로 이동한다.

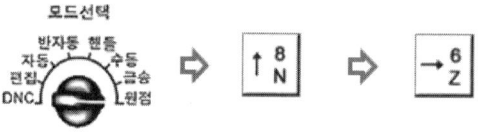

[키패드를 이용한 원점 복귀]

⑤ 다른 공구로 교환하기 위해서 반자동 모드를 선택한다.
⑥ CRT에 T0300을 입력하고 자동개시버튼을 눌러 공구를 교환한다.

[반자동 모드에서의 공구 교환]

⑦ 기계원도우 화면의 하단에 보면 공작물 위치를 클릭할 수 있는 그림에서 '기준 위치'를 클릭하면, 자동으로 공구가 공작물의 우측 상단에 접촉된다. 이때의 기계 좌표값(X,Z)을 CRT 화면에서 알아내어 메모한다.

 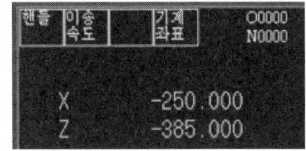

[공구 기준 위치 기계좌표]

⑧ 공구의 보정값을 입력하기 위해 편집모드를 선택한다.
⑨ CRT 메뉴의 화면을 클릭하고 보정(F5)을 클릭한다.
⑩ 일반(F1)을 클릭한다.

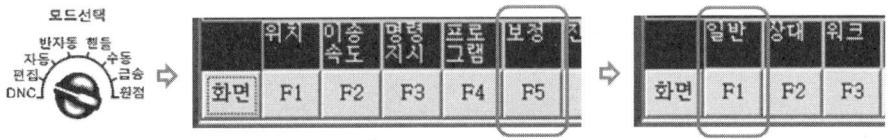

[보정입력 CRT 화면 보기]

⑪ 보정값 파라미터 화면이 나타난다.
⑫ 해당하는 공구번호를 클릭하고 입력창에 컴퓨터 키보드를 이용하여 X+숫자(예 X10.0) 또는 Z+숫자(예 Z10.0)와 같이 입력하고 엔터키를 누른다.
⑬ 해당 공구번호의 X, Z 값에 공구보정값이 입력된다.

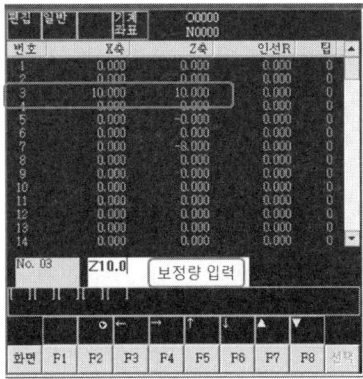

[보정값 입력]

(2) 공구보정값 자동 입력

① "공구보정값 자동입력"을 선택한다.

② 기준공구가 물려 있는 터렛 번지 1을 지정하고 "공구 보정값 설정하기" 버튼을 누르면 보정값 입력화면에 보정값들이 자동으로 입력된다.

[보정값 자동 입력]

5 원점 설정

1. 현장방식

① 원점설정 탭을 선택한다.
 "현장방식(훈련용)"을 선택한다.

② '가공원점 알아내기' 버튼을 누른다.

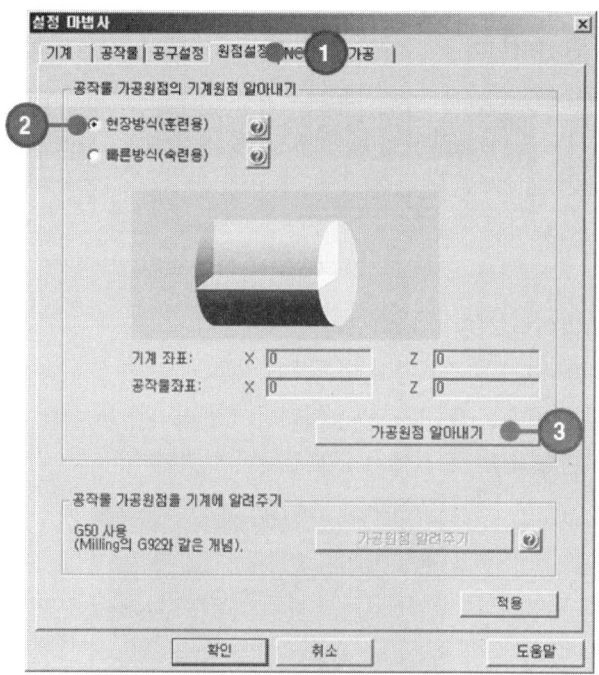

[가공원점 기계좌표값 알아내기]

③ 기준공구 선택(통상 1번 공구로 함)하기 위해 현재 기계의 공구를 1번 공구로 변경한다.

④ 모드 선택에서 반자동(MDI)을 선택하고 CRT 화면에 T0100를 입력한 후 '자동개시' 버튼을 누른다.

[공구 교환]

⑤ 주축을 회전시키기 위해서 CRT 화면에 G96 M03 S200 ; 을 입력하고 '자동개시'를 누르거나 주축 기동 버튼을 누른다.

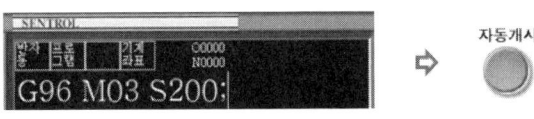

[주축 회전]

(3) 외경가공하기(공작물 원점 X축 알아내기)

① 모드선택에서 핸들(MPG)을 선택하고, 축 선택에서 Z축을 선택하여 MPG를 움직여서 살짝 외경가공한다(과삭하지 않도록 주의).
② 가공 후 X축을 이동하지 말고 적당한 위치까지 Z축을 후퇴시킨다.
③ '주축 정지'버튼을 누른다.
④ 메뉴의 검증에서 공작물 검사를 선택한다.

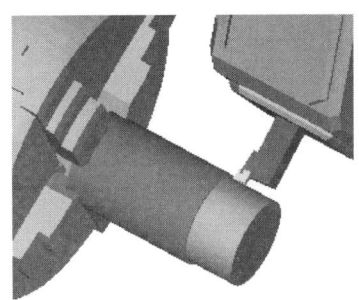

[주축 회전]

⑤ 측정 화면에서 수직방향 측정으로 마우스로 가공 포인트를 선택하면 직경값이 나타난다.

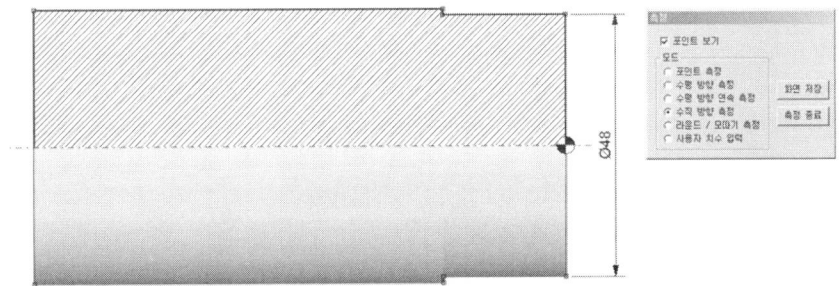

[주축 회전]

⑥ X축 기계좌표를 CRT에서 확인하고 메모한 다음에 공작물 원점 X축 기계좌표값을 구한다.(−252.000−48.0=X−300.0)

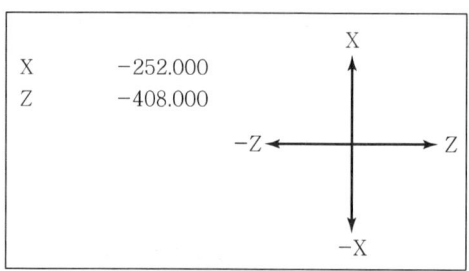

[기계좌표 확인]

(4) 단면가공하기(공작물 원점 Z축 알아내기)

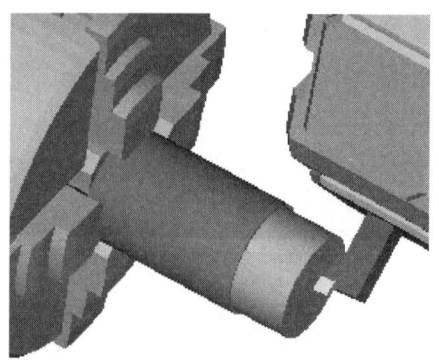

[단면가공]

① 외경가공과 같이 주축을 회전시키고, 핸들(MPG) 모드를 선택한 후 축은 X축을 선택하여 살짝 단면가공 한다(과삭하지 않도록 주의).
② 가공 후 Z축을 이동하지 말고 적당한 위치까지 X축을 후퇴시킨다.
③ 주축 정지 버튼을 누르고 가공된 단면을 측정한다.

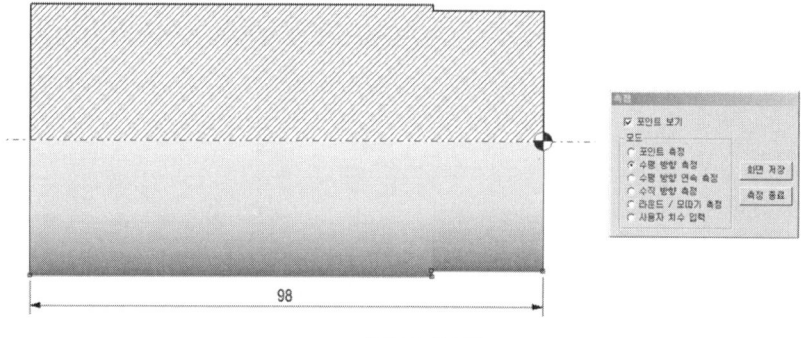

[길이 측정]

④ Z축 기계좌표를 CRT에서 확인하고 메모한 다음에 공작물 원점 X축 기계좌표값을 구한다.(−387.000+2.0(공작물 100mm 기준)=X−385.0)

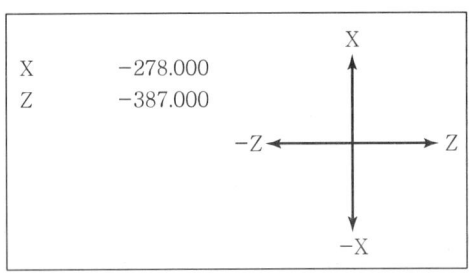

[기계좌표 확인]

⑤ 좌표를 모두 알아낸 다음, 설정 완료 버튼을 눌러 다시 마법사로 복귀한다.

(5) 공작물 가공원점을 기계에 알려주기
   ① 설정 마법사 창을 닫는다.
   ② 모드선택에서 편집을 선택한다.
   ③ CRT화면 NC Code에 G50 X, Z축 기계 좌표값을 "−" 없이 입력한다.

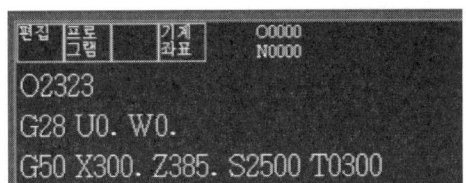

[공작물 원점 좌표값 입력]

④ 설정 완료 버튼을 눌러 다시 마법사로 복귀합니다.

2. 빠른방식(숙련용)

핸들운전과정을 생략하고 공작물 가공원점을 마우스로 바로 선택하여 공구를 위치로 이동시키는 방식이다.

① "빠른방식(숙련용)"을 선택한다.
② 두 개의 원점에서 원하는 부분을 마우스로 선택하면 공구가 그 위치에 놓이게 된다.
③ 가공원점 알아내기를 누르면 기계 윈도우화면에는 방금 선택한 위치로 공구가 이동하며, 대화상자의 기계좌표란에는 좌표값이 나타난다.

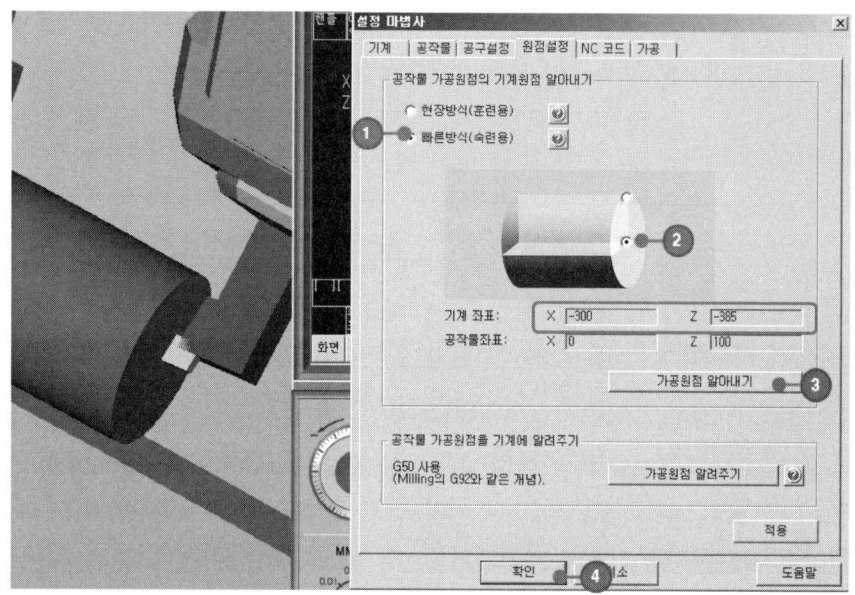

[공작물 원점 좌표값 찾기]

④ 설정 마법사 창을 닫는다.
⑤ 모드 선택에서 편집을 선택한다.
⑥ CRT화면 NC Code에 G50 X, Z축 기계 좌표값을 " - " 없이 입력한다.

3. 제2원점 설정

CNC 선반은 프로그래밍상에 G30을 지령하여 제2원점을 설정할 수 있다.
예를 들어 프로그래밍상에
  G30 U0 W0
  G50 X150. Z150.
으로 프로그래밍된 경우

① "2. 빠른방식"을 참고하여 공작물 원점 위치로 공구가 위치하도록 한다.
② MDI 모드에서 아래와 같이 입력하고 자동개시를 누른다.
  G50 X0 Z0
  G00 X150. Z150.
③ 핸들 모드에서 기계좌표를 확인한다.

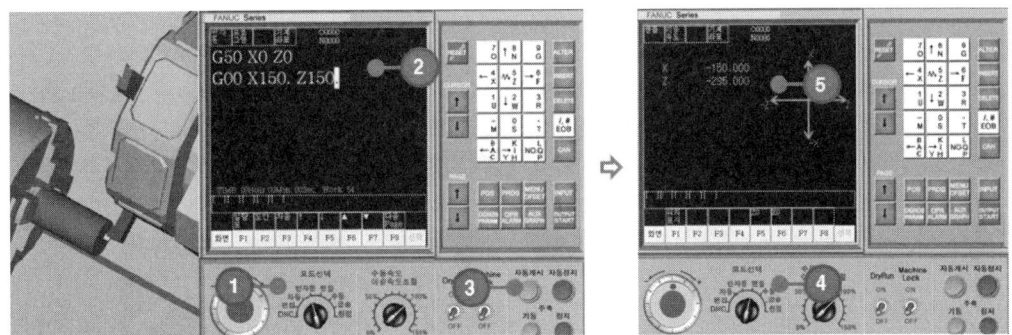

[제2원점 기계좌표값 알아내기]

④ 기계설정 대화상자의 제2원점(기계좌표)값에 X, Z를 입력하여 사용한다.
⑤ V-CNC상의 공작물 원점은 X-300, Z-385($\phi 50 \times 100$mm 기준)이며 X150, Z150 떨어진 지점을 제2원점으로 설정하려면 차이값인 X-150, Z-235를 입력하여 사용하면 된다.

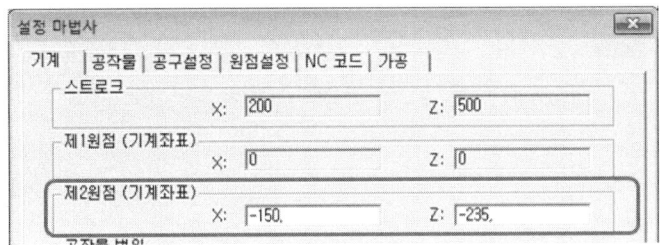

[기계설정 대화상자에 제2원점 기계좌표값 입력]

6 NC 입력

1. NC 수동입력

① 모드 선택 → 편집 → CRT 화면을 마우스로 클릭하여 NC 코드를 입력한다.

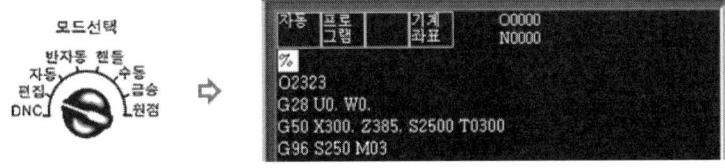

[CRT 화면에 프로그램 입력하기]

> **Tips**
> 메모장에서 작성된 내용을 드래그하여 복사한 뒤 Ctrl+C하여 V-CNC의 CRT 화면을 클릭하고 Ctrl+V 하여 내용을 붙여넣기한다. 붙여넣기 한 뒤에는 반드시 주 메뉴바 → 파일 → 저장을 누르고 파일 이름에 숫자 4자리를 입력하고 저장한다.

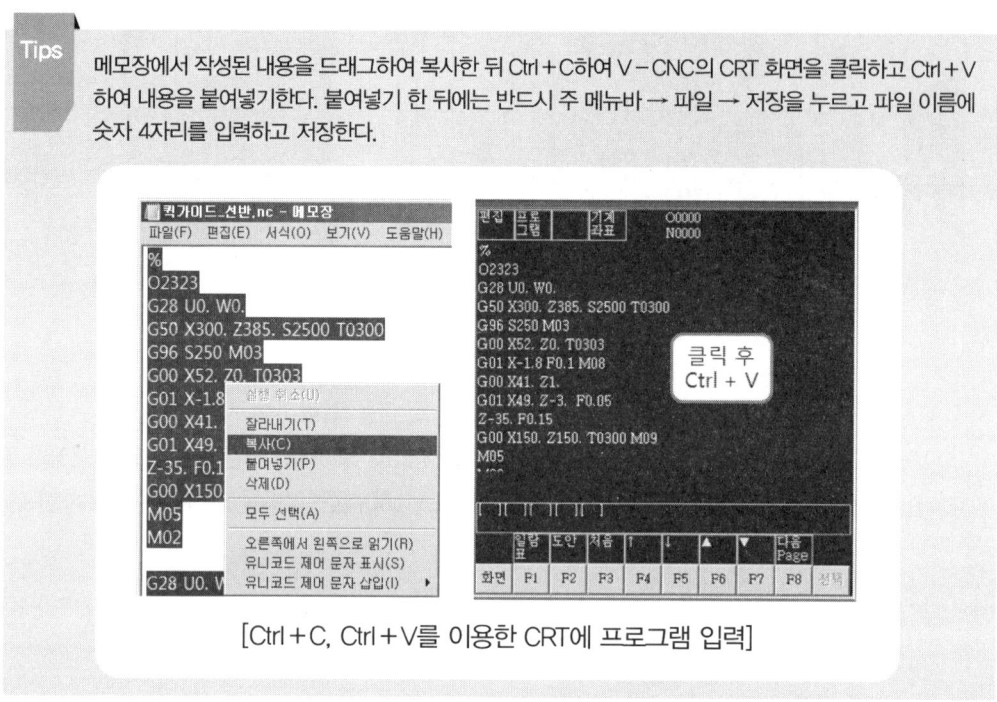

[Ctrl+C, Ctrl+V를 이용한 CRT에 프로그램 입력]

2. NC 파일 열기

① 주 메뉴바 → 파일 → 열기를 선택한다.
② 열기 창이 실행되면 NC 파일을 찾아 클릭하고 열기를 클릭한다.

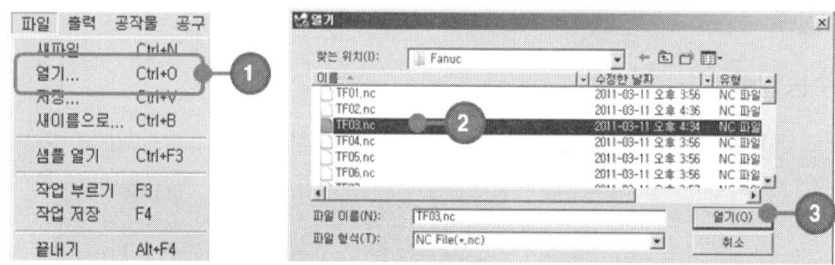

[NC 열기]

7 NC 수정 및 적용

1. 편집모드에서 NC 프로그램 수정

① 선반의 경우 G50 코드 뒤에 X, Z 값을 수정하여 공작물 원점의 좌표를 입력한다.
공작물 크기 $\phi 50 \times 100$일 때

G50 X___ Z___ S2500 T0300 ;
입력 시 기억해둔 원점 좌표계를 입력한다.
→ G50 X300.0 Z385.0 S2500 T0300

공작물 크기 φ50×97일 때
G50 X___ Z___ S2500 T0100 ;
입력 시 기억해둔 원점 좌표계를 입력한다.
→G50 X300.0 Z388.0 S2500 T0100

② NC 파일의 기계전송을 위해서는 %와 프로그램 번호가 필요하다.
③ NC 코드의 맨 앞과 맨 뒤에 %가 각각 들어가야 하며 % 다음으로는 프로그램 번호(O0000)가 입력되어야 한다.

예 %
O2323
G28 U0. W0.
G50 X300. Z385. S2500 T0300
%

2. NC 프로그램 파일 저장

① 주 메뉴바 → 파일 → 새이름으로…를 실행하여 NC 파일을 저장한다.
② 파일이름을 입력하고 파일 형식은 NC files(*.nc)로 한다.
③ 파일이름은 O0000의 형식으로 대문자 O와 숫자 네 자리로 구성한다.

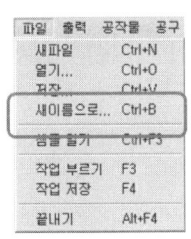
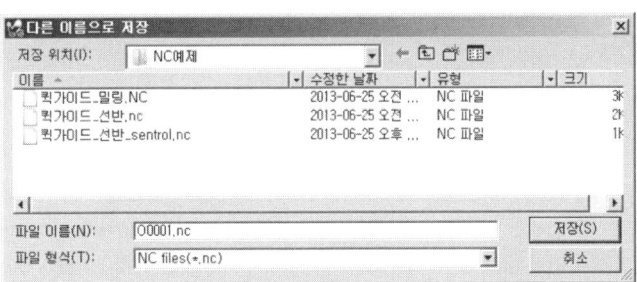

[새로 작성한 NC 프로그램 저장]

Tips 메모장을 연 상태에서 V-CNC에서 불러와서 작업을 할 경우 메모장의 수정사항이 저장되지 않는다. 동일한 파일을 메모장과 V-CNC의 두 프로그램에서 사용하고 있어 저장이 되지 않으므로 메모장을 닫고 V-CNC에서 편집 후 저장하면 된다.

8 가공 시뮬레이션

1. 시뮬레이션 실행

① 컨트롤러 조작반 → 모드 선택 → 자동을 선택한다.
② Single Block으로 가공을 진행할 경우 해당 버튼을 ON으로 한다.
③ 컨트롤러 화면 → 처음[F3] → 컨트롤러 조작반 → 자동개시를 누른다.
④ 10블록 이상 가공 후 이상이 없으면 Single block을 다시 클릭하여 해제한 후 자동개시를 다시 눌러 가공을 진행한다.

2. 화면 보기 설정

① 메뉴바 →화면 → 화면 정렬하기를 누른다.
② 컨트롤러 조작반을 더블클릭한다.(조작반 화면이 최소화되어 전체 화면으로 시뮬레이션을 볼 수 있다.)
③ 메뉴바 →화면 → 화면 정렬하기를 누르면 화면이 원래대로 보인다.

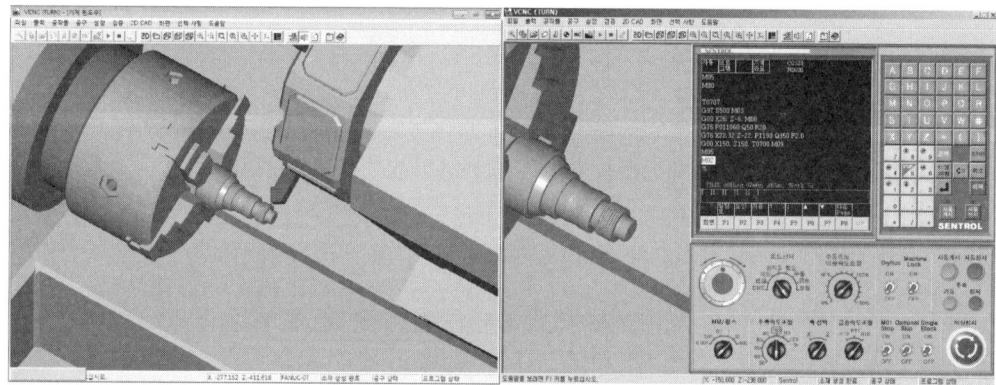

[화면 보기 설정]

Tips
가공 중 가공 속도의 조절은 수동속도/이송속도조절의 비율을 0~150%로 선택할 수 있고, 시뮬레이션 속도가 너무 빠르면 30~40%로 설정한 후 시뮬레이션을 진행한다.

9 공작물 검사

1. 치수 검사

① 메뉴 → 검증 → 공작물 검사를 클릭한다.
② 측정 도구를 이용하여 각 항목의 치수를 측정한다.

[공작물 검사 실행]

③ '수평방향 측정'을 이용하여 수평방향의 두 점을 차례로 선택하면 치수가 나타난다.

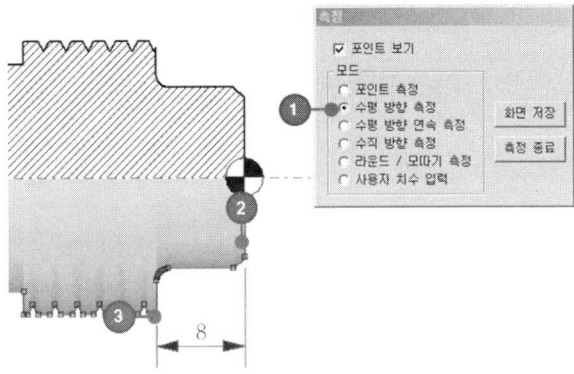

[수평방향 측정 1]

④ '수평 방향 연속 측정' 방법은 수평방향의 측정 점을 연속하여 선택하여 치수를 나타낸다.

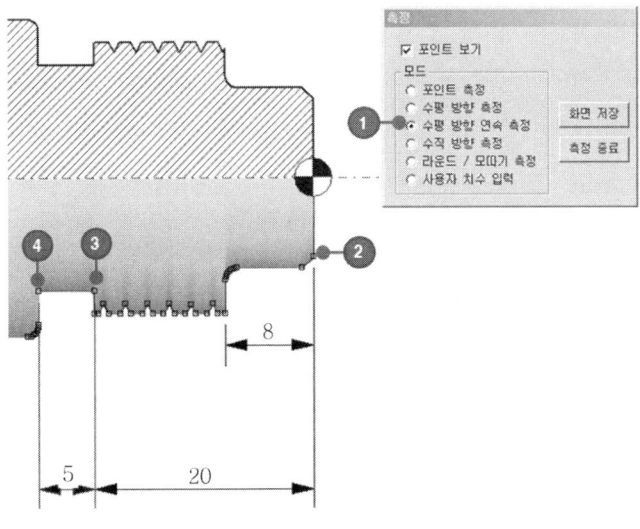

[수평방향 측정 2]

⑤ '수직 방향 측정'은 지름 치수를 측정할 수 있으며 직경에 해당하는 두 점을 차례로 선택하여 나타낸다.

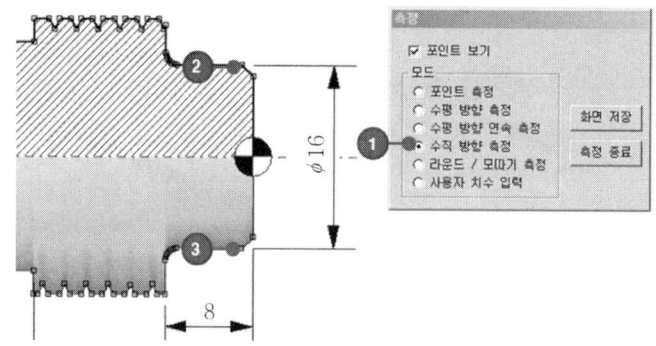

[수직방향 측정]

⑥ '라운드 / 모따기' 측정은 R또는 C값으로 표현되며 모서리를 선택하여 치수를 나타낸다.

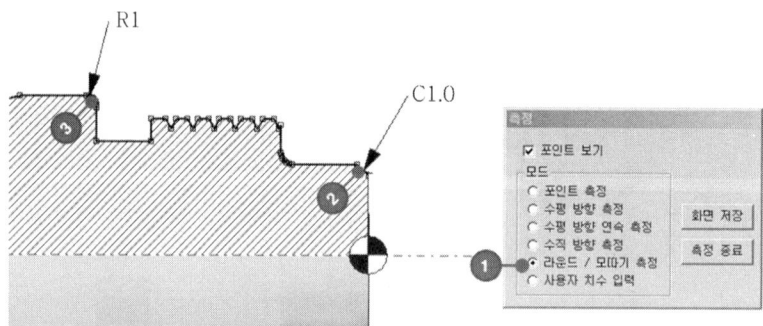

[라운드 및 모따기 측정]

⑦ '사용자 치수 입력'은 나사의 치수를 입력할 때 사용할 수 있으며 모서리를 클릭하면 텍스트 입력창이 나타난다. 문구(M24×2.0)를 입력한 후 엔터키를 누른다.
⑧ 치수를 표시할 곳에 마우스를 클릭하여 고정시킨다.

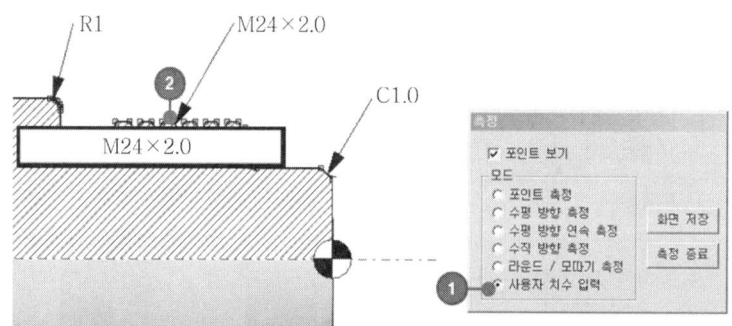

[사용자 치수 입력]

2. 공구 경로

(1) 공구 경로

메뉴 → 모드 → 공구경로를 선택하면 공구 경로 화면이 나타난다.

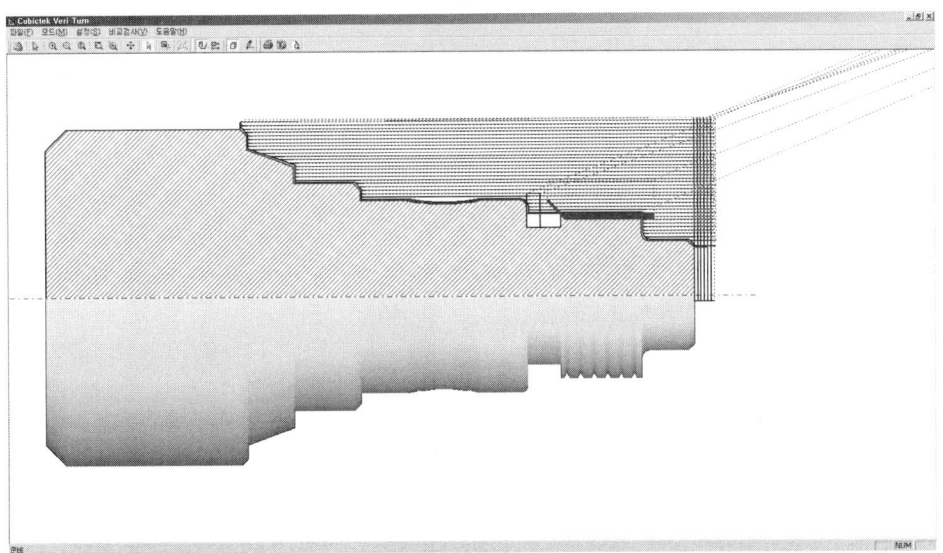

[공구 경로 모드]

(2) 공구 경로 속성

메뉴 → 설정 → 공구 경로 속성을 변경하여 공구 경로를 자세하게 확인할 수 있다.

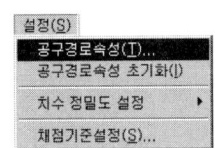

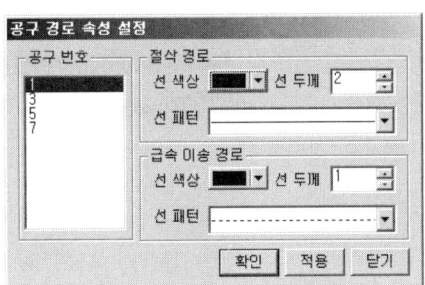

[공구 경로 속성 설정]

3. 인쇄하기

(1) 인쇄서식 및 출력

① 메뉴 → 파일 → 인쇄 미리 보기를 선택한다.

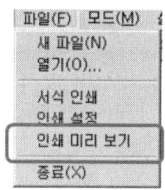

② 인쇄자의 정보를 입력하기 위해서 오른쪽 메뉴바에서 서식의 표제를 선택한다.
③ 메뉴바의 편집에서 Value의 값을 마우스로 선택한다.
④ 정보를 입력하고 키보드의 Enter 버튼을 누른다.
⑤ 정보가 입력되면 [적용] 버튼을 누른다.
⑥ 인쇄 버튼을 누르면 출력된다.

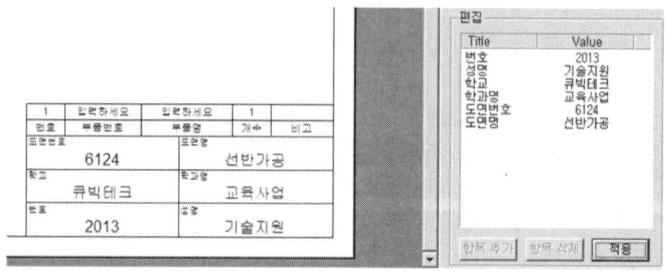

[표제 설정]

> **Tips**
> 메뉴바 → 모드 → 치수 측정을 선택하여 치수 측정 화면을 인쇄할 수 있다.

(2) 이미지 저장하기

① 오른쪽 아래의 이미지 저장하기를 클릭한다.
② 저장할 폴더를 지정하고 파일 이름 입력한 후 저장을 누른다.(jpg 또는 bmp로 저장된다.)

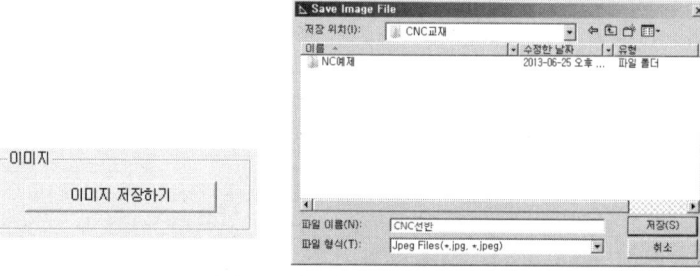

[이미지 저장]

PART

04

CNC 선반 운전 및 조작

Chapter 01 | FANUC 컨트롤러의 공구보정방법
Chapter 02 | SENTROL 컨트롤러의 제2원점 설정방법
Chapter 03 | CNC 선반 작동순서[Sentrol]
Chapter 04 | CNC 선반 작동순서[FANUC] Series $-0(i)$
Chapter 05 | CNC 선반 작동순서[FANUC] Series $-i$
Chapter 06 | NC DATA 전송 및 그래픽 방법

FANUC 컨트롤러의 공구보정방법

1. 소재 장착

| JOG | → | ZERO RETURN | → 소재 장착

2. 공작물 회전 및 장착 공구 변경(1번 황삭공구 교환)

| MDI | → | PROG |

- G97 S1800 M03 ; 키패드로 입력 후 | INSERT |
- T0101 ; 키패드로 입력 후 | INSERT | → | START |

3. 공구 보정

| X, Z | → | 핸들조작 | ⇐ 측면 가공

| OFFSET SETTING | → | GEOM | No.1 항목에 커서를 두고

- Z0.0 키패드로 입력 후 | MEASUR |
- 자동으로 계산하여 가공한 면을 원점으로 보정 값을 입력해 준다.

| X, Z | → | 핸들조작 | ⇐ 윗면 가공 후 지름 측정

| OFFSET SETTING | → | GEOM | No.1 항목에 커서를 두고

측정 값 X49.0 키패드로 입력 후 | MEASUR |
자동으로 계산하여 가공한 면을 원점으로 보정 값을 입력해 준다.

4. 공구 보정(정삭, 홈, 나사)

- 3번 공구 보정과 동일하게 진행 ➡ 정삭 : No3. 홈 : No5. 나사 : No7. 항목
- 공구 교환 방법

| MDI | → | PROG | T0303 ; 키패드로 입력 후 | INSERT | → | START |

SENTROL 컨트롤러의 제2원점 설정방법

1. 전원을 넣는다.(전장박스 옆의 전원스위치를 올리고 조작반에서 전원 투입)

2. 원점복귀시킨다.(이때 각 축 X, Z는 원점에서 " - " 방향으로 100mm 이상 위치에서 원점복귀시켜야 한다.)

   선택 → 원점 복귀 → X+↑ 를 누르고 원점표시가 점멸상태에서 정지할 때까지 기다렸다가 Z+→ 를 누른다.(원점표시가 점멸상태에서 정지할 때까지 기다린다.)

   [주의] a. 전원을 처음 켰을 때는 반드시 수동원점복귀를 시켜야 한다.
   b. 도안에서 스케일링 후 신속확인을 눌러 가공상태를 확인 후에도 반드시 수동원점복귀를 시켜야 한다. (수동원점복귀를 시키지 않으면 기계좌표가 움직이지 않고 자동이나 반자동 모드에서 어떤 기능을 자동개시했을 때 에러가 발생한다.)

3. 가공할 소재를 스핀들에 장착한다.

   선택 → 핸들운전 → 풋스위치 를 이용하여 장착한다.

4. 기준바이트를 선택한다.

   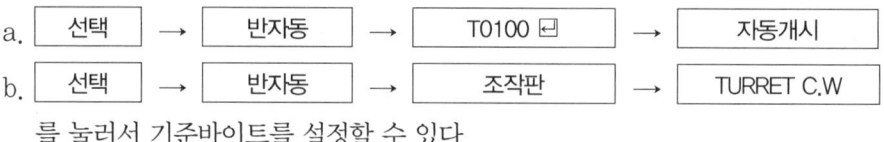

   를 눌러서 기준바이트를 설정할 수 있다.

5. 소재를 가공할 수 있도록 공구대를 스핀들 가까운 곳으로 이동시킨다.

   선택 → 핸들운전 X 또는 Z 축을 선택해서 수동펄스발생기로 이동시킨다.

6. 주축을 회전시킨다.

   선택 → 반자동 → G97 S600 M03↵ → 자동개시

7. 상대좌표를 선택한다.

   선택 → 핸들운전 → 위치선택 을 계속 누르면 상대좌표를 선택할 수 있다.

8. 그림과 같이 단면과 외경을 측정할 수 있도록 가공한다.

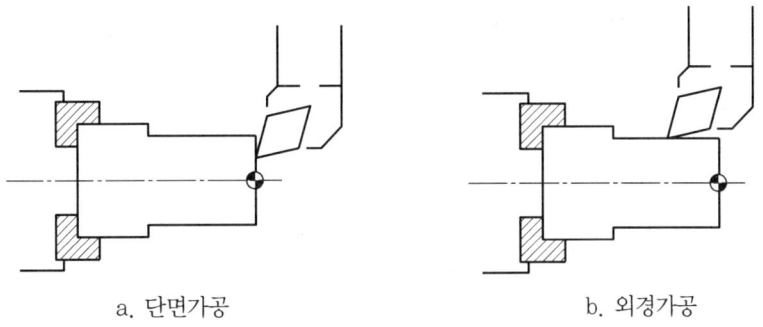

a. 단면가공   b. 외경가공

a. 단면가공

$\boxed{\text{선택}} \rightarrow \boxed{\text{핸들운전}} \rightarrow \boxed{\text{X축 선택}}$ Z축 방향 단면에 바이트를 터치하고 Z방향으로 가공면이 나올 수 있도록 이동한 후 X방향으로 수동펄스발생기를 이용하여 이동한다.(이때, Z방향으로 움직이면 안 된다. 상대 OFFSET를 누르고 W0를 누르면 상대좌표 W0가 된다.)

b. 외경가공

$\boxed{\text{선택}} \rightarrow \boxed{\text{핸들운전}} \rightarrow \boxed{\text{Z축 선택}}$ 외경을 가공할 수 있도록 바이트를 이동시킨다. 외경을 측정할 수 있도록 가공한다.

[주의] 이때 X축을 움직여서는 안 된다. 그 상태에서 상대 OFFSET를 누르고 U0를 누르면 상대좌표 U0가 된다.

9. 주축을 정지시키고 공구대를 안전하게 이동한 후 외경을 측정해서 메모하고 길이 방향 가공길이를 측정해서 메모한다.

예 ϕ 50.123 이것을 메모한다.

10. 앞 8번에서 0으로 했던 상대좌표 U0, W0 위치로 이동시킨다.

$\boxed{\text{선택}} \rightarrow \boxed{\text{핸들운전}}$ X, Z 축을 수동펄스발생기를 이용해서 이동시킨다.

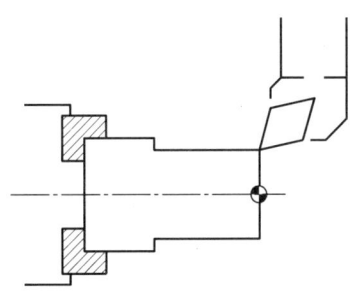

11. 좌표계 설정을 한다.

[선택] → [반자동] → G50 X50.123 Z0.0 ⏎ → [자동개시]

(이때 기계는 움직이지 않고 절대좌표계만 바뀐다.)

12. 절대좌표를 확인한다.

[선택] → [핸들운전] 에서 [위치선택] 을 계속 누르면 절대좌표를 선택할 수 있다.

예 절대좌표 X50.123, Z0.000 같이 설정되어 있으면 된다.

13. 제2원점 위치로 이동(프로그램 상의 제2원점 위치로 이동한다.)

예 X150.000 , Z150.000일 때

[선택] → [핸들운전] → [절대좌표선택] X, Z축을 핸들을 이용해서 X150. Z150. 위치로 이동시킨다.

14. 여기에서 기계좌표값을 메모한다.

기계좌표수치가 예 X-94.123, Z-145.123을 메모한다.

15. 위 14번에서 메모한 수치를 파라미터(1241번) 제2원점 번호에 입력한다.

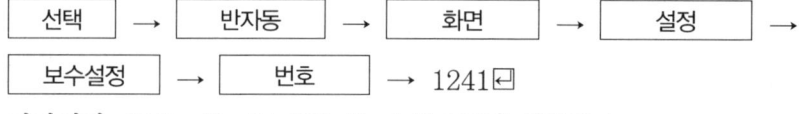

[선택] → [반자동] → [화면] → [설정] →
[보수설정] → [번호] → 1241⏎

파라미터 1241 : X-94.123, Z-145.123을 입력한다.

16. 제2원점 확인

a. 임의의 위치로 X, Z축을 이동시킨다.

[선택] → [핸들운전] X, Z축 선택 축이동

b. 확인

[선택] → [반자동] → G30 U0 W0 ⏎ → [자동개시]

c. 좌표확인

기계좌표 X-194.123, Z-145.123, 절대좌표 X150.000, Z150.000

CHAPTER 03 CNC 선반 작동순서[Sentrol]

1 실습 1단계

1. Main 전원 ON [뒤쪽]

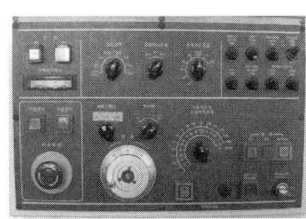

2. 조작반 전원 ON – EME/STOP

오른쪽 방향(CW)으로 돌려 해제

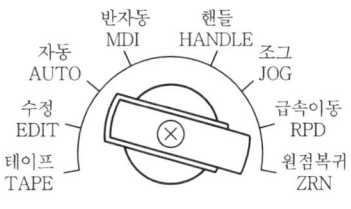

3. 기계원점 복귀

(1) 모드(MODE)를 핸들(HANDLE)로 놓고
  ① X축 선택 ⇒ X축을 (-) 방향으로 약간 이동시킨다.(반시계방향)
  ② Z축 선택 ⇒ Z축을 (-) 방향으로 약간 이동시킨다.(반시계방향)

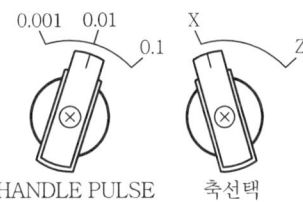

(2) 모드(MODE SELECT)를 ⇒ 원점에 놓고, (이동속도(FEED)는 저속으로 놓는다.)
  ① 우측 Key Button [⇧8]를 먼저 누른다. (+X)
    [X축 원점복귀 완료 ⇒ [화면] +X축 원점복귀 깜빡거림이 멈춘다.]
  ② 우측 Key Button [6⇨]를 누른다. (+Z)
    [Z축 원점복귀 완료 ⇒ [화면] +Z축 원점복귀 깜빡거림이 멈춘다.]
  ※ ▶ 공구대를 척 쪽으로 이동한다. [모드 ⇒ 핸들 ⇒ -Z축 이동, -X축 이동]

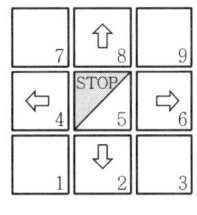

4. 공구 선택 – 공구(황삭 T0100)

- ☞ 공구(황삭) 호출 : 반자동 모드 ⇒ T0100 ; 입력 ⇒ ⏎ ⇒ 자동개시(또는 터릿 스위치 이용)
- ☞ 공작물 회전 : 반자동 모드 ⇒ G97 S1000 M03 ; 입력 ⇒ ⏎ ⇒ 자동개시
- ☞ 모드(MODE) ⇒ 핸들 상태에서 ☞ CW 누르면 재회전한다. ⇒ 주축 회전

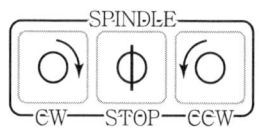

❷ 실습 2단계

(1) 기준공구(황삭) 세팅 순서 [T0100]

① 핸들 이용 X축 또는 Z축 선택 단면가공한다. (X1, X10, X100 중 선택 후 절삭)
 ☞ 모드 ⇒ 핸들 ⇒ **단면(Z축)**을 절삭한다. 후 +**X축 방향**으로 이동 한다. ⇒ W0 [F5키] 누름
 ☞ 모드 ⇒ 핸들 ⇒ **외경(X축)**을 절삭한다. 절삭 후 +**Z축 방향**으로 이동한다.
  ⇒ U0 [F4키] 누름 ⇒ **주축정지** ⇒ 핸들로 공구를 측정 가능한 거리로 공작물에서 떨어뜨린다.
② 측정기로 외경을 측정[예 ø50] : 측정 치수를 꼭 기록할 것
③ 공작물 단면, 외경 면에 바이트를 접촉시킨다. ⇒ 모드 ⇒ 핸들 ⇒
 ☞ Z축 : 공작물 단면[Z축]에 바이트를 접촉시킨다. ⇒ 상대좌표 값 W0.000이 되도록 한다.
 ☞ X축 : 공작물 외경[X축]에 바이트를 접촉시킨다. ⇒ 상대좌표 값 U0.000이 되도록 한다.
  ※ 확인 : 위치선택[F1] ⇒ **상대/잔여** 버튼 이용 ⇒ U0.000, W0.000 확인
④ **좌표계 설정** : 모드 ⇒ 반자동 ⇒ G50 X50.0(측정치) Z0.0 ; 입력 ⇒ ⏎ ⇒ 자동개시 누름
 ☞ 선택 ⇒ 보정 ⇒ 보정 화면에서 기준 바이트 위치확인 ⇒ X0.0 , Z0.0
⑤ 확인한다.(화면 ⇒ 프로그램) ☞ 공작물 접근 시 충돌을 예측하여 수치를 적용할 것

> ◎ 모드(MODE) ⇒ 반자동 ⇒ G00 X150.0 Z150.0 ; 입력 ⏎ ⇒ 자동개시
> ⇒ G00 X55.0 Z5.0 T0101 ; 입력 ⏎ ⇒ DRY RUN ON한 후, ⇒ 이송속도 조절 스위치
> 저속에 놓은 후 자동개시, 확인 후 ⇒ G00 X150.0 Z150.0 T0100 ; 입력 ⏎ ⇒ 자동개시

☞ 기준공구 설정 완료

3 실습 3단계

(2) 정삭[T0300] & 홈 [T0500] & 나사[T0700] 공구 세팅

☞ 정삭 공구 호출 : 반자동 모드 ⇒ T0300 ; ⇒ Enter ⇒ 자동개시

① Z축 : 공작물 단면 [Z축]에 바이트를 접촉시킨다.(종이를 이용)
  ⇒ **선택** ⇒ **보정** 화면에서 하단 화살표를 이용하여 **보정 번호**에 **커서를 일치시킨다.**
  ⇒ 위치선택[F1] ⇒ **직접 - 측정** ⇒ Z0.0 ⇒ Enter

② X축 : 공작물 외경 [X축]에 바이트를 접촉시킨다.(종이를 이용)
  ⇒ **선택** ⇒ **보정** 화면에서 하단 화살표를 이용하여 **보정 번호**에 **커서를 일치시킨다.**
  ⇒ (직접) - **측정** ⇒ X50.0(측정치) ⇒ Enter

③ 확인

> ◎ 반자동 모드 ⇒ G00 X150.0 Z150.0 ; 입력 ⏎ ⇒ 자동개시
> ⇒ G00 X60.0 Z5.0 T0303 ; 입력 ⏎ ⇒ 자동개시 ⇒ DRY RUN ON한 후,
> ⇒ G00 X150.0 Z150.0 T0300 ; 입력 ⏎ ⇒ 자동개시
> ⇒ 지정된 위치에 바이트가 위치하면 OK

(3) 소재 길이 치수 잔여량 보정하기

> ⟨2차 가공할 때⟩
> ※ 소재 치수 대비 도면 치수의 잔여량이 5mm일 때 (단면가공 후 길이 측정 값) 적용되는 모든 공구(황삭, 정삭, 홈, 나사)의 Z축 보정값을 5mm로 입력한다.
> ☞ Z축 : 공작물 단면 [Z축]에 바이트를 접촉시킨다.(종이를 이용)
>   ⇒ **선택** ⇒ **보정** 화면에서 하단 화살표를 이용하여 **보정 번호**에 **커서를 일치시킨다.**
>   ⇒ 위치선택[F1] ⇒ **직접 - 측정** ⇒ Z5.0[5.0입력(-부호없이)] ⇒ Enter

5. 가공

(1) 모드(MODE)를 오토(AUTO)에 놓고
(2) SBK, DRN, OSP를 ON시키고 ⇒ CYCLE START
  ☞ 공작물과 공구의 안전거리로 접근을 확인한 후 DRN을 OFF시킴
    이후 정상 가공일 때 SBK, OSP를 OFF한다.

4 실습 4단계

1. 실습 2단계 – 이해

단계 : 좌표계 설정	실습내용
(그림) ① ② ③ X값측정 1. X축 좌표 설정 2. Z축 좌표 설정 3. G50 입력할 위치	1. X축 좌표 설정 2. Z축 좌표 설정 3. G50 입력할 위치
(그림) φX59.25, φ60, (X59.25 Z0) 공작물좌표계	공작물 좌표계설정 ☞ 모드(MODE) ⇒ 반자동(MDI) ⇒ G50 X59.25(측정치) Z0.0 T0101 ; ⇒ ↵ ⇒ 자동개시(CYCLE START)
(그림) X100, Z100, φ60, 제2원점 (X100, Z100) 공작물좌표계	☞ 모드(MODE) ⇒ 반자동(MDI) ⇒ ① G00 X100.0 Z100.0 T0100 ; ⇒ ↵ 　⇒ 자동개시(CYCLE START) ② G00 X60.0 Z0.0 T0101 ; ⇒ ↵ 　⇒ 자동개시(CYCLE START) ③ G00 X100.0 Z100.0 T0100 ; ⇒ ↵ 　⇒ 자동개시(CYCLE START)

2. 실습 2단계 – 실습

실습 – 2단계	프로그램 작성(제2원점 X150.0 Z150.0)
1회 절입 : 2mm (그림) φ60, φ40, 40	

CHAPTER 04
CNC 선반 작동순서 [FANUC] Series – 0*i*(*i*)

1 실습 1단계

1. Main 전원 ON [후면]

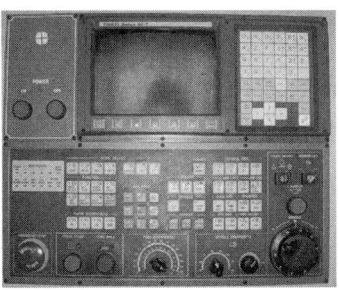

2. 조작반 전원 ON – EME/STOP

오른쪽 방향(CW)으로 돌려 해제

3. 기계원점 복귀

(1) 모드(MODE SELECT) ⇒ 핸들(HANDLE)을 선택하고
  ① X축 선택 ⇒ X축을 (−)방향으로 약간 이동시킨다. (반시계방향)
  ② Z축 선택 ⇒ Z축을 (−)방향으로 약간 이동시킨다. (반시계방향)

(2) 모드(MODE SELECT) ⇒ REF(원점복귀)를 선택하고, (이동속도(FEED)는 저속으로 놓는다.)
  ① 조그 피드(JOG FEED)의 단추(Button) +X를 먼저 누른다.
    [X축 원점복귀 완료 ⇒ X축 원점복귀 램프에 불이 켜짐]
  ② 조그 피드(JOG FEED)의 단추(Button) +Z를 누른다.
    [Z축 원점복귀 완료 ⇒ Z축 원점복귀 램프에 불이 켜짐]

4. POS 누르면 [절대], [상대], [전부] 화면상태로 전환됨

　▶공구대를 척 쪽으로 이동한다. [모드 ⇒ 핸들 ⇒ -Z축 이동 , -X축 이동]

5. 공구 선택

　(1) 공구(황삭 T0100)

　　① 사용할 기준공구(T0100) 선택 (INDEX 또는 MDI 상태에서 가능)
　　　　☞ 모드(MODE) ⇒ MDI ⇒ PROG ⇒ T0100 ; (EOB) ⇒ INSERT ⇒ CYCLE START
　　② 주축 회전
　　　　☞ 모드(MODE) ⇒ MDI ⇒ PROG ⇒ G97 S1200 M03 ; (EOB) ⇒ INSERT ⇒ CYCLE START
　　③ 모드(MODE) ⇒ 핸들 ☞ X-축, Z-축으로 공작물 근처까지 이동한다.
　　④ 모드(MODE) ⇒ 핸들 상태에서 ☞ CW 누르면 재회전한다. ⇒ 주축 회전

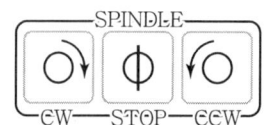

2 실습 2단계

　　⑤ 단면(Z축)을 절삭한다. (X1, X10, X100 중 선택 후) 절삭 후 +X축 방향으로 이동한다.
　　　　☞ POS ⇒ 상대(좌표계) ⇒ W 누른 후(반짝거림) ⇒ ORIGN 누르면 W 값이 0이 됨
　　　　　(만약 ORIGN이 보이지 않으면 **조작 버튼**을 누른다)
　　⑥ 외경(X축)을 절삭한다. 절삭 후 +Z축 방향으로 이동 한다.
　　　　☞ (POS ⇒ 상대좌표계) ⇒ U 누른 후(반짝거림) ⇒ ORIGN 누르면 U 값이 0이 됨
　　⑦ 주축 정지 ⇒ 외경을 측정하여 기록한다. (예 φ58.6)
　　⑧ 공구보정 [주의] 공구 보정은 ☞ ⇒ 보정 ⇒ 형상 화면에서 한다.
　　　　☞ Z축 보정 : MODE ⇒ 핸들 ⇒ 공작물 단면(Z축)에 바이트를 **접촉**시킨다.
　　　　　(이때 POS 상대좌표 값 W0.000이 되도록 한다) ⇒ **오프셋 세팅**(OFFSET SETTING)
　　　　　⇒ 보정 ⇒ 형상 화면에서 **커서**를 **공구번호** 및 Z축에 맞도록 이동한다.
　　　　　⇒ 보정 값을 입력 ⇒ Z0.0 입력 ⇒ [측정] 누른다. 〈완료(Z)〉
　　　　☞ X축 보정 : MODE ⇒ 핸들 ⇒ 공작물 외경(X축)에 바이트를 **접촉**시킨다.
　　　　　(이때 POS 상대좌표 값이 U0.000이 되도록 한다) ⇒ **오프셋 세팅**(OFFSET SETTING)
　　　　　⇒ 보정 ⇒ 형상 화면에서 **커서**를 **공구번호** 및 X축에 맞도록 이동한다.
　　　　　⇒ 보정 값을 입력 한다. ⇒ X58.6 입력 후 [측정]을 누른다. 〈완료(X)〉
　　⑨ 공구 위치 확인(DRY RUN 선택, 이송은 FEED OVERRIDE 조절)

> ☞ 모드(MODE) ⇒ MDI ⇒ PROG ⇒
> G00 X150.0 Z150.0 T0101 ; (EOB) ⇒ INSERT ⇒ CYCLE START
> G00 X60.0 Z0.0 T0101 ; (EOB) ⇒ INSERT ⇒ CYCLE START

※ 보정취소는 단독 블록으로 프로그램 작성할 것. 위반 시 과다 이동으로 인한 알람 발생

❸ 실습 3단계

(2) T0300(정삭), T0500(홈), T0700(나사) 공구 세팅

[주의] 공구보정은 **보정** ⇒ **형상** 화면에서 한다.

☞ 모드(MODE) ⇒ 핸들(HANDLE) - 공구는 T0300(정삭)

① [Z축] : 공작물 단면 [Z축]에 접촉하고 (종이를 이용)
  ⇒ 보정 ⇒ 형상 ⇒ 커서를 공구번호 및 Z축에 일치 ⇒ Z0.0 입력 ⇒ [측정]을 누른다.

② [X축] : 공작물 외경 [X축]에 접촉하고 (종이를 이용)
  ⇒ 보정 ⇒ 형상 ⇒ 커서를 공구번호 및 X축에 일치 ⇒ X58.6 입력 ⇒ [측정]을 누른다.

③ 공구 위치 확인(DRY RUN 선택, 이송은 FEED OVERRIDE 조절)

> ☞ 모드(MODE) ⇒ MDI ⇒ PROG ⇒
> G00 X150.0 Z150.0 T0303 ; (EOB) ⇒ INSERT ⇒ CYCLE START
> G00 X60.0 Z0.0 T0300 ; (EOB) ⇒ INSERT ⇒ CYCLE START

☞ 상기 순서로 **홈, 나사** 바이트 공구 세팅 (공구 위치 확인은 공구별로 꼭 시행하지 않아도 됨)

(3) 소재 길이 치수 잔여량 보정하기

> 〈2차가공할 때〉
> ※ 소재 치수 대비 도면 치수의 잔여량이 5mm일 때(단면 가공 후 길이 측정 값)
>   ☞ 모드(MODE) ⇒ 핸들 ⇒ 공작물 단면(Z축)에 바이트를 접촉시킨다.
>   ☞ 오프셋(OFFSET) ⇒ 화면에서 커서를 공구번호 및 Z축에 맞도록 이동한다.
>   ☞ 보정 값을 입력한다. ⇒ Z5.0 입력 후 [측정]을 누른다.

6. 가공

① 모드(MODE)를 **오토(AUTO)**에 놓고
② SBK, DRN, OSP를 ON시키고 ⇒ CYCLE START
  ☞ 공작물과 공구의 안전거리로 접근을 확인한 후 DRN을 OFF시킴
  ☞ 이후 정상 가공일 때 SBK, OSP를 OFF한다.

CHAPTER 05 CNC 선반 작동순서 [FANUC] Series-i

1 1단계 : 두산인프라코어 Lynx 200A

1. Main 전원 ON

2. 조작반 NC ON

① EME / STOP(오른쪽 방향(CW)으로 돌려 해제)
② MACHINE READY

3. 기계원점 복귀

(1) 핸들(HANDLE)을 선택하고
① X축 선택 ⇒ X축을 (-) 방향으로 약간 이동시킨다.(반시계방향)
② Z축 선택 ⇒ Z축을 (-) 방향으로 약간 이동시킨다.(반시계방향)

(2) REF (원점복귀)을 선택하고, (이동속도(FEED)는 저속으로 놓는다.)
① 조그 피드(JOG FEED)의 단추(Button) ↑ +X를 먼저 누른다.
  X축 원점복귀 램프에 불이 켜짐 : X축 원점복귀 완료
② 조그 피드 (JOG FEED)의 단추(Button) → +Z를 누른다.
  Z축 원점복귀 램프에 불이 켜짐 : Z축 원점복귀 완료

(3) 공구대를 척 쪽으로 이동
[핸들 ⇒ ※① -Z축 이동 , 핸들 ⇒ ※② -X축 이동]

4. 공구 선택 : 기준공구(T0100 황삭)

(1) 사용할 기준공구(T0100) 선택(INDEX 또는 MDI 상태에서 가능)
⇒ MDI ⇒ PROG ⇒ T0100 EOB ⇒ INSERT ⇒ CYCLE START

(2) 주축 회전 : MDI ⇒ PROG ⇒ G97 S1200 M03 EOB ⇒ INSERT ⇒ CYCLE START
☞ 핸들 ☞ X-축, Z-축으로 공작물 근처까지 이동한다.
☞ 핸들 상태에서 ☞ CW를 누르면 재회전한다. ⇒ 주축회전

5. 공구보정 : 공구 보정은 OFS/SET ⇒ 보정 ⇒ 형상 화면에서 한다.

(1) 단면(Z축)을 절삭한다. (X1, X10, X100 중 선택 후) 절삭 후 ⇒ +X축 방향으로 이동한다.
   ☞ POS ⇒ 상대(좌표계) ⇒ W 누른 후(반짝거림) ⇒ ORIGN을 누르면 W값이 0.000이 됨

(2) 외경(X축)을 절삭한다. 절삭 후 ⇒ +Z축 방향으로 이동한다.
   ☞ POS ⇒ 상대(좌표계) ⇒ U 누른 후 (반짝거림) ⇒ ORIGN을 누르면 U값이 0.000이 됨

(3) 주축 정지 ⇒ 외경을 측정하여 기록한다. ⇒ (예) ϕ49.6

(4) 공작물 단면, 외경 면에 바이트를 접촉시킨다. ⇒ 핸들 ⇒
   ☞ Z축 : 공작물 단면[Z축]에 바이트를 접촉시킨다. ⇒ 상대좌표 값 W0.000이 되도록 한다.
   ☞ X축 : 공작물 단면[X축]에 바이트를 접촉시킨다. ⇒ 상대좌표 값 U0.000이 되도록 한다.
   ※ 확인 : POS ⇒ 상대/잔여 버튼 이용 ⇒ U0.000 , W0.000 확인

(5) 좌표계설정 : MDI ⇒ PROG ⇒ G50 X49.6(측정치) Z0.0 EOB ⇒ INSERT ⇒ CYCLE START

(6) 공구보정2 [주의] 공구 보정은 ☞ ⇒ 보정 ⇒ 형상 화면에서 한다.
   ☞ Z축 보정 : POS 상대좌표 값 W0.000 ⇒ 오프셋 세팅(OFFSET SETTING)
      ⇒ 보정 ⇒ 형상 화면에서 커서를 공구번호 및 Z축에 맞도록 이동한다.
      ⇒ OFS/SET ⇒ 공구번호 G01 ⇒ Z축으로 이동 ⇒ Z0.0 ⇒ TOOL MEASURE ⇒ [측정] 누름
   ☞ X축 보정 : POS 상대좌표 값 U0.000 ⇒ 오프셋 세팅(OFFSET SETTING)
      ⇒ 보정 ⇒ 형상 화면에서 커서를 공구번호 및 X축에 맞도록 이동한다.
      ⇒ OFS/SET ⇒ 공구번호 G01 ⇒ X축으로 이동 ⇒ X49.6 ⇒ TOOL MEASURE ⇒ [측정] 누름

(7) OFS/SET ⇒ 공구번호 G01 ⇒ 보정 화면에서 기준 바이트 확인 ⇒ G01 X0.0 , Z0.0

6. 공구 위치 확인(☞ DRY RUN 선택, 이송은 FEED OVERRIDE 조절)

☞ 모드(MODE) ⇒ MDI ⇒ PROG ⇒
G00 X150.0 Z150.0. T0101 EOB
⇒ INSERT ⇒ CYCLE START
G00 X60.0 Z0.0 T0101 EOB
⇒ INSERT ⇒ CYCLE START

• 공구위치 확인 후 다음 공구를 보정 및 가공한다.

② 2단계

1. 기준공구 다음 공구 보정 방법

T0300(정삭), T0500(홈), T0700(나사) 공구 세팅
[주의] 공구보정은 보정 ⇒ 형상 화면에서 한다.
☞ 모드(MODE) ⇒ 핸들(HANDLE) - 공구는 T0300(정삭)

(1) [Z축] : 공작물 단면 [Z축]에 접촉하고(종이를 이용)
⇒ 보정 ⇒ 형상⇒ 커서를 공구번호 및 Z축에 일치⇒ Z0.0 입력 ⇒ TOOL MEASURE ⇒ [측정] 누름

(2) [X축] : 공작물 외경 [X축]에 접촉하고(종이를 이용)
⇒ 보정 ⇒ 형상⇒ 커서를 공구번호 및 X축에 일치⇒ X58.6 입력 ⇒ TOOL MEASURE ⇒ [측정] 누름

(3) 공구 위치 확인(DRY RUN 선택, 이송은 FEED OVERRIDE 조절)
☞ 모드(MODE) ⇒ MDI ⇒ PROG ⇒
G00 X150.0 Z150.0 T0303 ; (EOB) ⇒ INSERT ⇒CYCLE START
G00 X60.0 Z0.0 T0300 ; (EOB) ⇒ INSERT ⇒CYCLE START
☞ 상기 순서로 홈, 나사 바이트 공구 세팅(공구 위치 확인)

NC DATA 전송 및 그래픽 방법

1 NC DATA 전송 – 프로그램 입력·출력 방법

1. FANUC i-Series

1. 프로그램 준비(예 O1234) : 플로피 디스켓	2. CNC 기계에서 프로그램 받을 준비
%　--------첫머리 O1234 ; G28U0.0W0.0 ; 〳 〳 M02 ; %　--------끝	1) MODE SELECT ⇨ EDIT ⇨ PROG ⇨ DIR ⇨ 조작 ⇨ "▶" 누름(화면 하단 우측) ⇨ READ ⇨ 없는 번호 입력[예 O1234] ⇨ 실행 ＊결과 ⇨ 화면 하단 우측 LSK 깜박임 (참조 PAGE 상하이동하여 동일 번호 유무 확인) 2) 컴퓨터 ⇨ NClink ⇨ Start

2. Sentrol-TBL-8

1. 디스켓 내용을 기계로 저장할 때	2. 기계 내용을 디스켓으로 저장할 때
＊ 디스켓 삽입 　　MODE SELECT ⇨ EDIT편집 　　　　　⬇ 　　　　　선택 ⇨ 프로그램 ⇨ ☞ ⇨ 디스크 ⇨ 입력·출력 ⇨ 입력 ⇨ 하나(OR 전부) ⇨ 입력결정 ⇨ 실행 ＊ 결과 ⇨ 화면에서 프로그램번호 확인	＊ 디스켓 삽입 　　MODE SELECT(모드) ⇨ EDIT(편집) 　　　　　⬇ 　　　　　선택 ⇨ 프로그램 ⇨ ☞ ⇨ 일람표 ⇨ 입력·출력 ⇨ 출력 ⇨ 하나(OR 전부) ⇨ 입력결정 ⇨ 실행 ＊ 결과 ⇨ 화면에서 프로그램번호 확인

❷ 그래픽 확인 방법

그래픽(도안)을 띠우고자 할 때

Sentrol – TBL – 8

MODE ⇨ EDIT ⇨ 선택
⬇
프로그램 ⇨ ☞ ⇨ 책 ⇨ 도안 ⇨ 스케일링 ⇨ 신속 확인
⬇
⇨ 화면이 그래픽이 나타남

* 알람 발생 시 소수점을 먼저 확인 및 **프로그램을 확인** ➜ 해제

	FANUC i – Series
1단계	* 먼저 CHUCKING 상태에서 머신록을 걸어야 한다. 1) MACHINE LOCK : MDI ⇨ PROG ⇨ M17 EOB ⇨ CYCLE START 　(알람이 뜨면서 터릿의 X축과 Z축이 움직이지 않게 됩니다.) 　동작하는 기능은 스핀들 회전, 공구교환, 절삭유공급, 선택정지 ⬇ 컨트롤 조작판 ⇨ CUSTOM GRAPH 누름 ⬇ * 소재길이와 파이 수치를 입력 ⬇ G. PRM ⇨ 도형 ⇨ 그래픽화면으로 전환됨 ⬇ MEM ⇨ CYCLE START 누름(M01 적용구간 C/S 누름) ⬇ 화면에 그래픽이 나타남 * 화면 소거 : GRAPH(화면하단) ⇨ 조작 ⇨ 화면소거(ERASE)
2단계	2) MACHINE LOCK 해제 : MDI ⇨ M18 EOB ⇨ CYCLE START ⬇ ※ 머신 록 해제 후에는 **원점복귀**를 하셔야 절삭하실 수 있습니다.

③ 조작기 사용 방법

Sentrol-TBL-8 기종 프로그램 (통일) 설정 방법

1. 신규로 등록하고자 할 때	2. 그래픽(도안)을 띄우고자 할 때
MODE ⇨ EDIT ⇨ 선택 ↓ 프로그램 ⇨ ☞ ⇨ 일람표 ⇨ 신규작성 ↓ 원하는 번호를 입력 ⇨ ▶ 예 O7777 알람발생은 같은 번호가 있다. ↓ 결과 ⇨ 공백상태의 화면에서 커서만 깜박인다.	MODE ⇨ EDIT ⇨ 선택 ↓ 프로그램 ⇨ ☞ ⇨ 책 ⇨ 도안 ⇨ 스케일링 ↓ 신속 확인 ↓ 결과 ⇨ 화면이 그래픽이 나타남 알람 발생 시 소수점을 먼저 확인 및 프로그램을 확인 → 해제
3. 원하는 프로그램을 찾고자 할 때	4. 원하는 프로그램을 지우고자 할 때
MODE ⇨ EDIT ⇨ 선택 ↓ 프로그램 ⇨ ☞ ⇨ 일람표 ⇨ 선택 → 커서를 이용하여 원하는 번호로 이동한다. ⇨ 선택 결정 ↓ 결과 ⇨ 화면이 프로그램이 나타난다.	MODE ⇨ EDIT ⇨ 선택 ↓ [방법1] 프로그램 ⇨ ☞ ⇨ 일람표 ⇨ 삭제 → 커서를 이용하여 원하는 번호로 이동한다. ⇨ 삭제 결정 ⇨ 실행 ⇨ 프로그램이 지워진다. [방법2] 프로그램 ⇨ ☞ ⇨ 일람표 ⇨ 삭제 ⇨ 번호 → 원하는 번호를 입력한다. ▶ 예 O7777 ⇨ 실행 ⇨ 프로그램이 지워진다.
5. 프로그램을 수정하고자 할 때	6. 프로그램의 어느 부분을 지우고자 할 때
MODE ⇨ EDIT ⇨ 프로그램 선택 ↓ → 원하는 곳에 커서를 놓아둔다. ▶ 예 X20. 수정 내용 입력 ↓ 결과 ⇨ 원하는 곳이 바뀐다.	MODE ⇨ EDIT ⇨ 프로그램 선택 ↓ → 원하는 곳에 커서를 놓아둔다. ▶ 예 X20. 삭제 위치 ↓ 삭제 ↓ 결과 ⇨ 프로그램의 원하는 곳이 지워진다.

7. 프로그램을 복사 하고자 할 때	8. 조작기 시스템 종료
MODE ⇨ EDIT ⇨ 선택 ↓ 프로그램 ⇨ ☞ ⇨ 일람표 ⇨ 선택 → 커서를 이용하여 원하는 번호로 이동한다. ⇨ 복사 결정 → 원하는 번호를 입력 ⇨ ▶ 예 O7777 ↓ 결과 ⇨ 화면이 프로그램이 나타난다.	편집모드 ⇨ 일람표 ⇨ ☞ ⇨ PRO 종료를 누르면 **종료**되고 초기화면이 나타나면 **전원 OFF**

FANUC i-Series 기종 프로그램 조작기(두산) 사용방법

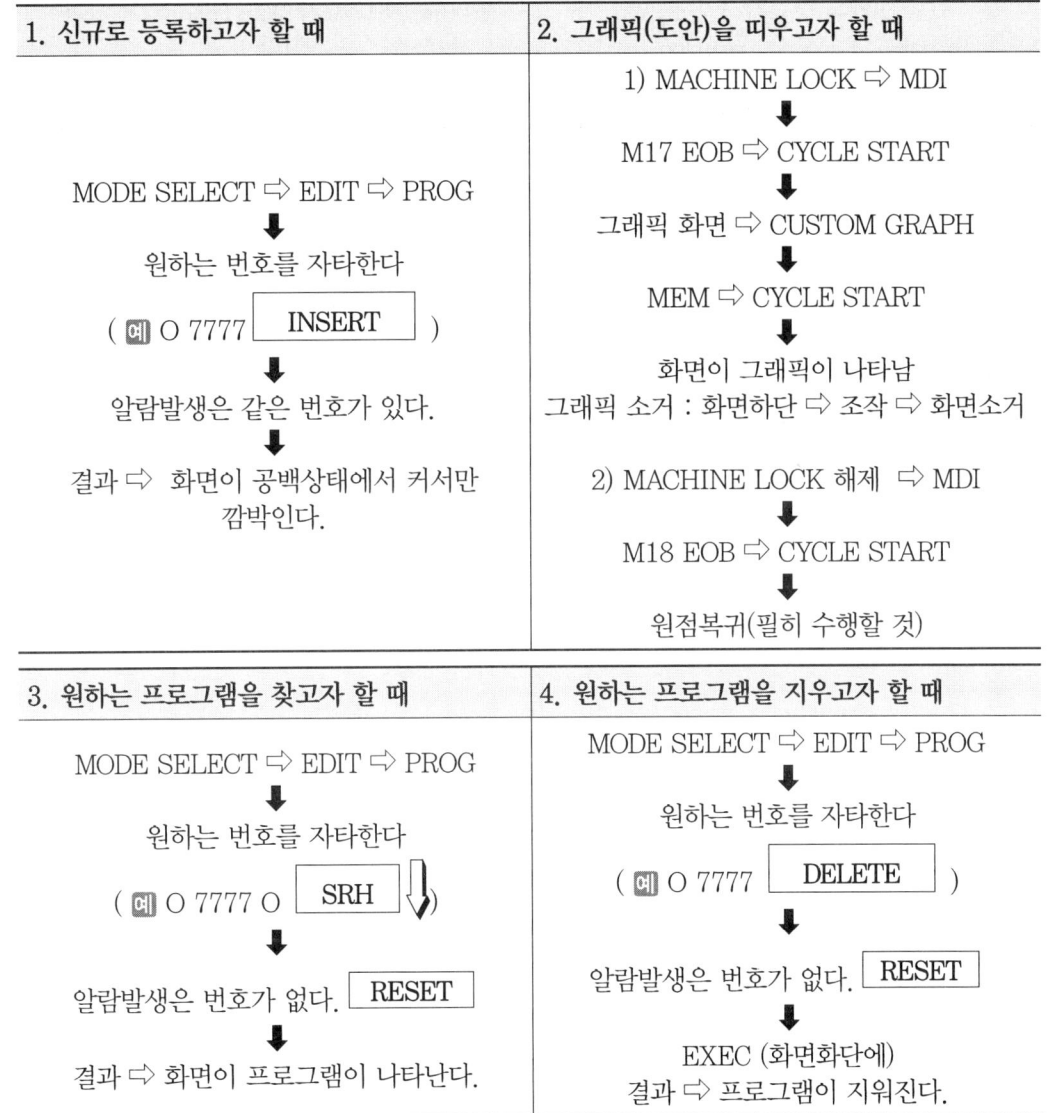

5. 프로그램을 수정하고자 할 때	6. 프로그램의 어느 부분을 지우고자 할 때
MODE SELECT ⇨ EDIT ⇨ PROG ↓ 원하는 곳에 커서를 놓아둔다. ↓ ALTER (수정) ↓ 결과 ⇨ 원하는 곳 바뀌어 진다. (주의사항 : KEY가 WHITE로 되어있어야 된다) 삽입 시에도 마찬가지이다. 단, ALTER 대신 INSERT 한다. (삽입)	MODE SELECT ⇨ EDIT ⇨ PROG ↓ 원하는 곳에 커서를 놓아둔다. (예 X20.) ↓ DELETE ↓ 결과 ⇨ 프로그램의 원하는 곳이 지워진다. (주의사항 : KEY가 WHITE로 되어 있어야 한다.)

REFERENCE | CNC 선반 운전 및 조작 공작기계

• S&T 중공업공작기계 TBL-8 [Sentrol]

http://www.hisntd.com

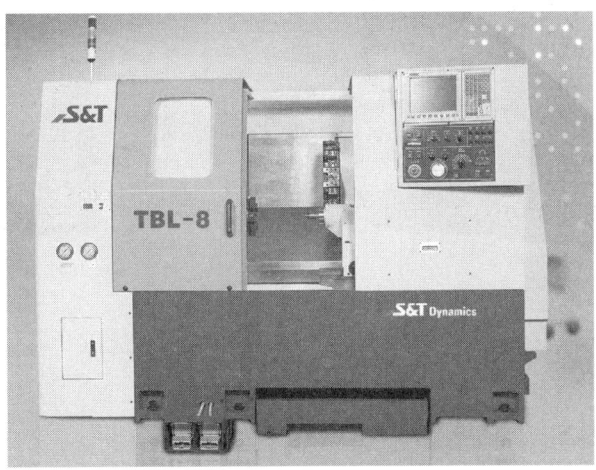

• 화천공작기계 HI-TECH 100B [FANUC Series-$0i(i)$]

http://www.hcmctools.co.kr

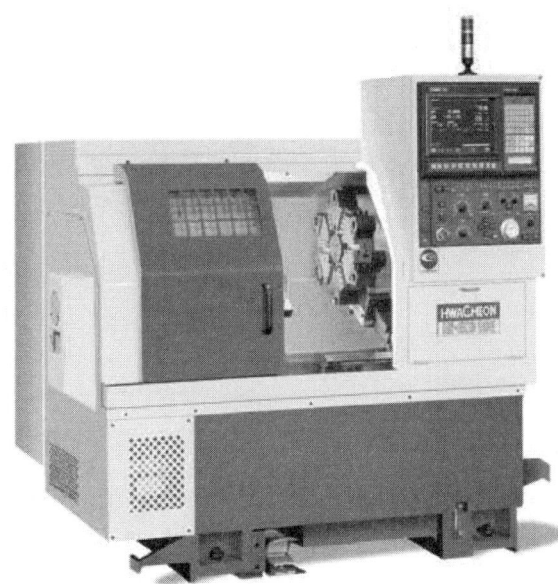

- 현대위아공작기계 E200A [FANUC Series-0$i(i)$]

http://www.hyundai-wia.com

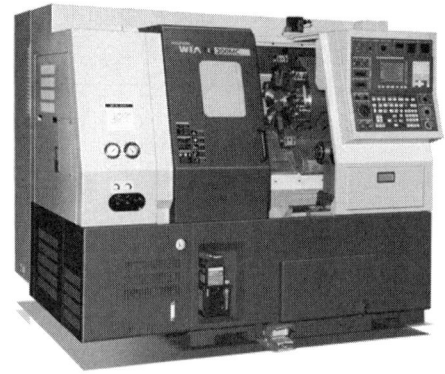
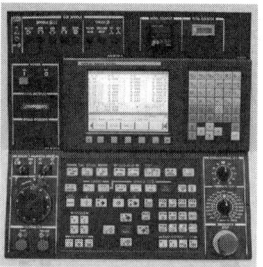

- 두산인프라코어 Lynx 200A [FANUC Series-0$i(i)$]

http://www.doosaninfracore.com

PART

05

자격검정
필기 예상 및
기출문제

Chapter 01 | 필기 예상문제
Chapter 02 | 필기 기출문제

CHAPTER 01 필기 예상문제

01 CNC 선반에서 좌표계 설정(표준G코드)을 바르게 한 것은?
① G50 X345.0 Z456.2
② G92 X456.4 Y435.5
③ G50 X435.9 Y345.6
④ G92 X456.3 Z325.9

> 해설 공작물 좌표계설정 : CNC 선반은 G50

02 CNC 밀링에서 좌표계를 설정하는 G코드는?
① G50
② G90
③ G92
④ G30

> 해설 공작물 좌표계설정 : 머시닝센터는 G92, G54~G59

03 CNC 선반에서 제어축 수는 동시 몇 축인가?
① 1
② 2
③ 3
④ 4

> 해설 CNC 선반 : X축, Z축

04 CNC 밀링에서 제어축 수는 동시 몇 축인가?
① 1
② 2
③ 3
④ 4

> 해설 머시닝센터 : X축, Y축, Z축

05 CNC 선반의 좌표축에 사용하는 어드레스는?
① X, Z
② X, Y
③ Y, Z
④ U, V

06 도면 좌표계에서 기준이 되는 점을 무엇이라고 하는가?
① 공작물원점
② 기계원점
③ 프로그램 원점
④ 재료원점

1 ① 2 ③ 3 ② 4 ③ 5 ① 6 ③

07 기계 좌표계에서 기준이 되는 점을 무엇이라고 하는가?
① 공작물원점　　　② 기계원점
③ 프로그램 원점　　④ 재료원점

08 다음 중 좌표계 설정을 가장 적절히 설명한 내용은?
① 공작물원점에서 기계원점까지의 거리를 NC 측에 알리는 것이다.
② 공작물의 기준을 설정하는 것이다.
③ 바이트의 기준을 잡는 것이다.
④ 프로그램 원점과 공작물원점의 기준을 일치시키는 것이다.

09 제3상한에서 U, W의 부호는?
① U(+), W(+)　　② U(−), W(+)
③ U(−), W(−)　　④ U(−), W(+)

10 절삭가공 시 가공물과 공구의 상대속도를 지정하는 기능은?
① G기능　　　② F기능
③ M기능　　　④ S기능

11 주축의 회전수를 지정하는 기능은?
① 준비기능　　② 이송기능
③ 주축기능　　④ 보조기능

12 다음 중 블록의 끝을 나타내는 것은?
① EOB　　　② %
③ END　　　④ ER

7 ②　8 ④　9 ③　10 ④　11 ③　12 ①

13 프로그램 원점에서 이동끝점까지의 거리를 지정하는 방법을 어떤 지령방식이라 하는가?
① 증분 지령방식　　　　　　　② 절대 지령방식
③ 혼용 지령방식　　　　　　　④ 좌표계 지령방식

14 CNC 선반에서 절대 지령방식에 사용되는 어드레스는?
① U　　　　② W　　　　③ I　　　　④ X

15 다음 중 반경 지정용 어드레스가 아닌 것은?
① I　　　　② R　　　　③ K　　　　④ X

16 원호 가공 시 시점에서 원호의 중심까지의 거리를 지정할 때 X성분의 어드레스는?
① I　　　　② K　　　　③ R　　　　④ U

17 회전수 일정제어(G97)의 단위는?
① rpm　　　　　　　　　　　② m/min
③ mm/rev　　　　　　　　　　④ mm

해설　G96 S100 : 절삭속도가 100m/min
　　　G97 S1000 : 주축회전수가 1,000rpm

18 N01 G96 S130
N02 G97 S2000
N03 G00 X30.0에서 N03의 주축 속도는?
① 130m/min　　　　　　　　　② 1,380rpm
③ 130rpm　　　　　　　　　　④ 1,380m/min

해설　$N = \dfrac{1{,}000 \times V}{\pi d} = \dfrac{1{,}000 \times 130}{3.14 \times 30} = 1{,}380 \text{rpm}$

13 ②　14 ④　15 ④　16 ①　17 ①　18 ②

19 주축의 최고속도를 3000rpm으로 제한하려고 한다. 어떻게 지령해야 하는가?
① G96 S3000
② G97 S3000
③ G50 S3000
④ G92 S3000

20 T**##에서 **의 의미는?
① 공구 번호
② Offset 번호
③ 보정취소 번호
④ 공구호출 번호

21 T**##에서 ##의 의미는?
① 공구 번호
② Offset 번호
③ 보정취소 번호
④ 공구호출 번호

22 회전당 이송의 단위는?
① mm/rev
② mm/min
③ m/rev
④ m/min

23 분당 이송의 단위는?
① mm/rev
② mm/min
③ m/rev
④ m/min

24 M98 P####L****에서 ****이 의미하는 것은?
① 보조 프로그램 번호
② 반복 횟수
③ 주 프로그램 번호
④ 블록전개 번호

25 M98 P####L****에서 ####이 의미하는 것은?
① 보조 프로그램 번호
② 반복 횟수
③ 주 프로그램 번호
④ 줄 번호

19 ③ 20 ① 21 ② 22 ① 23 ② 24 ② 25 ①

26 보조 프로그램을 호출하는 보조 기능은?

① M09 ② M08
③ M98 ④ M99

27 보조 프로그램을 종료할 때 사용하는 보조 기능 코드는?

① M09 ② M08
③ M98 ④ M99

28 CNC 가공을 위한 공정 계획을 설명한 것이다. 틀린 것은?

① 가공 도면에서 NC 가공부위 선정
② 절삭 조건 결정
③ 해당 가공 부위에 적합한 NC 공작기계, 치공구 선정
④ NC 코드를 테이프로 출력

29 여러 가지 기계장치의 스위치 역할을 하는 기능은?

① M기능 ② G기능
③ F기능 ④ S기능

30 파트프로그램의 이점이 아닌 것은?

① 작업이 용이하다.
② 복잡한 형상 및 계산에 효율적이다.
③ 자동프로그램에 걸리는 시간이 길다.
④ 신뢰성이 높은 NC 테이프를 전송할 수 있다.

31 기계 조작반상에 스위치가 있어 이 스위치를 On하면 기계가 일시 정지하고 Off하면 이 기능을 무시하는 보조 기능은?

① M00 ② M01
③ M02 ④ M30

26 ③ 27 ④ 28 ③ 29 ① 30 ③ 31 ②

32 다음 중 서로 관련이 없는 보조 기능은?
① M03
② M04
③ M05
④ M06

33 저속으로 기어를 변속하고자 할 때 사용하는 보조 기능은?
① M40
② M41
③ M42
④ M32

34 다음 중 블록의 끝을 나타내는 것은?
① EOB
② PEND
③ AEND
④ END

35 CNC에서 수동으로 데이터를 입력하는 모드는?
① TAPE
② MDI
③ EDIT
④ READ

36 오른손 직교좌표에서 X축에 대한 부가축 지령어는?
① A
② B
③ C
④ D

37 2축 제어 CNC에서 할 수 없는 기능은?
① 위치제어
② 헬리컬 보간
③ 원호보간
④ 직선보간

38 천공된 테이프의 구멍 수가 홀수인지 짝수인지를 구별하여 테이프의 오류를 검사하는 방법은?
① EOB 검사
② 프로그램 검사
③ 구멍 수 검사
④ 패리티 검사

39 다음 중 1회 유효 G코드인 것은?
① G01
② G04
③ G02
④ G03

32 ④ 33 ② 34 ① 35 ② 36 ① 37 ② 38 ④ 39 ②

40 다음 중 연속(모달)유효 G코드는?

① G27   ② G50   ③ G30   ④ G21

41 가공을 하지 않고 위치만을 결정하는 급이송 위치결정을 하는 G코드는?

① G01   ② G00   ③ G02   ④ G04

42 다음 중 증분지령으로 위치결정을 한 블록은?

① G00 X45.0 W30.0　　② G00 X45.0 Z30.0
③ G00 U45.0 W30.0　　④ G01 X45.0 Z30.0

43 다음 준비기능 중 기능이 다른 것은?

① G00　　② G01
③ G02　　④ G03

44 준비기능에 속하지 않는 것은?

① 직선보간　　② 원호보간
③ 급이송　　④ 이송기능

45 현재의 위치에서 벡터양으로 위치를 결정하는 제어는?

① 절대지령　　② 증분지령
③ 혼합지령　　④ 원호보간지령

46 공구가 직선으로 절삭 이동하는 보간은?

① 직선보간　　② 원호보간
③ 위치보간　　④ 포물선보간

40 ④　41 ②　42 ③　43 ①　44 ④　45 ②　46 ①

47 직선보간의 G코드는?

① G01　　② G04　　③ G02　　④ G03

48 직선보간의 이송 속도는 무엇으로 지정하는가?

① S　　② G　　③ T　　④ F

49 G96 S100 M03 ; 에서 재료의 직경이 φ50일 때 주축의 회전수는 얼마인가?

① 436rpm　　② 555rpm
③ 637rpm　　④ 805rpm

해설　$N = \dfrac{1{,}000 \times V}{\pi d} = \dfrac{1{,}000 \times 100}{3.14 \times 50} = 636.9 \text{rpm}$

50 프로그램 정지기능이 사용되는 경우가 아닌 것은?

① 작업 도중에 가공물을 측정하고자 할 경우
② 작업 도중에 칩 제거를 요하는 경우
③ 공구교환 후에 공구를 점검하고자 할 경우
④ 작업 도중에 절삭유의 차단을 요할 경우

51 G71 P10 Q100 U0.4 W0.2 D1500 F0.2 ; 에 대한 다음 설명 중 틀린 것은 어느 것인가?

① P10은 정삭가공 지령절의 첫 번째 전개번호이다.
② Q100은 정삭가공 지령절의 마지막 전개번호이다.
③ W0.2는 Z축 방향의 정삭여유량이다.
④ D1500은 황삭 후의 도피량이다.

해설　D1500 : 1회 절입량(X축 방향의 1회 절입량을 반경치로 지정하며 부호는 사용하지 않는다.), 1.5mm

52 프로그램 원점에서 종점까지의 거리를 지정하는 것은 무슨 지령 방식인가?

① 절대지령 방식　　② 증분지령 방식
③ 혼용지령 방식　　④ 상대지령 방식

47 ①　48 ④　49 ③　50 ④　51 ④　52 ①

53 원호가공에서 I, K는 무엇을 지정하는가?
① 원호의 중심　② 종점의 위치
③ 회전방향　④ 시점에서 종점의 거리

54 I는 어떤 축의 성분인가?
① X축　② Y축　③ Z축　④ A축

> 해설　원호의 시점에서 원호의 중심점까지의 상대값 중 X축 성분 값을 I로 하고, Y성분 값을 J, Z성분 값을 K로 한다.

55 J는 어떤 축의 성분인가?
① X축　② Y축　③ Z축　④ A축

56 K는 어떤 축의 성분인가?
① X축　② Y축　③ Z축　④ A축

57 원호가공에서 반경 지정을 할 수 없는 것은?
① I　② J　③ K　④ X

58 180도가 넘는 원호(10mm)를 R로 지정할 때 옳게 지령한 것은?
① R10.0　② R−10.0　③ R+10.0　④ R180

59 CNC 밀링에서 반경이 20mm인 360°의 원을 가공할 때 잘못 지령한 것은?
① I20.0　② J20.0　③ K20.0　④ R−20.0

60 원호를 지정하는데 I, J, K, R을 동시에 지정했을 때 유효한 것은?
① R　② I　③ J　④ K

53 ④　54 ①　55 ②　56 ③　57 ④　58 ②　59 ④　60 ①

61 홈 가공에서 진원 가공을 하기 위해 일시정지 시켜야 한다. 옳게 지령한 것은?
① G01 P100
② G02 P100
③ G03 P100
④ G04 P100

62 1초 동안 일시정지에서 잘못 지정한 것은?
① G04 P1000
② G04 X1.0
③ G04 U1.0
④ G04 V1.0

 드웰 기능은 P, X, U로 지령하는데 X, U는 소수점으로, P는 정수로만 지령하여야 한다.

63 다음 중 소수점 입력을 할 수 없는 어드레스는?
① X
② U
③ P
④ I

64 N01 G01 X100.0 Z100.0
N02 (　) P1000
N03 G01 X60.0에서 (　) 안에 알맞은 코드는?
① G04
② G03
③ G02
④ G01

 G04 기능(휴지 : Dwell) : CNC 선반에서 1초 동안 잠시 정지(Dwell)하는 프로그래밍
G40 X1.0, G04 U1.0, G04 P1000 ;

65 재료의 직경이 100mm이고 절삭속도가 100m/min일 때 재료가 1회전하는 시간은?
① 0.1884초
② 1.884초
③ 18.84초
④ 188.4초

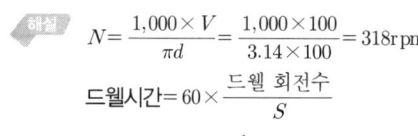
$N = \dfrac{1,000 \times V}{\pi d} = \dfrac{1,000 \times 100}{3.14 \times 100} = 318 \text{rpm}$
드웰시간 $= 60 \times \dfrac{\text{드웰 회전수}}{S}$
$= 60 \times \dfrac{1}{318} = 0.188$초

66 직경이 30mm인 드릴로 구멍을 가공할 때 옳게 지령한 것은?(단, 원주속도는 25m/min)

① G97 S265
② G97 S25
③ G96 S265
④ G96 S30

 $N = \dfrac{1,000 \times V}{\pi d} = \dfrac{1,000 \times 25}{3.14 \times 30} = 265.3\,\mathrm{rpm}$

67 공구가 기계원점으로 정확히 도착했는지를 체크하는 기능은?

① G27
② G30
③ G10
④ G50

68 공구가 기계원점에서 자동 복귀하는 준비 기능은?

① G27
② G28
③ G29
④ G30

해설
G27 : 기계원점 복귀 점검
G28 : 자동원점 복귀
G29 : 원점으로부터의 귀환
G30 : 제2원점 복귀

69 기계원점으로부터의 자동복귀를 옳게 지령한 것은?

① G27 X_ Z_
② G28 X_ Z_
③ G29 X_ Z_
④ G30 X_ Z_

70 다음 중 제2원점 복귀를 옳게 지령한 것은?

① G27 X_ Z_
② G28 X_ Z_
③ G29 X_ Z_
④ G30 X_ Z_

71 제2원점 복귀를 지령할 때는 어떤 값을 파라미터에 지정해야 하는가?

① 기계원점에서 제2원점까지의 거리
② 기계원점에서 공작물원점까지의 거리
③ 기계원점에서 프로그램 원점까지의 거리
④ 제2원점에서 공작물원점까지의 거리

72 단일형 고정 사이클이 아닌 것은?

① G90 X_ Z_ F_   ② G94 X_ Z_ F_
③ G92 X_ Z_ F_   ④ G32 X_ Z_ F_

> 해설 G32 : 나사 절삭
> G90 : 내·외경 가공 사이클
> G92 : 나사가공 사이클
> G94 : 단면 가공 사이클

73 재료의 측면을 황삭하기에 적당한 사이클은?

① G90 X_ Z_ F_   ② G94 X_ Z_ F_
③ G92 X_ Z_ F_   ④ G32 X_ Z_ F_

74 내경 및 외경 황삭을 하기 좋은 절삭 사이클은?

① G90 X_ Z_ F_   ② G94 X_ Z_ F_
③ G92 X_ Z_ F_   ④ G32 X_ Z_ F_

75 다음 중 나사절삭 사이클은?

① G90 X_ Z_ F_   ② G94 X_ Z_ F_
③ G92 X_ Z_ F_   ④ G32 X_ Z_ F_

76 내경 및 외경 사이클로 테이퍼를 가공할 때 옳게 지령한 것은?

① G90 X_ Z_ R_ F_   ② G90 X_ Z_ K_ F_
③ G94 X_ Z_ I_ F_   ④ G94 X_ Z_ C_ F_

77 단면절삭 사이클로 테이퍼를 가공할 때 옳게 지령한 것은?

① G90 X_ Z_ R_ F_   ② G90 X_ Z_ I_ F_
③ G94 X_ Z_ R_ F_   ④ G94 X_ Z_ I_ F_

72 ④ 73 ② 74 ① 75 ③ 76 ① 77 ③

78 테이퍼나사 사이클을 옳게 지령한 것은?

① G90 X_ Z_ R_ F_   ② G94 X_ Z_ R_ F_
③ G92 X_ Z_ R_ F_   ④ G32 X_ Z_ R_ F_

79 나사의 피치가 2mm인 3줄 나사를 가공할 때 리드는 얼마로 해야 하는가?

① 2   ② 4   ③ 6   ④ 8

해설 리드(L) = 줄수(n) × 피치(p) = 3 × 2 = 6

80 MDI로 지령할 수 없는 G코드는?

① G74   ② G75   ③ G76   ④ G70

81 MDI로 지령할 수 있는 G코드는?

① G72   ② G73   ③ G74   ④ G71

82 다음 중 소수점 입력을 할 수 없는 어드레스는?

① Z   ② X   ③ U   ④ P

83 다음 중 복합형 고정 사이클로 정삭 사이클을 지령한 것은?

① G70 P10 Q20   ② G71 P10 Q20
③ G72 P10 Q20   ④ G73 P10 Q20

84 지령된 위치에 최대 이송으로 이동시키는 모드는?

① 원호보간   ② 위치결정
③ 직선보간   ④ 일시정지

78 ③   79 ③   80 ④   81 ③   82 ④   83 ①   84 ②

85 좌표계상에서 목적 위치를 지령하는 데 절대 지령 방식만으로 지령한 것은?
① X100.0 Z150.0
② U50.0 W300.0
③ X250.0 W130.0
④ U100.0 Z200.0

86 선반 가공에서 회전체에 적용하기 위해 프로그램으로 직경치수를 관리하는 데 편리한 방식은?
① 반경지정 방식
② 직경지정 방식
③ 모달지령 방식
④ 1회 유효 방식

87 G04(일시정지)에서 사용할 수 없는 어드레스는?
① X
② U
③ P
④ Q

88 다음 G기능 중 관계가 없는 하나는?
① G32
② G76
③ G90
④ G92

89 운전 개시(Cycle Start)가 무시될 경우가 아닌 것은?
① 비상정지 스위치를 누를 때
② 이송중지 버튼을 누를 때
③ 알람 발생 시
④ Ready 상태일 때

90 기준 공구인선의 좌표와 해당 공구인선의 좌표 차이를 무엇이라고 하는가?
① 공구간섭
② 공구벡터
③ 공구보정
④ 공구운동

91 드릴가공, 홈가공 등에서 간헐 이송에 의해 칩을 절단하거나, 홈가공 시 회전당 이송에 의해 단차량이 없는 진원 가공을 할 때 사용하는 기능은?
① 드라이 런
② 드웰
③ 싱글 블록
④ 옵셔널 블록 스킵

85 ① 86 ② 87 ④ 88 ③ 89 ④ 90 ③ 91 ②

92 G04 X3.0에 대한 설명이다. 맞는 것은?

① 가공 후 3초 동안 정지하라는 뜻이다.
② 가공 후 3/100만큼 후퇴하라는 뜻이다.
③ 가공 후 3/100만큼 전진하라는 뜻이다.
④ 가공 후 3분 동안 정지하라는 뜻이다.

93 다음 중 공구의 이동 형태를 지정하지 않는 코드는?

① G00   ② G01   ③ G02   ④ G97

94 X=50.0을 가공한 후 측정해보니 φ49.95이었다. 기존 보정치가 0.005라면 보정값은?

① 0.055   ② 0.0005   ③ 0.1   ④ 0.05

 가공에 따른 X축 보정값 = 50 − 49.95 = 0.05
기존의 보정값 = 0.005
공구의 보정값 = 0.05+0.005 = 0.055

95 CNC 선반에서 주축과 평행한 축은?

① X축   ② Z축   ③ Y축   ④ U축

96 G70 P10 Q20에서 P10은 무엇을 의미하는가?

① 정삭형상 시작점의 블록전개 번호
② 정삭형상 끝점의 블록전개 번호
③ 보조 프로그램 호출 번호
④ 황삭 사이클의 호출 번호

97 G70 P10 Q20에서 Q20이 의미하는 뜻은?

① 정삭형상 시작점의 블록전개 번호
② 정삭형상 끝점의 블록전개 번호
③ 보조 프로그램 호출 번호
④ 황삭 사이클의 호출 번호

92 ①   93 ④   94 ①   95 ②   96 ①   97 ②

98 G71 U2.5 R0.5에서 U2.5는 무엇을 지령한 것인가?
① 절입량으로 직경지령이다.
② 절입량으로 반경지령이다.
③ 도피량으로 직경지령이다.
④ 도피량으로 반경지령이다.

99 G71 U2.5 R0.5에서 R0.5는 무엇을 지령한 것인가?
① 절입량으로 직경지령이다.
② 절입량으로 반경지령이다.
③ 도피량으로 직경지령이다.
④ 도피량으로 반경지령이다.

100 G71 P17 Q21 U0.2 W0.1 F0.25 S150을 설명한 것 중 옳은 것은?
① P17은 프로그램 시작 번호이다.
② Q21은 정삭형상 지령절 끝 번호이다.
③ P17은 황삭 시작 번호이다.
④ Q21은 황삭 사이클 끝 번호이다.

101 G71 P17 Q21 U0.2 W0.1 F0.25 S150을 설명한 것 중 틀린 것은?
① U0.2는 X축 정삭 여유이다.
② U0.2는 Z축 정삭 여유이다.
③ P17은 정삭 시작 번호이다.
④ W0.1은 Z축 정삭 여유이다.

102 G71 P17 Q21 U0.2 W0.1 F0.25 S150을 설명한 것 중 틀린 것은?
① F0.25는 황삭 시 이송속도이다.
② F0.25는 정삭 시 이송속도이다.
③ S150은 황삭 시 원주속도이다.
④ F0.25 S150은 정삭 시에는 유효하지 않다.

103 X축과 평행하게 동작하는 단면 황삭 사이클의 G코드는?
① G70　② G71　③ G72　④ G73

104 Z축과 평행하게 동작하는 직경 황삭 사이클의 G코드는?
① G70　② G71　③ G72　④ G73

98 ② 99 ④ 100 ② 101 ② 102 ② 103 ③ 104 ②

105 주조나 단조와 같은 전가공으로 형상화된 제품을 가공하는 데 매우 편리한 복합형 고정 사이클은?

① G70　　② G71　　③ G72　　④ G73

106 다음 중 페루프 절삭 사이클은?

① G70　　② G71　　③ G72　　④ G73

107 G73 U10.0 W10.0 R5.0에서 U10.0은 무엇을 지정한 것인가?

① X축 방향의 도피거리 및 방향
② Y축 방향의 도피거리 및 방향
③ Z축 방향의 정삭여유
④ X축 방향의 정삭 여유

108 G73 U10.0 W10.0 R5.0에서 W10.0은 무엇을 지정한 것인가?

① X축 방향의 도피거리 및 방향
② Y축 방향의 도피거리 및 방향
③ Z축 방향의 정삭여유
④ X축 방향의 정삭 여유

109 NC 가공 데이터에서 절삭속도와 공구 이송에 관계없는 것은?

① NC 공작기계
② 사용 공구
③ 사용 재료
④ 사용 전원

110 나사 가공 시 가장 간단하게 지령할 수 있는 것은?

① G32　　② G92　　③ G76　　④ G20

111 G76 P020060 Q50 R50에서 P020060 중 02의 의미가 옳은 것은?

① 정삭가공 횟수
② 불안전 나사부의 모따기양
③ 나사산의 각도
④ 최소 절입량

105 ④　106 ④　107 ④　108 ③　109 ④　110 ③　111 ①

112 G76 P021060 Q50 R50에서 P021060 중 10의 의미가 옳은 것은?

① 정삭가공 횟수
② 불완전 나사부의 모따기양
③ 나사산의 각도
④ 최소 절입양

113 G76 P021060 Q50 R50에서 P021060 중 60의 의미가 옳은 것은?

① 최종 정삭 시 반복 횟수
② 불완전 나사부의 모따기양
③ 나사산의 각도
④ 최소 절입량

114 G76 P021060 Q50 R50에서 Q50의 의미가 옳은 것은?

① 최종 정삭 시 반복 횟수
② 불완전 나사부의 모따기양
③ 나사산의 각도
④ 최소 절입깊이

115 G76 P021060 Q50 R50에서 R50의 의미가 옳은 것은?

① 최종 정삭 시 반복 횟수
② 불완전 나사부의 모따기양
③ 정삭여유
④ 최소 절입깊이

116 NC 공작기계의 전원을 투입한 후 가장 먼저 해야 할 일은?

① 기계좌표계 설정
② 제 2원점 복귀
③ 기계원점 복귀
④ 공작물 좌표계 설정

117 지령된 축을 자동적으로 제2원점으로 복귀시켜주고 제1원점으로부터 떨어진 양을 파라미터로 설정하는 코드는?

① G30
② G29
③ G28
④ G27

112 ②　113 ③　114 ④　115 ③　116 ③　117 ①

118 CNC 선반에서 원주속도 일정제어로 회전시킬 때 다음 설명 중 올바른 것은?
① 가공물 직경에 상관없이 주축 회전수는 일정하다.
② 가공물 직경에 상관없이 원주속도는 일정하다.
③ 항상 나사 가공할 때만 사용한다.
④ 절단 가공 시 주축 회전수는 증가한다.

119 CNC 선반 가공에서 피삭재의 재질이 연하고 점성을 가지며 절삭 깊이가 작을 때 나타나는 칩의 형태는?
① 전단형 칩
② 균열형 칩
③ 유동형 칩
④ 절삭형 칩

120 G76 X17.62 Z30.0 P1190 Q350 F2.0에서 P1190은 무엇을 지령한 것인가?
① 나사산의 높이를 반경치로 지령한 것
② 첫 번째 절입량을 반경치로 지령한 것
③ 테이퍼 나사의 구배값이다.
④ 나사의 리드이다.

121 G76 X17.62 Z30.0 P1190 Q350 F2.0에서 X17.62는 무엇을 지령한 것인가?
① 나사 끝점의 골지름
② 나사 끝점의 산지름
③ 나사 시작점의 골지름
④ 나사 시작점의 산지름

 G76 X(U) u Z(W) w P k Q q R i F f *
X(U) : 나사가공의 최종 골경의 직경치수
Z(W) : 나사가공의 길이를 지정(나사부의 길이와 Chamfering양을 합한 값을 지령)
　　　(예) 완전 나사부 길이 : 20mm이고 Pitch가 2mm일 때 Z−22.을 지령함
P(k) : 나사산의 높이 지정
　　　나사의 골 치수와 나사산의 높이를 지정으로 나사의 외경을 NC 내부에서 알 수 있으며 이 외경을 기준으로 최초 절입량이 결정된다. 지령방식은 반경치로 지령한다.
Q(q) : 최초 절입량 지정
　　　나사가공의 절입 횟수는 최초 절입량을 기준 하여 자동으로 결정됨
R(i) : 테이퍼 나사 가공 시 기울기량 지정
　　　생략하면 직선 나사가 되고 기울기의 부호는 G92와 같다.
F(f) : 나사의 Lead 지정

118 ④　119 ③　120 ①　121 ①

122 G76 X17.62 Z30.0 P1190 Q350 F2.0에서 Q350은 무엇을 지령한 것인가?

① 나사산의 높이를 반경치로 지령한 것
② 첫 번째 절입량을 반경치로 지령한 것
③ 테이퍼 나사의 구배값이다.
④ 나사의 리드이다.

123 G76 X17.62 Z30.0 P1190 Q350 F2.0에서 F2.0은 무엇을 지령한 것인가?

① 나사산의 높이를 반경치로 지령한 것
② 첫 번째 절입량을 반경치로 지령한 것
③ 테이퍼 나사의 구배값이다.
④ 나사의 리드이다.

124 G76 X56.656 Z30.0 R-1.094 P1479 Q300 F2.309에서 R-1.094는 무엇을 지령한 것인가?

① 나사산의 높이를 반경치로 지령한 것
② 첫 번째 절입량을 반경치로 지령한 것
③ 테이퍼 나사의 구배값이다.
④ 나사의 리드이다.

125 CNC 선반의 조작반에서 On하면 한 블록씩 자동 운전이 실행되는 스위치는?

① 싱글 블록
② JOG
③ 드라이 런
④ 옵셔널 블록 스킵

126 다음은 NC 선반에서 자동 면취 가공 또는 자동 코너 원호 가공에 대한 명령문들이다. 이 중 잘못 사용된 것은?

① G01 X100.0 R20.0 ;
② G01 W50.0 R5.0 ;
③ G01 X100.0 K4.0 ;
④ G01 W50.0 K3.0 ;

122 ② 123 ④ 124 ③ 125 ① 126 ④

127 100rpm을 회전하는 스핀들에서 3회전 일시정지(Dwell)를 프로그래밍하려면 몇 초간 일시정지 지령을 하면 되는가?

① 1.2초   ② 1.5초   ③ 1.8초   ④ 2.1초

해설 $N = \dfrac{1{,}000 \times V}{\pi d} = \dfrac{1{,}000 \times 100}{3.14 \times 320} = 99.5\,\text{rpm}$

드웰시간 $= 60 \times \dfrac{\text{드웰 회전수}}{S}$

$= 60 \times \dfrac{3}{99.5} = 1.8\,\text{초}$

128 CNC 선반에서 다음과 같은 명령이 있다. 그 의미가 알맞은 것은?

> G96 S100 M03 ;
> G50 S500

① 100rpm으로 정회전하다가 원점 선언 후에 500rpm으로 바꾼다.
② 100rpm으로 500rpm 사이에서 원주속도를 일정제어한다.
③ 100m/min으로 일정제어하는 데 최대속도를 500rpm으로 고정한다.
④ 100m/min으로 일정제어하는 데 최소속도를 500rpm으로 고정한다.

129 200rpm으로 회전하는 스핀들 5회전 일시정지를 프로그램하려면 어떻게 지령하여야 하느냐?

① G04 X1.5 ;   ② G04 X0.7 ;
③ G40 X1.5 ;   ④ G40 X0.7 ;

130 CNC 선반에서 지령값 X=58(mm)이고 소재를 가공하여 측정한 결과 φ58.05이었다. 기존의 보정값은 X=1.05, Z=4.0이었을 때 정확한 가공을 위하여 보정값을 얼마로 하여야 하는가?

① X=1.0, Z=4.05   ② X=1.1, Z=4.05
③ X=1.0, Z=4.0   ④ X=1.1, Z=4.0

해설 가공에 따른 X축 보정값 = 58 − 58.05 = 0.05
기존의 보정값 = X=1.05, Z=4.0
공구의 보정값 = X=1.05 − 0.05 = 1.0

131 다음 CNC 선반 프로그램에서 세 번째 블록 끝에서의 회전수는 얼마인가?

> G50 X150. Z200. S1300 T0100 M42 ;
> G96 S150 M03 ;
> G00 X62. X0. T0101 M08 ;
> G01 X-1.6 F0.2 ;

① 150rpm
② 1001rpm
③ 770rpm
④ 1300rpm

해설 $N = \dfrac{1{,}000 \times V}{\pi d} = \dfrac{1{,}000 \times 150}{3.14 \times 62} = 770\,\text{rpm}$ 이지만 G50에서 주축 최고 회전수를 1,300rpm으로 지정했으므로 1,300rpm이다.

131 ④

CHAPTER 02 필기 기출문제

SECTION 01 | 컴퓨터응용선반기능사

[제1과목] 기계재료 및 요소

01 불스 아이(Bull's Eye) 조직은 어느 주철에 나타나는가?

① 가단주철　　② 미하나이트주철　　③ 칠드주철　　④ 구상흑연주철

해설 구상흑연 주위에 페라이트 조직으로 되어 있는 조직을 불스 아이 조직이라 한다.

특수 주철의 종류

종류	특징
미하나이트 주철	• 흑연의 형상을 미세 균일하게 하기 위하여 Si, Si-Ca 분말을 첨가하여 흑연의 핵 형성을 촉진한다. • 인장강도 : 35~45kg/mm² • 조직 : 펄라이트+흑연(미세) • 담금질이 가능하다. • 고강도 내마멸, 내열성 주철 • 공작 기계 안내면, 내연 기관 실린더 등에 사용
특수 합금 주철	• 특수 원소 첨가하여 강도, 내열성, 내마모성 개선 • 내열주철(크롬 주철) : Austenite 주철로 비자성 니크로실날 • 내산 주철(규소 주철) : 절삭이 안되므로 연삭가공에 의하여 사용 • 고력 합금주철 : 보통주철+Ni(0.5~2.0)+Cr+Mo의 에시큘러 주철이 있다.
칠드 주철	• 용융 상태에서 금형에 주의하여 접촉면을 백주철로 만든 것 • 각종의 롤러 기차 바퀴에 사용한다. • Si가 적은 용선에 망간을 첨가하여 금형에 주입한다.
구상흑연 주철 (노듈러 주철) (덕터일 주철)	• 용융 상태에서 Mg, Ce, Mg-Cu 등을 첨가하여 흑연을 편상에서 구상화로 석출시킨다. • 기계적 성질 인장 강도는 50+70kg/mm²(주조 상태), 풀림 상태에서는 45~55 kg/mm²이다. 연신율은 12~20% 정도로 강과 비슷하다. • 조직은 Cementite형(Mg첨가량이 많고 C, Si다 적고 냉각 속도가 빠를 때 Pearlite형, Cementite와 Ferrite의 중간), Ferrite형(Mg양이 적당, C 및 특히 Si가 많고, 냉각속도 느릴 때)이 만들어진다. • 성장도 적으며, 산화되기 어렵다. • 가열할 때 발생하는 산화 및 균열 성장을 방지할 수 있다.
가단 주철	• 백심 가단주철(WMC) 탈탄이 주목적 산화철을 가하여 950에서 70~100시간 가열 • 흑심 가단주철(BMC) Fe₃C의 흑연화가 목적 　- 1단계(850~950 풀림) : 유리 Fe₃C 흑연화 　- 2단계(680~730 풀림) : Pearlite중에 Fe₃C 흑연화 • 고력 펄라이트 가단 주철 (PMC) 흑심 가단주철에 2단계를 생략할 것 • 가단주철의 탈탄제 : 철광석, 밀 스케일, 헤어 스케일 등의 사화철을 사용

1 ④

02 다음 중 청동의 주성분 구성은?

① Cu-Zn 합금   ② Cu-Pb 합금   ③ Cu-Sn 합금   ④ Cu-Ni 합금

 황동 : Cu+Zn, 청동 : Cu+Sn

03 자기 감응도가 크고, 잔류자기 및 항자력이 작아 변압기 철심이나 교류기계의 철심 등에 쓰이는 강은?

① 자석강   ② 규소강   ③ 고니켈강   ④ 고크롬강

- 자석강 : 항자력이 크고, 자기강도의 변화가 적은 강(변압기 철심용)
- 규소강 : 내열성이 크고 전자기적 특성이 우수하여 변압기용 박판에 사용

04 황(S)이 함유된 탄소강의 적열취성을 감소시키기 위해 첨가하는 원소는?

① 망간   ② 규소   ③ 구리   ④ 인

㉠ 황은 적열취성의 원인이 되며 이것을 감소시키기 위해 망간을 첨가한다.
㉡ 철의 5대 원소는 탄소(C), 규소(Si), 망간(Mn), 인(P), 황(S)이다.
- C : 철 또는 강에 있어 탄소의 역할은 아주 중요하다.
  탄소는 철의 성질을 결정하는 중요한 역할을 하는 원소로 철이나 강에서 경도를 결정하는 역할을 한다.
  탄소의 함량이 적으면 다음 공정처리를 어떻게 하든지 경도가 낮게 나오고 탄소의 함량이 높으면 경도가 높게 나오는데, 경도는 철강제품의 수명을 결정하는 요소이다. 탄소가 증가하면 항복점, 인장강도, 경도가 증가하며 탄소가 감소하면 연신율과 연성이 커진다.
- Mn : 망간의 증가에 따라 철의 강도는 급격히 상승한다. 탄소의 특성상 탄소가 증가하면 강도는 증가하지만 충격에 약해지는데 이의 보완책으로 충격에 대한 저항성을 높이기 위해 망간양을 증가시켜 탄소의 특성을 보완한다.
- Si : 항복점, 인장강도가 규소량에 따라 증가한다.
  철에 규소의 함유량이 0.2~0.4%일 때 연신율과 수축률이 많이 증가하고 2% 이상 첨가 시에는 인성이 저하되며 소성가공성을 해치기 때문에 사용에 제한이 있다.
- P : 내후성은 향상되나 용접성 냉간가공성, 충격저항을 감소시키므로 일반적으로 강에 해로운 원소로 취급한다.
- S : 망간, 아연, 티탄, 몰리브덴과 결합해 피삭성을 개선시킨다.

05 다음 중 황동에 납(Pb)을 첨가한 합금은?

① 델타메탈   ② 쾌삭황동   ③ 문츠메탈   ④ 고강도황동

① 델타메탈 : 6-4 황동에 1~2 Fe(철)을 함유 강도, 내식성 증가, 광산기계, 선반, 화학기계용
② 쾌삭황동 : 연황동(6 : 4 황동+1-3%Pb) : 쾌삭성, 피삭성 부여
③ 문츠 메탈 : 4-6 황동 Cu+Zn 구리 60%+아연 40%를 첨가한 합금으로 볼트, 너트, 열간 단조품 등에 쓰이는 것
④ 고강도 황동 : 4-6 황동에 3.5% 정도의 Mn을 첨가하면 기계적 강도는 현저하게 개선되고, 고온가공이 용이하게 되며, 인장력 50~60kg/mm², 연신율 20~40%로 된다. 용도로서는 터빈 날개, 밸브에 붙은 밸브봉 등에 사용된다.

2 ③ 3 ② 4 ① 5 ②

06 스프링강의 특성에 대한 설명으로 틀린 것은?

① 항복강도와 크리프 저항이 커야 한다.
② 반복하중에 잘 견딜 수 있는 성질이 요구된다.
③ 냉간가공 방법으로만 제조된다.
④ 일반적으로 열처리를 하여 사용한다.

스프링강
- 냉간가공한 재료는 철사스프링이나 얇은 판스프링에 사용
- 열간가공한 재료는 판스프링이나 코일스프링에 사용

07 다음 중 내식용 알루미늄 합금이 아닌 것은?

① 알민
② 알드레이
③ 하이드로날륨
④ 라우탈

주조용 AL 합금
- 실루민(Al+Si 10~14%) : 주조성은 좋으나 절삭성 불량, 재질(개량) 처리 효과가 큼
- 라우탈(Al+Cu 3~8%+Si 3~8%) : 주조성이 좋고, 시효경화성이 있음. Si첨가로 주조성 개선, Cu 첨가로 실루민의 결점인 절삭성 향상 (예) 피스톤, 기계부속품 등
- 하이드로날륨(Al+Mg 4~7%) : 내식성이 매우 우수 (예) 선박용품, 건축용 재료 등
- Y합금(Al+Cu 4%+Ni 2%+Mg 1.5%) : 고온강도가 큼 (예) 내연기관의 실린더, 피스톤 등
- 로우엑스(Al, Si 11~14% Mg 1%, Ni, Cu, Fe) : 열팽창계수가 적고 내열, 내마멸성이 우수 (예) 금형에 주조되는 피스톤용

내식용 AL합금
- 하이드로날륨(Al-Mg계) : 해수, 알칼리성에 대한 내식성이 강하며, 용접성 양호
- 알민(Al-Mn 1~1.5%) : 내식성 우수, 용접성 우수 (예) 저장탱크, 기름탱크 등
- 알드리(Al-Mg-Si계) : 강도와 인성이 있고 큰 가공변형에도 잘 견딤 (예) 송전선
- 알클래드 : 강력 AL 합금 표면에 순수 AL 또는 내식 AL 합금을 피복한 것. 내식성과 강도 증가의 목적

08 다음 나사 중 먼지, 모래 등이 들어가기 쉬운 곳에 사용되는 것은?

① 둥근 나사
② 사다리꼴 나사
③ 톱니 나사
④ 볼 나사

09 가위로 물체를 자르거나 전단기로 철판을 전단할 때 생기는 가장 큰 응력은?

① 인장응력
② 압축응력
③ 전단응력
④ 집중응력

10 다음 중 나사의 피치가 일정할 때 리드가 가장 큰 것은?

① 4줄 나사   ② 3줄 나사   ③ 2줄 나사   ④ 1줄 나사

해설 리드(L) = 줄수(n) × 피치(p)

11 다음 중 마찰차를 활용하기에 적합하지 않은 경우는?

① 속도비가 중요하지 않을 때   ② 전달할 힘이 클 때
③ 회전속도가 빠를 때   ④ 두 축 사이를 단속할 필요가 있을 때

해설 마찰차
접촉면의 마찰력에 의하여 동력을 전달하는 바퀴, 전달하여야 할 힘이 크지 않고 속도비가 중요시되지 않는 경우에 사용한다.

12 베어링의 호칭번호가 608일 때, 이 베어링의 안지름을 몇 mm인가?

① 8   ② 12   ③ 15   ④ 40

해설
- 60 : 베어링 계열기호, 단열 깊은 볼베어링 6, 치수계열 10
- 8 : 안지름 번호(베어링 안지름 8mm)
베어링 번호가 세 자리인 경우는 세 번째에 있는 숫자가 안지름이다.(8mm)

13 기계 부분의 운동에너지를 열에너지나 전기에너지 등으로 바꾸어 흡수함으로써 운동속도를 감소시키거나 정지시키는 장치는?

① 브레이크   ② 커플링   ③ 캠   ④ 마찰차

해설
- 브레이크 : 기계 운동부분의 운동에너지를 다른 형태의 에너지로 바꾸는데, 즉 운동부분의 속도를 감소 및 정지시키는 장치
- 커플링 : 축과 축을 연결하기 위하여 사용되는 요소부품

14 코터 이음에서 코터의 너비가 10mm, 평균 높이가 50mm인 코터의 허용 전단응력이 20N/mm² 일 때, 이 코터 이음에 가할 수 있는 최대 하중(kN)은?

① 10   ② 20   ③ 100   ④ 200

해설 코터 : 축 방향의 인장력 또는 압축력을 받는 2개의 봉의 연결에 이용한다.

코터의 전단응력

$\tau = \dfrac{W}{2bh} = \dfrac{W}{2 \times 10 \times 15} = 20(\text{N/mm}^2)$ 에서

하중 $W = 2,000(\text{N}) = 20(\text{kN})$

10 ①　11 ②　12 ①　13 ①　14 ②

15 표준스퍼기어의 잇수가 40개, 모듈이 3인 소재의 바깥지름(mm)은?

① 120
② 126
③ 184
④ 204

해설 외경=(잇수+2)×모듈=(40+2)×3=126mm

[제2과목] 기계제도(절삭부분)

16 그림과 같은 정면도와 우측면도에 가장 적합한 평면도는?

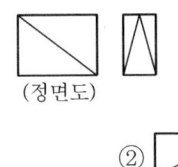
(정면도)

①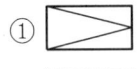
②
③
④

17 스프링의 도시방법에 관한 설명으로 틀린 것은?

① 그림에 기입하기 힘든 사항은 요목표에 일괄하여 표시한다.
② 조립도, 설명도 등에서 코일 스프링을 도시하는 경우에는 그 단면만을 나타내어도 좋다.
③ 요목표에 단서가 없는 코일 스프링 및 벌류트 스프링은 모두 오른쪽으로 감는 것을 나타낸다.
④ 코일 스프링, 벌류트 스프링 및 접시 스프링은 일반적으로 무하중 상태에서 그리며, 겹판 스프링 역시 일반적으로 무하중 상태(스프링 판이 휘어진 상태)에서 그린다.

18 다음 그림의 A~D에 관한 설명으로 가장 타당한 것은?

① 선 A는 물체의 이동 한계의 위치를 나타낸다.
② 선 B는 도형의 숨은 부분을 나타낸다.
③ 선 C는 대상의 앞쪽 형상을 가상으로 나타낸다.
④ 선 D는 대상이 평면임을 나타낸다.

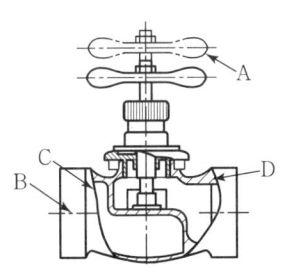

15 ② 16 ① 17 ④ 18 ①

19 ISO 규격에 있는 미터 사다리꼴 나사의 표시 기호는?

① M   ② Tr
③ UNC ④ R

> 해설 UNC : 유니파이 보통나사, UNF : 유니파이 가는 나사
> Tr : 미터계(30°) 사다리꼴나사, TW : 인치계(29°) 사다리꼴나사
> PS : 관용 테이퍼 나사

20 기어의 도시방법에 관한 설명으로 틀린 것은?

① 잇봉우리원은 굵은 실선으로 표시한다.
② 피치원은 가는 1점 쇄선으로 표시한다.
③ 이골원은 가는 실선으로 표시한다.
④ 잇줄 방향은 통상 3개의 굵은 실선으로 표시한다.

21 구멍의 치수가 $\phi 50^{+0.05}_{+0.02}$이고 축의 치수가 $\phi 50^{-0.03}_{-0.05}$인 경우의 끼워 맞춤은?

① 헐거운 끼워 맞춤   ② 중간 끼워 맞춤
③ 억지 끼워 맞춤   ④ 고정 끼워 맞춤

22 최대 실체 공차 방식에서 외측 형체에 대한 실효치수의 식으로 옳은 것은?

① 최대 실체 치수 − 기하공차   ② 최대 실체 치수 + 기하공차
③ 최소 실체 치수 − 기하공차   ④ 최소 실체 치수 + 기하공차

23 모떼기의 각도가 45°일 때의 치수 기입 방법으로 틀린 것은?

① 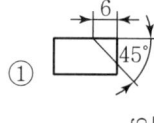 ②

③  ④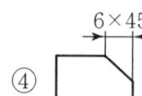

19 ② 20 ④ 21 ① 22 ② 23 ③

24 그림과 같이 나타낸 단면도의 명칭으로 옳은 것은?

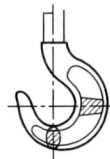

① 한쪽 단면도 ② 부분 단면도
③ 회전도시 단면도 ④ 조합에 의한 단면도

25 가공에 의한 커터의 줄무늬가 기호를 기입한 면의 중심에 대하여 거의 방사 모양으로 표시하는 것은?

①   ②
③   ④

해설 줄무늬 방향기호
- C : 커터로 둥근 형태
- X : 줄무늬 경사, 교차
- = : 줄무늬 투상면에 평행
- M : 여러 방향 무방향
- ⊥ : 투상면에 직각
- R : 레이덜 모양

26 연삭 가공을 할 때 숫돌에 눈메움, 무딤 등이 발생하여 절삭상태가 나빠진다. 이때 예리한 절삭날을 숫돌 표면에 생성하여 절삭성을 회복시키는 작업은?

① 드레싱 ② 리밍
③ 보링 ④ 호빙

27 탄화 텅스텐(WC), 티탄(Ti), 탄탈(Ta) 등의 탄화물 분말을 코발트(Co), 니켈(Ni) 분말과 혼합하여 고온에서 소결하여 만든 절삭 공구는?

① 고속도강 ② 주조 합금
③ 세라믹 ④ 초경 합금

24 ③ 25 ③ 26 ① 27 ④

28 정면 밀링 커터와 엔드밀을 사용하여 평면가공, 홈가공 등을 하는 작업에 가장 적합한 밀링 머신은?

① 공구 밀링 머신 ② 특수 밀링 머신 ③ 수직 밀링 머신 ④ 모방 밀링 머신

29 선반 가공에서 가공면의 표면 거칠기를 양호하게 하는 방법은?

① 바이트 노즈 반지름은 크게, 이송은 작게 한다.
② 바이트 노즈 반지름은 작게, 이송은 크게 한다.
③ 바이트 노즈 반지름은 작게, 이송은 작게 한다.
④ 바이트 노즈 반지름은 크게, 이송은 크게 한다.

30 선반의 주축에 주로 사용되는 테이퍼의 종류는?

① 모스 테이퍼   ② 내셔널 테이퍼
③ 자르노 테이퍼   ④ 브라운 엔드 샤프 테이퍼

 스핀들(주축, Spindle)
선반 : 모스 테이퍼(1/20), 밀링 : 내셔널 테이퍼(1/24)

[제3과목] 기계공작법

31 엔드밀에 대한 설명 중 맞는 것은?

① 일반적으로 넓은 면, T 홈을 가공할 때 사용한다.
② 지름이 작은 경우에는 날과 자루가 분리된 것을 사용한다.
③ 거친 절삭에는 볼 엔드밀, R 가공에는 라프 엔드밀을 사용한다.
④ 엔드밀의 재질은 주로 고속도강이나 초경합금을 사용한다.

해설 엔드밀을 길게 고정하여 사용하면 떨림이 일어나고 공구가 쉽게 부러질 수 있으므로 짧게 물려서 사용한다.

32 밀링의 상향 절삭으로 맞는 것은?

① 커터의 회전방향과 공작물의 이송방향이 같다.
② 커터의 회전방향과 공작물의 이송방향이 직각이다.
③ 커터의 회전방향과 공작물의 이송방향이 45°이다.
④ 커터의 회전방향과 공작물의 이송방향이 반대이다.

28 ③ 29 ① 30 ① 31 ④ 32 ④

상향절삭(올려깎기)	하향절삭(내려깎기)
공작물의 이송방향과 공구의 회전방향이 반대인 절삭	공작물의 이송방향과 공구의 회전 방향이 같은 절삭
• 칩이 잘 빠져 나와 절삭을 방해하지 않는다. • 백래시가 자연히 제거된다. • 공작물이 날에 의하여 끌려 올라오므로 확실히 고정해야 한다. • 커터의 수명이 짧다. • 동력 소비가 크다. • 가공면이 거칠다.	• 절삭된 칩이 절삭을 방해한다. • 백래시 제거장치가 필요하다. • 커터가 공작물을 누르므로 공작물 고정에 신경 쓸 필요가 없다. • 커터의 마모가 적고 수명이 길다. • 동력 소비가 적다. • 가공면이 깨끗하다.

33 절삭공구를 전후 좌우로 이송하여 절삭깊이와 이송을 주고 공작물을 회전시키면서 절삭하는 공작 기계는?

① 셰이퍼　　② 드릴링 머신　　③ 밀링 머신　　④ 선반

34 선반의 가로 이송대 리드가 4mm이고, 핸들 둘레에 200등분한 눈금이 매겨져 있을 때 직경 40mm의 공작물을 직경 36mm로 가공하려면 핸들의 몇 눈금을 돌리면 되는가?

① 50눈금　　② 100눈금　　③ 150눈금　　④ 200눈금

 ϕ40을 ϕ36으로 가공하려면 반경 방향으로는 2mm를 가공해야 하므로 핸들의 눈금을 100눈금 회전해야 한다.

1눈금 = $\frac{4}{200}$ = 0.02mm이므로

0.02 × 100 = 2mm

35 점성이 큰 재질을 작은 경사각의 공구로 절삭할 때 절삭 깊이가 큰 경우에 생기기 쉬운 그림과 같은 칩의 형태는?

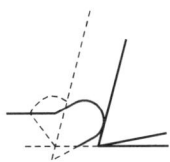

① 유동형 칩　　② 전단형 칩　　③ 경작형 칩　　④ 균열형 칩

 ① 연속형(유동형) 칩 : 연하고 인성이 큰 재질을 윗면 경사각이 큰 공구로 절삭하거나 절삭 깊이를 작게 하고 높은 절삭 온도에서 절삭제를 사용하여 가공하는 경우
② 전단형 칩 : 비교적 연한 재질을 작은 윗면 경사각으로 절삭하는 경우
③ 경작형 칩 : 점성이 큰 재질을 작은 경사각의 공구로 절삭하는 경우
④ 균열형 칩 : 주철과 같이 매짐이 큰 재료를 저속 절삭 시 발생한

33 ④　34 ②　35 ③

36 드릴로 뚫은 구멍의 내면을 매끈하고 정밀하게 하는 가공은?

① 전자 빔 가공　　② 래핑
③ 쇼 피닝　　　　④ 리밍

37 측정기로 가공물을 측정할 때 발생할 수 있는 측정 오차가 아닌 것은?

① 측정기의 오차　　② 시차
③ 우연 오차　　　　④ 편차

38 다음 각각의 게이지와 그 용도에 대한 설명이 틀린 것은?

① 와이어게이지는 와이어의 길이를 측정하는 것이다.
② 센터게이지는 나사절삭 시 나사바이트의 각도를 측정하는 것이다.
③ 드릴게이지는 드릴의 지름을 측정하는 것이다.
④ R게이지는 원호 등의 반지름을 측정하는 것이다.

39 다음 설명을 만족하는 결합제는?

> 규산나트륨(물유리)을 입자와 혼합 성형하여 제작한 숫돌로 대형 숫돌에 적합하며, 고속도강과 같이 연삭할 때 균열이 발생하기 쉬운 가공물의 연삭이나 연삭할 때 발열이 적어야 하는 경우에 적합하다.

① 비트리파이드 결합제　　② 실리케이트 결합제
③ 셸락 결합제　　　　　　④ 고무 결합제

40 수용성 절삭유제의 특성에 대한 설명으로 옳은 것은?

① 점성이 낮고 비열이 커서 냉각효과가 크다.
② 윤활성과 냉각성이 떨어져 잘 사용되지 않고 있다.
③ 윤활성이 좋으나 냉각성이 적어 경절삭용으로 사용한다.
④ 광유에 비눗물을 첨가하여 사용하며 비교적 냉각효과가 크다.

해설 절삭유제의 작용
냉각 작용, 윤활 작용, 방청 작용, 칩 처리(세척) 작용

36 ④　37 ④　38 ①　39 ②　40 ①

[제4과목] CNC 공작법 및 안전관리

41 센터리스 연삭기의 특징에 대한 설명으로 틀린 것은?

① 긴 홈이 있는 공작물도 연삭이 가능하다.
② 속이 빈 원통을 연삭할 때 적합하다.
③ 연삭 여유가 작아도 된다.
④ 대량 생산에 적합하다.

 센터리스 연삭기
- 센터가 필요 없고 중공의 원통을 연삭
- 연속 작업이 가능하여 대량 생산에 용이
- 긴 축 재료 연삭 가능, 연삭 여유가 적어도 됨
- 숫돌 바퀴의 나비가 크므로 지름의 마멸이 작고 수명이 김
- 기계의 조정이 끝나면 가공이 쉽고 작업자의 숙련이 필요 없음
- 긴 홈이 있는 일감의 연삭 곤란
- 대형 중량물 연삭 곤란

42 공작물의 가공액이 담긴 탱크 속에 넣고, 가공할 모양과 같게 만든 전극을 접근시켜 아크(Arc) 발생으로 형상을 가공하는 것은?

① 방전 가공   ② 초음파 가공   ③ 레이저 가공   ④ 화학적 가공

 방전 가공(Electric Spark Machining)
일감과 공구사이 방전을, 이용 재료를 조금씩 용해하면서 제거하는 가공법이다.
① 가공재료 : 초경합금, 담금질강, 내열강 등의 절삭가공이 곤란한 금속을 쉽게 가공할 수 있다.
② 가공액 : 기름, 물, 황화유
③ 가공 전극 : 구리, 황동, 흑연

초음파 가공(Supersonic Waves Machining)
초음파 진동수로 기계적 진동을 하는 공구와 공작물 사이에 숫돌입자, 물 또는 기름을 주입하면 숫돌 입자가 일감을 때려 표면을 다듬는 방법이다.
① 표면거칠기 : $1\mu m$, $10\mu m$ 과 $0.2\mu m$ 이하로 쉽게 가공할 수 있다.
② 공구의 재질 : 황동, 연강, 피아노선, 모넬 메탈(Monel Metal)
③ 정압력의 크기 : $200{\sim}300g/mm^2$

43 CNC 공작기계가 작동 중 이상이 생겼을 경우의 응급처치 사항으로 잘못된 것은?

① 비상스위치를 누르고 작업을 중지한다.
② 강전반 내의 회로도를 조작하여 점검한다.
③ 경고등이 점등되었는지 확인한다.
④ 작업을 멈추고 이상 부위를 확인한다.

41 ①　42 ①　43 ②

44 CNC 선반의 홈 가공 프로그램에서 회전하는 주축에 홈 바이트를 2회전 일시정지하고자 한다. [ ] 안에 맞는 것은?

```
G50 X100. Z100. S2000 T0100 ;
G97 S1200 M03 ;
G00 X62. Z-25. T0101 ;
G01 X50. F0.05 ;
G04 [    ] ;
```

① P1200 ② P100
③ P60   ④ P600

 해설
$N = \dfrac{1{,}000 \times V}{\pi d} = \dfrac{1{,}000 \times 1{,}200}{3.14 \times 50} = 7{,}643\,\mathrm{rpm}$

드웰시간 $= 60 \times \dfrac{\text{드웰 회전수}}{S}$

$= 60 \times \dfrac{2}{7643} = 0.015$초

$\therefore P100$

45 다음 CNC 선반 도면의 P점에서 원호 R3를 가공하는 프로그램으로 맞는 것은?

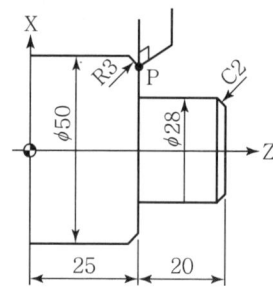

① G02 X44. Z25. R3. F0.2 ;   ② G03 X50. Z25. R3. F0.2 ;
③ G02 X47. Z22. R3. F0.2 ;   ④ G03 X50. Z22. R3. F0.2 ;

46 CNC 공작기계의 제어 방식이 아닌 것은?

① 시스템 제어   ② 위치결정 제어
③ 직선절삭 제어   ④ 윤곽절삭 제어

 해설 CNC 공작기계의 3가지 제어방식
위치결정 제어, 직선절삭 제어, 윤곽절삭 제어

44 ② 45 ④ 46 ①

47 머시닝센터 가공에서 사용되는 공구의 길이 보정을 취소하는 워드는?

① G40 ② G43 ③ G44 ④ G49

- G43 : 공구길이 보정 (+) 보정
- G44 : 공구길이 보정 (−) 보정
- G49 : 공구길이 보정 취소
- H : 공구길이 보정번호 지정

48 다음 중 기계 좌표계에 대한 설명으로 틀린 것은?

① 기계원점을 기준으로 정한 좌표계이다.
② 공작물 좌표계 및 각종 파라미터 설정값의 기준이 된다.
③ 금지영역 설정의 기준이 된다.
④ 기계원점 복귀 준비기능은 G50이다.

기계좌표계
기계의 기준점으로 기계 제작자가 파라미터에 의해 정하여 기계원점에서 0이 된다.

49 CNC 선반의 공구 날끝 보정에 관한 설명으로 틀린 것은?

① 날끝 R에 의한 가공 경로 오차량을 보상하는 기능이다.
② G40 명령은 공구 날끝 보정 취소 기능이다.
③ G41과 G42 명령은 모달 명령이다.
④ 공구 날끝 보정은 가공이 시작된 다음 이루어져야 한다.

50 기계의 일상 점검 내용 중에서 매일 점검하지 않아도 되는 사항은?

① 절삭유의 유량이 충분한지 여부
② 각 축이 원활하게 움직이는지 여부
③ 주축의 회전이 올바르게 되는지 여부
④ 기계의 정밀도가 정확한지 여부

51 다음 프로그램에서 공작물의 지름이 ∅60mm일 때, 주축의 회전수는 얼마인가?

```
G50 S1300 ;
G96 S130 ;
```

① 147rpm ② 345rpm ③ 690rpm ④ 1470rpm

$N = \dfrac{1,000 \times V}{\pi d} = \dfrac{1,000 \times 130}{3.14 \times 60} = 690\text{rpm}$

 47 ④ 48 ④ 49 ④ 50 ④ 51 ③

52 CNC 공작기계의 프로그램에서 기능 설명이 잘못된 것은?

① T－공구기능 ② M－보조기능
③ S－이송기능 ④ G－준비기능

> 해설 S : 주축기능

53 선반 작업 시 안전사항으로 틀린 것은?

① 칩이나 절삭유의 비산을 방지하기 위해 플라스틱 덮개를 부착한다.
② 절삭가공을 할 때에는 보안경을 착용하여 눈을 보호한다.
③ 절삭작업을 할 때에는 면장갑을 착용하고 작업한다.
④ 척이 회전하는 동안에 일감이 튀어나오지 않도록 확실히 고정한다.

54 CNC 선반의 안지름 및 바깥지름 막깎기의 사이클 프로그램에서 (경우 1)의 "D(Δd)", (경우 2)의 "U(Δd)"가 의미하는 것은?

> (경우 1) G71 P_ Q_ U_ W_ D(Δd) f_ ;
> (경우 2) G71 U(Δd) R_ ;
>   G71 P_ Q_ U_ W_ F_ ;

① 도피량 ② 1회 절삭량
③ X축 방향의 다듬질 여유 ④ 사이클 시작 블록의 전개번호

55 CAD/CAM 작업의 흐름을 바르게 나타낸 것은?

① 파트 프로그램 → 포스트 프로세싱 → CL 데이터 → DNC 가공
② 파트 프로그램 → CL 데이터 → 포스트 프로세싱 → DNC 가공
③ 포스트 프로세싱 → CL 데이터 → 파트 프로그램 → DNC 가공
④ 포스트 프로세싱 → 파트 프로그램 → CL 데이터 → DNC 가공

56 다음 중 CNC 선반 프로그램에서 G04(휴지, Dwell) 지령으로 틀린 것은?

① G04 X1.5 ; ② G04 S1.5 ;
③ G04 U1.5 ; ④ G04 P1500 ;

> 해설 드웰 기능은 P, X, U로 지령하는데 X, U는 소수점으로, P는 정수로만 지령하여야 한다.

52 ③ 53 ③ 54 ② 55 ② 56 ②

57. 다음 CNC 프로그램에서 T0505의 의미는?

> G00 X20.0 Z12.0 T0505 ;

① 5번 공구의 날끝 반경이 0.5mm임을 뜻한다.
② 5번 공구의 선택이 5번째임을 뜻한다.
③ 5번 공구를 5번 선택한다는 뜻이다.
④ 5번 공구의 선택과 5번 공구의 보정번호를 뜻한다.

해설

T	0	5	0	5
	공구 선택 번호		공구 보정 번호	

58. 머시닝센터 프로그램에서 XY 평면 지령을 위한 G코드는?

① G17   ② G18
③ G19   ④ G20

해설 G17 : X-Y축 평면, G18 : Z-X축 평면, G19 : Y-Z축 평면

59. 일반적으로 NC 가공계획에 포함되지 않는 것은?

① 사용 기계 선정   ② 가공순서 결정
③ 자동 프로그래밍   ④ 공구 선정

60. 복합형 고정 사이클에서 다듬질 가공 사이클 G70을 사용할 수 없는 준비기능(G-코드)은?

① G71   ② G72
③ G73   ④ G76

해설 ① G71 : 외/내경 황삭 사이클
② G72 : 단면 황삭 사이클
③ G73 : 형상 반복 가공 사이클
④ G76 : 나사 가공 사이클

 57 ④ 58 ① 59 ③ 60 ④

SECTION 02 | 컴퓨터응용선반기능사

[제1과목] 기계재료 및 요소

01 담금질 응력 제거, 치수의 경년변화 방지, 내마모성 향상 등을 목적으로 100~200℃에서 마텐자이트 조직을 얻도록 조작하는 열처리 방법은?

① 저온뜨임
② 고온뜨임
③ 항온풀림
④ 저온 풀림

02 복합 재료 중에서 섬유 강화재료에 속하지 않는 것은?

① 섬유강화 플라스틱(FRP)
② 섬유강화 금속(FRM)
③ 섬유강화 세라믹(FRC)
④ 섬유강화 콘크리트(FRC)

 FRP(Fibel Reinforced Plastic)
• 수명이 길고 가벼우며 강하고 부패하지 않는, 합성수지 속에 섬유기재를 넣어 기계적 강도를 향상시킨 수지

03 강재의 KS 규격 기호 중 틀린 것은?

① SKH : 고속도 공구강 강재
② SM : 기계 구조용 탄소 강재
③ SS : 일반 구조용 압연 강재
④ STS : 탄소 공구강 강재

 합금공구강(STS)
• 탄소 공구강에 Cr, Ni, W, V, Mo 첨가
• 내마모성 개선, 담금질 효과 개선
• 결정의 미세화

04 구리의 원자기호와 비중의 관계가 옳은 것은?(단, 비중은 20℃, 무산소동이다.)

① Al : 6.86
② Ag : 6.96
③ Mg : 9.86
④ Cu : 8.96

 • 구리(Cu) : 8.93
• 철(Fe) : 7.87
• 알루미늄(Al) : 2.7
• 마그네슘(Mg) : 1.74

1 ① **2** ① **3** ④ **4** ④

05 인장강도가 255–340MPa로 Ca–Si나 Fe–Si 등의 접종제로 접종 처리한 것으로 바탕조직은 펄라이트이며 내마멸성이 요구되는 공작기계의 안내면이나 강도를 요하는 기관의 실린더 등에 사용되는 주철은?

① 칠드 주철
② 미하나이트 주철
③ 흑심가단 주철
④ 구상흑연 주철

 미하나이트 주철
- 흑연의 형상을 미세 균일하게 하기 위하여 Si, Si–Ca 분말을 첨가하여 흑연의 핵형성을 촉진한다.
- 인장강도 : 35~45kg/mm²
- 조직 : 펄라이트+흑연(미세)
- 담금질이 가능하다.
- 고강도 내마멸, 내열성 주철
- 공작 기계 안내면, 내연 기관 실린더 등에 사용된다.

06 탄소 공구강의 구비 조건으로 틀린 것은?

① 내마모성이 클 것
② 가공 및 열처리성이 양호할 것
③ 저온에서의 경도가 클 것
④ 강인성 및 내충격성이 우수할 것

탄소공구강(STS)은 탄소의 함량이 0.7~1.5% 정도이며 인장강도 50~70kg/mm², 연신율 2~7%로 각종 목공구, 석공구, 수공구, 절삭공구, 게이지 등에 사용된다. 일반적으로 공구강은 상온 및 고온에서도 경도가 유지되어야 한다.

07 황동은 어떤 원소의 2원 합금인가?

① 구리와 주석
② 구리와 망간
③ 구리와 납
④ 구리와 아연

- 황동 : Cu+Zn
- 청동 : Cu+Sn

08 볼트를 결합시킬 때 너트를 2회전하면 축 방향으로 10mm, 나사산 수는 4산이 진행한다. 이와 같은 나사의 조건은?

① 피치 2.5mm, 리드 5mm
② 피치 5mm, 리드 5mm
③ 피치 5mm, 리드 10mm
④ 피치 2.5mm, 리드 10mm

리드=피치×줄수

5 ② 6 ③ 7 ④ 8 ①

09 축 이음 중 두 축이 평행하고 각 속도의 변동 없이 토크를 전달하는 데 가장 적합한 것은?
① 올덤 커플링 ② 플렉시블 커플링
③ 유니버설 커플링 ④ 플랜지 커플링

10 나사의 끝을 이용하여 축에 바퀴를 고정시키거나 위치를 조정할 때 사용되는 나사는?
① 태핑 나사 ② 사각 나사
③ 볼 나사 ④ 멈춤 나사

11 다음 중 훅의 법칙에서 늘어난 길이를 구하는 공식은?(단, λ : 변형량, W : 인장하중, A : 단면적, E : 탄성계수, l : 길이)
① $\lambda = \dfrac{Wl}{AE}$ ② $\lambda = \dfrac{AE}{W}$ ③ $\lambda = \dfrac{AE}{Wl}$ ④ $\lambda = \dfrac{Al}{WE}$

12 직선운동을 회전운동으로 변환하거나, 회전운동을 직선운동으로 변환하는 데 사용되는 기어는?
① 스퍼 기어 ② 베벨 기어
③ 헬리컬 기어 ④ 랙과 피니언

13 기어, 풀리, 커플링 등의 회전체를 축에 고정시켜서 회전운동을 전달시키는 기계요소는?
① 나사 ② 리벳
③ 핀 ④ 키

14 엔드 저널로서 지름이 50mm의 전동축을 받치고 허용 최대 베어링 압력을 6N/mm², 저널의 길이를 80mm라 할 때 최대 베어링 하중은 몇 kN인가?
① 3.64kN ② 6.4kN
③ 24kN ④ 30kN

해설 $P = P_a dl = 6 \times 50 \times 80 = 24,000[\text{N}] = 24[\text{kN}]$
P : 최대 베어링 하중, P_a : 최대 베어링 압력
d : 저널의 지름, l : 저널의 길이

9 ① 10 ④ 11 ① 12 ④ 13 ④ 14 ③

15 코일스프링의 전체 평균직경이 50mm, 소선의 직경이 6mm일 때 스프링 지수는 약 얼마인가?

① 1.4
② 2.5
③ 4.3
④ 8.3

 • 스프링 지수(C) : 스프링 설계에 중요한 수로 코일의 평균지름(D)과 재료의 지름(d)의 비이다.
• 스프링 지수 = $\dfrac{코일의\ 평균지름(D)}{소선의\ 지름(d)} = \dfrac{50}{6} = 8.3$
• 스프링 상수 = $\dfrac{하중}{변위량}$

[제2과목] 기계제도(절삭부분)

16 제3각법으로 나타낸 그림과 같은 투상도에 적합한 입체도는?

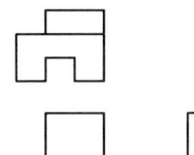

① 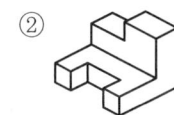 ② ③ 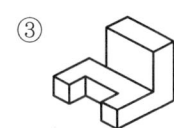 ④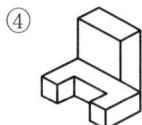

17 기준치수가 60, 최대허용치수가 59.96이고 치수공차가 0.02일 때 아래 치수 허용치는?

① -0.06
② +0.06
③ -0.04
④ +0.04

 • 치수 허용차(Deviation) : 허용한계에서 기준 치수를 뺀 값으로서 허용치라고도 한다.
• 아래 치수 허용차(Lower Deviation) : 최소 허용치수에서 기준 치수를 뺀 값을 아래 치수 허용차라고 한다.
• 위 치수 허용차(Upper Deviation) : 최대 허용치수에서 기준 치수를 뺀 값을 위 치수 허용차라고 한다.

15 ④ 16 ③ 17 ①

18 제도 용지에서 A0 용지의 가로 길이 : 세로 길이의 비와 그 면적으로 옳은 것은?

① $\sqrt{3}$: 1, 약 $1m^2$
② $\sqrt{2}$: 1, 약 $1m^2$
③ $\sqrt{3}$: 1, 약 $2m^2$
④ $\sqrt{2}$: 1, 약 $2m^2$

19 베어링 기호 "6203ZZ"에서 "ZZ" 부분이 의미하는 것은?

① 실드 기호
② 궤도
③ 정밀도 등급 기호
④ 레이디얼 내부 틈새 기호

 • 첫 번째 숫자 : 형식번호
• 두 번째 숫자 : 치수기호
• 세 번째, 네 번째 숫자 : 안지름 번호

20 기계 가공면을 모떼기할 때 그림과 같이 "C5"라고 표시하였다. 어느 부분의 길이가 5인 것을 나타낸 것인가?

① ㉢
② ㉠과 ㉡
③ ㉠+㉡
④ ㉠+2㉡+㉢

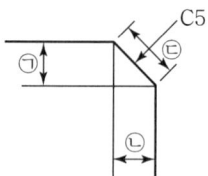

21 스프로킷 휠의 도시방법 중 가는 1점 쇄선으로 그려야 할 곳은?

① 바깥지름
② 이뿌리원
③ 키홈
④ 피치원

 부품 일부에 특수한 내용을 지정하는 것이므로 특수 지정선에 굵은 1점쇄선을 사용한다.
• 굵은실선 : 외형선
• 가는실선 : 치수선, 치수보조선, 지시선, 회전단면선
• 파선 : 숨은선
• 가는 1점쇄선 : 중심선, 기준선, 피치선
• 굵은 1점쇄선 : 특수지정선
• 가는 2점쇄선 : 가상선, 무게중심선

18 ② 19 ① 20 ② 21 ④

22 조립 부품에 대한 치수허용차를 기입할 경우 다음 중 잘못 기입한 것은?

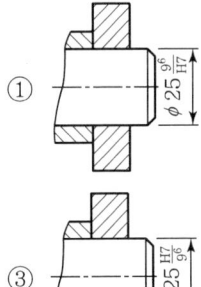
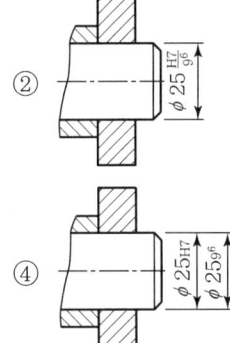

23 기계제도에서 가공 방법 기호와 그 관계가 서로 맞지 않는 것은?
① M – 밀링 가공 ② Y – 보링 가공
③ D – 드릴 가공 ④ L – 선반 가공

해설 보링 : B

24 세 줄 나사의 피치가 3mm일 때 리드는 얼마인가?
① 1mm ② 3mm
③ 6mm ④ 9mm

해설 리드(L) = 줄수(n) × 피치(p) = 3 × 3 = 9

25 다음 중 용접구조용 압연강재에 속하는 재료 기호는?
① SM 35C ② SM 400C
③ SS 400 ④ STKM 13C

26 내면 연삭기에서 내면 연삭 방식이 아닌 것은?
① 유성형 ② 보통형
③ 고정형 ④ 센터리스형

22 ① 23 ② 24 ④ 25 ② 26 ③

27 다음 중 공구재료의 구비조건으로 맞지 않는 것은?
① 마찰계수가 작을 것
② 높은 온도에서는 경도가 낮을 것
③ 내 마멸성이 클 것
④ 형상을 만들기 쉽고 가격이 저렴할 것

28 다음 중 정밀도가 가장 높은 가공면을 얻을 수 있는 가공법은?
① 호닝
② 래핑
③ 평삭
④ 브로칭

29 밀링에서 홈, 좁은 평면, 윤곽가공, 구멍가공 등에 적합한 공구는?
① 엔드밀
② 정면 커터
③ 메탈 소
④ 총형 커터

30 선반작업에서 단면가공이 가능하도록 보통 센터의 원추형 부분을 축방향으로 반을 제거하여 제작한 센터는?
① 하프 센터
② 파이프 센터
③ 베어링 센터
④ 평 센터

[제3과목] 기계공작법

31 다음 중 연삭숫돌의 구성 3요소가 아닌 것은?
① 입자
② 결합제
③ 형상
④ 기공

　해설　연삭숫돌 바퀴의 구성 중 3대 요소 : 입자, 결합제, 기공

27 ② 　28 ② 　29 ① 　30 ① 　31 ③

32 구성인선(Built-up Edge)의 방지대책으로 틀린 것은?

① 절삭 깊이를 작게 할 것
② 경사각을 크게 할 것
③ 윤활성이 좋은 절삭유제를 사용할 것
④ 마찰계수가 큰 절삭공구를 사용할 것

 구성인선(Built-up Edge)을 감소시키는 방법
- 고속절삭(120m/min 이상)을 한다.
- 윗면 경사각을 크게 한다.
- 충분한 절삭유를 공급한다.
- 고온가공(재결정 온도 이상)을 한다. 절삭 깊이를 적게 한다.

33 선반에서 심압대에 고정하여 사용하는 것은?

① 바이트   ② 드릴   ③ 이동형 방진구   ④ 면판

34 대형이며 중량의 가공물의 강력한 중절삭에 가장 적합한 밀링 머신은?

① 만능 밀링 머신
② 수직 밀링 머신
③ 플레이너형 밀링 머신
④ 공구 밀링 머신

35 단조나 주조품에 볼트 또는 너트를 체결할 때 접촉부가 밀착되게 하기 위하여 구멍 주위를 평탄하게 하는 가공방법은?

① 스폿 페이싱   ② 카운터 싱킹   ③ 카운터 보링   ④ 보링

36 드릴에 대한 설명으로 틀린 것은?

① 표준 드릴의 날끝각은 120°이다.
② 웨브는 트위스트 드릴 홈 사이의 좁은 단면 부분이다.
③ 드릴의 지름이 13mm 이하인 것은 곧은 자루다.
④ 드릴의 몸통은 백 테이퍼(Back Taper)로 만든다.

37 선반에서 주축의 회전수가 1,000rpm일 경우 외경 50mm를 절삭할 때의 절삭속도는 약 몇 m/min인가?

① 1.571   ② 15.71   ③ 157.1   ④ 1,571

 $V = \dfrac{\pi DN}{1,000} = \dfrac{3.14 \times 50 \times 1,000}{1,000} = 157 \text{m/min}$

32 ④ 33 ② 34 ③ 35 ① 36 ① 37 ③

38 축보다 큰 링이 축에 걸쳐 회전하며 고속 주축에 급유를 균등하게 할 목적으로 사용하는 윤활제 급유법으로 가장 적합한 것은?
① 적하 급유 ② 오일링 급유
③ 분무 급유 ④ 핸드 급유

39 밀링 작업에서 떨림(Chattering)이 발생할 경우에 나타나는 현상으로 틀린 것은?
① 공작물의 가공면을 거칠게 한다. ② 공구 수명을 단축시킨다.
③ 생산능률을 저하시킨다. ④ 치수 정밀도를 향상시킨다.

40 다음 중 '측정 대상 부품은 측정기의 측정 축과 일직선 위에 놓여 있으면 측정 오차가 적어진다.'는 원리는?
① 윌라스톤의 원리 ② 아베의 원리
③ 아보트 부하곡선의 원리 ④ 히스테리시스차의 원리

[제4과목] CNC 공작법 및 안전관리

41 다음 중 절삭가공 기계에 해당하지 않는 것은?
① 선반 ② 밀링머신
③ 호빙머신 ④ 프레스

42 부품 측정의 일반적인 사항을 설명한 것으로 틀린 것은?
① 제품의 평면도는 정반과 다이얼 게이지나 다이얼 테스트 인디케이터를 이용하여 측정할 수 있다.
② 제품의 진원도는 V블록 위나 양센터 사이에 설치한 후 회전시켜 다이얼 테스트 인디케이터를 이용하여 측정할 수 있다.
③ 3차원 측정기는 몸체 및 스케일, 측정침, 구동장치, 컴퓨터 등으로 구성되어 있다.
④ 우연오차는 측정기의 구조, 측정압력, 측정온도 등에 의하여 생기는 오차이다.

38 ② 39 ④ 40 ② 41 ④ 42 ④

43 CNC 선반에서 G99명령을 사용하여 F0.15로 이송 지령한다. 이때, F 값의 설명으로 맞는 것은?

① 주축 1회전당 0.15mm의 속도로 이송
② 주축 1회전당 0.15m의 속도로 이송
③ 1분당 15mm의 속도로 이송
④ 1분당 15m의 속도로 이송

 G98 : 분당 이송 지령(mm/min), G99 : 회전당 이송 지령(mm/rev)

44 다음 CNC 선반의 나사가공 프로그램 (a), (b)에서 F2.0은 무엇을 지령한 것인가?

(a) G92 X29.3 Z−26.0 F2.0 ;
(b) G76 X27.62 Z−26.0 K1.19 D350 F2.0 A60 ;

① 첫 번째 절입량
② 나사부 반경치
③ 나사산의 높이
④ 나사의 리드

- G76 : 복합반복 나사절삭 사이클
- Z : 나사 끝지점 Z좌표
- K : 나사산의 높이(반경 지정)
- F : 나사의 리드
- X : 나사 끝지점 X좌표
- I : 나사의 시작점과 끝점과의 거리
- D : 첫 번째 절삭깊이(반경 지정)
- A : 나사의 각도

45 머시닝센터에서 M10×1.5의 탭 가공을 위하여 주축 회전수를 200rpm으로 지령할 경우 탭 사이클의 이송 속도로 맞는 것은?

① F300   ② F250   ③ F200   ④ F150

F = 회전수 × 피치 = 200 × 1.5 = 300

46 다음 중 명령된 블록에 한해서만 유효한 1회 유효 G-코드(One shot G-code)는?

① G90   ② G40   ③ G04   ④ G01

G04는 00그룹이다.

구분	의미	구별
유효 1회 G-Code	지령된 블록에서만 유효	"00" 그룹
모델 G-Code	동일 그룹의 다른 G-Code가 나올 때까지 유효	"00" 이외의 그룹

43 ① 44 ④ 45 ① 46 ③

47 서보 기구에서 위치와 속도의 검출을 서보 모터에 내장된 엔코더(Encoder)에 의해서 검출하는 그림과 같은 방식은?

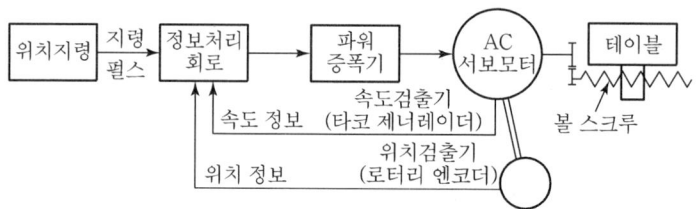

① 반폐쇄회로 방식
② 개방회로 방식
③ 폐쇄회로 방식
④ 반개방회로 방식

 개방회로(Open Loop System)
검출기나 피드백회로를 가지지 않기 때문에 정밀도가 낮아 거의 사용하지 않음

반 폐쇄 회로 방식(Semi-closed Loop System)
서보 모터에 위치 검출기와 속도 검출기가 부착되어 있어 서보모터의 회전량과 회전 속도를 검출하여 지령된 값과 비교하여 회전시킨다. 이 회로 방식의 기계 위치정도는 이송 나사의 정밀도에 달려 있다.

48 다음 그림에서 B → A로 절삭할 때의 CNC 선반 프로그램으로 맞는 것은?

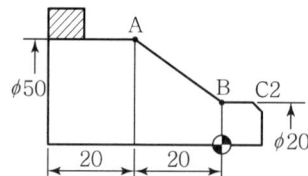

① G01 U30. W−20. ;
② G01 X50. Z20. ;
③ G01 U50. Z−20. ;
④ G01 U30. W20. ;

49 CAD/CAM 시스템에서 입력장치로 볼 수 없는 것은?

① 키보드(Keyboard)
② 스캐너(Scanner)
③ CRT 디스플레이
④ 3차원 측정기

50 머시닝센터에서 원호 보간 시 사용되는 I, J의 의미로 올바른 것은?

① I는 Y축 보간에 사용된다.
② J는 X축 보간에 사용된다.
③ 원호의 시작점에서 원호 끝까지의 벡터 값이다.
④ 원호의 시작점에서 원호 중심점까지의 벡터 값이다.

원호의 시점에서 원호의 중심점까지의 상대값 중 X축 성분값을 I로 하고, Y성분값을 J, Z성분값을 K로 한다.

47 ① 48 ① 49 ③ 50 ④

51 CNC 공작기계 작업 시 안전사항으로 틀린 것은?

① 전원은 순서대로 공급하고 차단한다.
② 칩 제거는 기계 정지 후에 한다.
③ CNC 방전 가공기에서 작업 시 가공액을 채운 후 작업을 한다.
④ 작업을 빨리 하기 위하여 안전문을 열고 작업한다.

> 해설 절삭 중에는 문을 닫고 작업을 한다.

52 선반작업 시 안전 및 유의사항에 대한 설명으로 틀린 것은?

① 일감을 측정할 때는 주축을 정지시킨다.
② 바이트를 연삭할 때는 보안경을 착용한다.
③ 홈 바이트는 가능한 길게 고정한다.
④ 바이트는 주축을 정지시킨 다음 설치한다.

53 다음 CNC 선반 프로그램에서 지름이 30mm인 지점에서의 주축 회전수는 몇 rpm인가?

```
G50 X100. Z100. S1500 T0100 ;
G96 S160 M03 ;
G00 X30. Z3. T0303 ;
```

① 1,698
② 1,500
③ 1,000
④ 160

 $N = \dfrac{1,000 \times V}{\pi d} = \dfrac{1,000 \times 160}{3.14 \times 30} = 1,698\,\mathrm{rpm}$ 이지만 G50에서 주축 최고 회전수를 1,500rpm으로 지정했으므로 1,500rpm이다.

54 CNC 선반에서 일감의 외경을 지령치 X55.0으로 가공한 후 측정한 결과가 φ54.96이었다. 기존의 X축 보정값이 0.004라고 하면 보정값을 얼마로 수정해야 하는가?

① 0.036
② 0.044
③ 0.04
④ 0.08

> 해설 55.004 − 54.96 = 0.044

51 ④ 52 ③ 53 ② 54 ②

55 CNC 공작기계에서 일시적으로 운전을 중지하고자 할 때 보조 기능, 주축 기능, 공구 기능은 그대로 수행되면서 프로그램 진행이 중지되는 버튼은?

① 사이클 스타트(Cycle Start) ② 취소(Cancel)
③ 머신 레디(Machine Ready) ④ 이송 정지(Feed Hold)

56 간단한 프로그램을 편집과 동시에 시험적으로 실행할 때 사용하는 모드 선택 스위치는?

① 반자동 운전(MDI) ② 자동운전(AUTO)
③ 수동 이송(JOG) ④ DNC 운전

57 머시닝센터에서 공구지름 보정취소와 공구길이 보정취소를 의미하는 준비기능으로 맞는 것은?

① G40, G49 ② G41, G49
③ G40, G43 ④ G41, G80

해설
- G40 : 지름 보정 취소
- G41 : 좌측 보정
- G42 : 우측 보정
- G43 : 공구길이 보정(+) 보정
- G44 : 공구길이 보정(−) 보정
- G49 : 공구길이 보정 취소

58 다음의 보조 기능(M 기능) 중 주축의 회전 방향과 관계되는 것은?

① M02 ② M04 ③ M08 ④ M09

해설
- M05 : 주축 정지
- M04 : 주축 역회전
- M08 : 절삭유 ON

59 CNC 선반의 단일형 고정 사이클(G90)에서 테이퍼(기울기) 값을 지령하는 어드레스(Address)는?

① O ② P ③ Q ④ R

60 일반적으로 CNC 선반에서 절삭동력이 전달되는 스핀들축으로 주축과 평행한 축은?

① X축 ② Y축 ③ Z축 ④ A축

55 ④ 56 ① 57 ① 58 ② 59 ④ 60 ③

SECTION 03 | 컴퓨터응용선반기능사

[제1과목] 기계재료 및 요소

01 주철의 성장원인이 아닌 것은?

① 흡수한 가스에 의한 팽창
② Fe_3C의 흑연화에 의한 팽창
③ 고용 원소인 Sn의 산화에 의한 팽창
④ 불균일한 가열에 의해 생기는 파열 팽창

 주철의 성장
주철에 나타내는 Fe_3C는 불안정하여 가열하면 Fe와 흑연으로 되고 부피가 커진다. 그러므로 A1(723℃)점 상하(650~950℃)로 가열과 냉각을 반복하면 부피가 늘어나는 현상이 발생하는데 이것을 주철의 성장이라 한다.
㉠ 성장 원인
  • 시멘타이트(Fe_3C) 분해에 의한 팽창
  • A1 변태에 의한 부피의 팽창
  • 산화에 의한 팽창(Si 산화)
  • 고르지 못한 가열로 갈림(균열)이 생기는 팽창
㉡ 성장 방지법
  • Cr과 같은 C와 결합하기 쉬운 원소를 첨가(시멘타이트의 분해를 방지)할 것
  • 산화하기 쉬운 Si를 적게 쓰고 대신 Ni를 첨가할 것

02 강을 절삭할 때 쇳밥(Chip)을 잘게 하고 피삭성을 좋게 하기 위해 황, 납 등의 특수원소를 첨가하는 강은?

① 레일강 ② 쾌삭강 ③ 다이스강 ④ 스테인리스강

03 일반적으로 경금속과 중금속을 구분하는 비중의 경계는?

① 1.6 ② 2.6 ③ 3.6 ④ 4.5

비중 4.5를 기준으로 이하를 경금속, 이상을 중금속이라고 한다.(알루미늄 2.7, 마그네슘 1.74, 베릴륨 1.85, 주석 7.3)

04 열처리방법 중에서 표면경화법에 속하지 않는 것은?

① 침탄법 ② 질화법
③ 고주파경화법 ④ 항온열처리법

1 ③ 2 ② 3 ④ 4 ④

05 황동의 자연균열 방지책이 아닌 것은?

① 온도 180~250℃에서 응력제거 풀림 처리
② 도료나 안료를 이용하여 표면 처리
③ Zn 도금으로 표면 처리
④ 물에 침전 처리

06 열경화성 수지가 아닌 것은?

① 아크릴수지 ② 멜라민수지
③ 페놀수지   ④ 규소수지

07 알루미늄의 특성에 대한 설명으로 틀린 것은?

① 내식성이 좋다.   ② 열전도성이 좋다.
③ 순도가 높을수록 강하다. ④ 가볍고 전연성이 우수하다.

08 스프링을 사용하는 목적이 아닌 것은?

① 힘 축적   ② 진동 흡수
③ 동력 전달   ④ 충격 완화

09 저널 베어링에서 저널의 지름이 30mm, 길이가 40mm, 베어링의 하중이 2,400N일 때 베어링의 압력[N/mm²]은?

① 1   ② 2   ③ 3   ④ 4

 베어링 하중 $P = P_a dl = 2 \times 30 \times 40 = 2,400[N]$

∴ 베어링 압력 $P_a = \dfrac{P}{dl} = \dfrac{2,400}{30 \times 40} = 2[N/mm^2]$

10 축에 키 홈을 파지 않고 축과 키 사이의 마찰력만으로 회전력을 전달하는 키는?

① 새들 키   ② 성크(Sunk) 키
③ 반달 키   ④ 둥근 키

5 ④ 6 ① 7 ③ 8 ③ 9 ② 10 ①

11 웜 기어에서 웜이 3줄이고 웜휠의 잇수가 60개일 때의 속도비는?

① 1/10   ② 1/20   ③ 1/30   ④ 1/60

 속도비$(i) = \dfrac{Z_w}{Z_q} = \dfrac{3}{60} = \dfrac{1}{20}$

- 속도비 : i
- 웜의 줄수 : Z_w
- 웜기어의 잇수 : Z_q

12 시편의 표점거리가 40mm이고 지름이 15mm일 때 최대하중이 6kN에서 시편이 파단되었다면 연신율은 몇 %인가?(단, 연신된 길이는 10mm이다.)

① 10   ② 12.5
③ 25   ④ 30

 연신율 = $\dfrac{\text{늘어난 길이} - \text{원래 길이}}{\text{원래 길이}} \times 100$

$= \dfrac{40-50}{10} \times 100 = 25$

13 비틀림 모멘트를 받는 회전축으로 치수가 정밀하고 변형량이 적어 주로 공작기계의 주축에 사용하는 축은?

① 차축   ② 스핀들
③ 플렉시블축   ④ 크랭크축

14 나사를 기능상으로 분류했을 때 운동용 나사에 속하지 않는 것은?

① 볼나사   ② 관용나사
③ 둥근 나사   ④ 사다리꼴나사

해설 ② 관용나사 : 밀폐용 나사

15 부품의 위치결정 또는 고정 시에 사용되는 체결요소가 아닌 것은?

① 핀(Pin)   ② 너트(Nut)
③ 볼트(Bolt)   ④ 기어(Gear)

11 ②   12 ③   13 ②   14 ②   15 ④

[제2과목] 기계제도(절삭부분)

16 기계제도에서 치수 기입 원칙에 관한 설명 중 틀린 것은?
① 기능, 제작, 조립 등을 고려하여 필요한 수치를 명료하게 도면에 기입한다.
② 치수는 되도록 주 투상도에 집중한다.
③ 치수의 자릿수가 많은 경우 3자리마다 "," 표시를 하여 자릿수를 명료하게 한다.
④ 길이의 치수는 원칙으로 mm 단위로 하고 단위 기호는 붙이지 않는다.

17 아래 그림과 같은 표면의 결 표시기호에서 가공 방법은?
① 밀링
② 면삭
③ 선삭
④ 줄다듬질

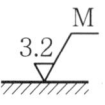

선반	L	호닝	GH
드릴	D	액체호닝	SPL
보링	B	배럴	SPBR
밀링	M	버프	FB
평삭	P	블라스트	SB
형삭	SH	래핑	FL
브로칭	BR	줄	FF
리머	FR	스크레이퍼	FS
연삭	G	페이퍼	FCA
포연	GB	주조	C

18 그림과 같은 입체도에서 화살표 방향 투상도로 가장 적합한 것은?

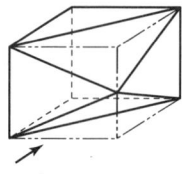

①    ②
③    ④

16 ③   17 ①   18 ①

19 그림과 같은 도면에서 데이텀 표적 도시기호의 의미로 옳은 것은?

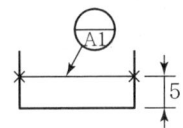

① 두 개의 X를 연결한 선의 데이텀 표적
② 두 개의 점 데이텀 표적
③ 두 개의 X를 연결한 선을 반지름으로 하는 원의 데이텀 표적
④ 10mm 높이의 직사각형 영역의 면 데이텀 표적

20 투상한 대상물의 일부를 파단한 경계 또는 일부를 떼어낸 경계를 표시하는 데 사용하는 선은?

① 절단선   ② 파단선   ③ 가상선   ④ 특수 지정선

- 굵은 실선 : 외형선
- 가는 실선 : 치수선, 치수보조선, 지시선, 회전단면선
- 파선 : 숨은선
- 가는 1점쇄선 : 중심선, 기준선, 피치선
- 굵은 1점쇄선 : 특수지정선
- 가는 2점쇄선 : 가상선, 무게중심선

21 그림과 같은 도면에서 대각선으로 교차한 가는 실선 부분은 무엇을 나타내는가?

① 취급 시 주의 표시
② 다이아몬드 형상을 표시
③ 사각형 구멍 관통
④ 평면이란 것을 표시

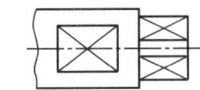

 평면으로 가공해야 할 곳은 대각선 방향(X)으로 가는 실선으로 교차하여 표시한다. 치수보조기호는 아니다.

22 치수 공차 및 끼워 맞춤에 관한 용어 설명 중 틀린 것은?

① 허용한계 치수 : 형체의 실 치수가 그 사이에 들어가도록 정한 허용할 수 있는 대소 2개의 극한의 치수
② 기준 치수 : 위 치수 허용차 및 아래 치수 허용차를 적용하는 데 따라 허용한계 치수가 주어지는 기준이 되는 치수
③ 공차 등급 : 치수공차 방식 · 끼워 맞춤 방식으로 전체의 기준 치수에 대하여 동일 수준에 속하는 치수 공차의 한 그룹
④ 최대 실체 치수 : 형체의 실체가 최대가 되는 쪽의 허용 한계치수로서 내측 형체에 대해서는 최대허용치수, 외측 형체에 대해서는 최소허용치수를 의미

23 나사의 각 부분을 표시하는 선에 관한 설명으로 맞는 것은?

① 수나사의 골지름과 암나사의 골지름은 굵은 실선으로 표시한다.
② 완전 나사부와 불완전 나사부의 경계는 가는 실선으로 표시한다.
③ 나사의 골면에서 본 투상도에서는 나사의 골 밑은 굵은 실선으로 그린 원주의 3/4에 거의 같은 원의 일부로 표시한다.
④ 수나사의 바깥지금과 암나사의 안지름은 굵은 실선으로 표시한다.

24 보기와 같은 맞춤판에서 호칭지름은 몇 mm인가?

① 13mm
② 6mm
③ 10mm
④ 30mm

> 맞춤판 KS B 1310−6×3−A−St

25 그림과 같은 도면은 무슨 기어의 맞물리는 기어 간략도인가?

① 헬리컬 기어
② 베벨 기어
③ 웜 기어
④ 스파이럴 베벨 기어

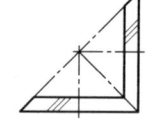

> 해설 : 그림은 스파이럴 베벨 기어의 생략도이다. 기어의 이 모양이 직선인 경우는 스큐어 베벨 기어이다.

26 나사의 유효지름 측정과 관계없는 것은?

① 삼침법
② 피치게이지
③ 공구현미경
④ 나사 마이크로미터

27 피복초경합금 공구의 재료가 아닌 것은?

① TiC
② Fe_2C
③ TiN
④ Al_2O_3

▶ 23 ④ 24 ② 25 ④ 26 ② 27 ②

28 선반을 이용하여 가공할 수 있는 가공의 종류와 거리가 먼 것은?
① 홈 가공
② 단면 가공
③ 기어 가공
④ 나사 가공

해설 ③ 기어 가공＝호빙머신

29 다음 중 절삭 유제의 사용목적이 아닌 것은?
① 공구인선을 냉각시킨다.
② 가공물을 냉각시킨다.
③ 공구의 마모를 크게 한다.
④ 칩을 씻어주고 절삭부를 닦아 준다.

30 밀링머신에서 생산성을 향상시키기 위한 절삭속도 선정방법으로 올바른 것은?
① 추천 절삭속도보다 약간 낮게 설정하는 것이 커터의 수명을 연장할 수 있어 좋다.
② 거친 절삭에서는 절삭속도를 빠르게, 이송을 빠르게, 절삭 깊이를 깊게 선정한다.
③ 다음 절삭에서는 절삭속도를 느리게, 이송을 빠르게, 절삭 깊이를 얕게 선정한다.
④ 가공물의 재질은 절삭속도와 상관없다.

[제3과목] 기계공작법

31 연삭숫돌의 크기(규격) 표시의 순서가 올바른 것은?
① 바깥지름×구멍지름×두께
② 두께×바깥지름×구멍지름
③ 구멍지름×바깥지름×두께
④ 바깥지름×두께×구멍지름

32 호닝에 대한 특징이 아닌 것은?
① 구멍에 대한 진원도, 진직도 및 표면 거칠기를 향상시킨다.
② 숫돌의 길이는 가공 구멍 길이의 1/2 이상으로 한다.
③ 혼은 회전 운동과 축방향 운동을 동시에 시킨다.
④ 치수 정밀도는 3~10μm로 높일 수 있다.

28 ③ 29 ③ 30 ① 31 ④ 32 ②

33 선반에서 구멍이 뚫린 일감의 바깥 원통면을 동심원으로 가공할 때 사용하는 부속품은?

① 방진구　　② 돌림판　　③ 면판　　④ 맨드릴

해설 센터 작업용 부속품
- 센터 : Center는 보통 강으로 센터 끝의 각도는 60°, 대형에는 75°, 90°의 것이 사용된다.
- 센터드릴 : 일감에 센터의 끝이 들어가는 구멍을 뚫는 드릴
- 돌림판과 돌림개 : 주축의 회전을 일감에 전달하기 위해 사용
- 면판 : 돌림판과 비슷하지만 돌림판보다 크며, 일감을 직접 또는 Angle Plate 등을 이용하여 볼트로 고정
- 맨드릴 : 기어, 벨트풀리 등의 소재와 같이 구멍을 뚫는 일감의 원통면이나 옆면을 센터작업할 때 구멍에 맨드릴(Mandrel)을 끼우고 고정. 맨드릴을 센터로 지지
- 방진구(Wark Rest) : 가늘고 긴 일감이 절삭력과 자중에 의해 휘거나 처짐이 일어나는 것을 방지. 지름보다 20배 긴 공작물

34 드릴을 재연삭할 경우에 대한 설명으로 틀린 것은?

① 절삭날의 좌우 길이를 같게 한다.
② 절삭날의 여유각을 일감의 재질에 맞게 한다.
③ 절삭날의 중심선과 이루는 날끝 반각을 같게 한다.
④ 드릴의 날끝각 검사는 센터 게이지를 사용한다.

35 작업대 위에 설치해야 할 만큼의 소형 선반으로 시계 부품, 재봉틀 부품 등의 소형물을 주로 가공하는 선반은?

① 탁상선반　　② 정면선반　　③ 터릿선반　　④ 공구선반

36 지름이 250mm인 연삭숫돌로 지름 20mm인 일감을 연삭할 때 숫돌바퀴의 회전수는 얼마인가?(단, 숫돌바퀴 원주속도는 1,800m/min)

① 2,575rpm　　② 2,363rpm　　③ 2,292rpm　　④ 2,124rpm

해설 $N = \dfrac{1,000 \times V}{\pi d} = \dfrac{1,000 \times 1,800}{3.14 \times 250} = 2,292 \text{rpm}$

37 길이 측정에 사용되는 공구가 아닌 것은?

① 버니어 캘리퍼스　　② 사인바
③ 마이크로미터　　④ 측장기

해설 ② 사인바 : 각도 측정

33 ④　34 ④　35 ①　36 ③　37 ②

38 탭의 종류 중 파이프 탭(Pipe Tap)으로 가능한 작업으로 적합하지 않은 것은?

① 오일 캡
② 리머의 가공
③ 가스 파이프 또는 파이프 이름
④ 기계 결합용 암나사 가공

39 밀링 머신의 부속장치가 아닌 것은?

① 면판　　② 분할대　　③ 슬로팅 장치　　④ 래크 절삭장치

 ① 면판 : 선반 – 불규칙한 공작물 고정용

40 다음 중 구성인선(Built–up Edge)을 방지하기 위한 가공조건으로 틀린 것은?

① 절삭 깊이를 작게 할 것
② 경사각을 작게 할 것
③ 윤활성이 있는 절삭유제를 사용할 것
④ 절삭속도를 크게 할 것

 구성인선(Built–up Edge) 감소시키는 방법
- 고속절삭(120m/min 이상)을 한다.
- 윗면 경사각을 크게 한다.
- 충분한 절삭유를 공급한다.
- 고온가공(재결정 온도 이상)을 한다.
- 절삭 깊이를 적게 한다.

[제4과목] CNC 공작법 및 안전관리

41 밀링 머신을 이용한 가공에서 상향 절삭과 비교하여 하향 절삭의 특징으로 틀린 것은?

① 공구 날의 마멸이 적고 수명이 길다.
② 절삭날 자리 간격이 깊고, 가공면이 거칠다.
③ 절삭된 칩이 가공된 면 위에 쌓이므로, 가공면을 잘 볼 수 있다.
④ 커터 날이 공작물을 누르며 절삭하므로 공작물의 고정이 쉽다.

하향 절삭(내려깎기)	상향 절삭(올려깎기)
• 날 마멸이 적고 수명 향상	• 기계에 무리가 적음
• 일감 고정 간편	• 날이 잘 부러지지 않음
• 날 자리의 간격이 짧고 가공면이 깨끗함	• 절삭 열로 인한 치수 불량이 적음
• 칩이 가공면 위에 쌓여 시야가 좋지 않음	• 백래시가 자연히 제거
• 기계에 무리가 감	• 날 마멸이 크고 수명 단축
• 날이 부러지기 쉬움	• 일감 고정이 어려움
• 절삭열 발생, 치수 불량	• 날 자리의 간격이 크고 가공면이 거침
• 백래시 제거장치 필요	• 가공면을 잘 볼 수 없음

38 ② 39 ① 40 ② 41 ②

42 특정한 모양이나 같은 치수의 제품을 대량 생산할 때 적합한 것으로 구조가 간단하고 조작이 편리한 공작기계는?

① 범용 공작기계 ② 전용 공작기계
③ 단능 공작기계 ④ 만능 공작기계

43 머시닝센터에서 프로그램에 의한 보정량을 입력할 수 있는 기능은?

① G33 ② G24
③ G10 ④ G04

44 CNC 선반 프로그램에서 막깎기 가공 사이클로 지정 후 다듬질 가공 사이클(G70)로 마무리하는 가공 사이클 기능이 아닌 것은?

① G71 ② G72
③ G73 ④ G74

> 해설 G72, G72, G73의 막깎기 가공 후 G70으로 다듬질 가공을 하여야 한다.

45 CNC 프로그램에서 공구의 인선 반지름(R) 보정 기능이 가장 필요한 CNC 공작기계는?

① CNC 밀링 ② CNC 선반
③ CNC 호빙머신 ④ CNC 와이어 컷 방전가공기

46 다음과 같은 CNC 선반의 외경 가공용 프로그램에서 공구가 공작물의 외경 30mm 부위에 도달했을 때 주축 회전수는 약 몇 rpm인가?

① 1,690
② 1,910
③ 2,000
④ 1,540

```
G69  S180 M03 ;
```

> 해설 $N = \dfrac{1,000 \times V}{\pi d} = \dfrac{1,000 \times 180}{3.14 \times 30} = 1,910 \mathrm{rpm}$

42 ② 43 ③ 44 ④ 45 ② 46 ②

47 기계의 일상 점검 중 매일 점검에 가장 가까운 것은?

① 소음상태 점검
② 기계의 레벨 점검
③ 기계의 정적정밀도 점검
④ 절연상태 점검

48 CNC 선반에서 복합 반복 사이클(G71)로 거친 절삭면을 지령하려고 한다. 각 주소(Address)의 설명으로 틀린 것은?

> G71 U(Δd) R(e) ;
> G71 P(ns) Q(nf) U(Δu) W(Δw) F(f) ;
> 또는
> G71 P(ns) Q(nf) U(Δu) W(Δw) D(Δd) F(f) ;

① Δu : X축 방향 다듬질 여유료 지름값으로 지정
② Δw : Z 축 방향 다듬질 여유
③ Δd : Z축 1회 절입량으로 지름값으로 지정
④ F : G71 블록에서 지령된 이송속도

49 머시닝센터에서 작업평면이 Y-Z축 평면일 때 지령되어야 할 코드는?

① G17
② G18
③ G19
④ G20

 ① G17 : X-Y축 평면
② G18 : Z-X축 평면
③ G19 : Y-Z축 평면

50 CNC 프로그램에서 지령된 블록에서만 유효한 G코드(One Shot G 코드)는?

① G00
② G04
③ G17
④ G41

 One Shot(00그룹)
G04, G05, G10, G11, G27, G28, G30, G31, G36, G37, G39, G65, G73~G78, G92

47 ① 48 ③ 49 ③ 50 ②

51 다음 그림의 A(10, 20)에서 시계 방향으로 360° 원호가공을 하려고 할 때 맞게 명령한 것은?

① G02 X10. R10. ;
② G03 X10. R10. ;
③ G02 I10. ;
④ G03 I10. ;

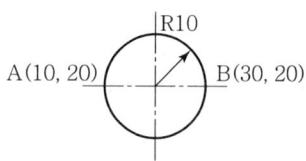

52 선반 작업 시 일반적인 안전 수칙으로 잘못된 것은?

① 작업 중 일감이 튀어오지 않도록 확실히 고정시킨다.
② 작업 중 회전 공작물에 말려들지 않도록 복장을 단정하게 한다.
③ 절삭 가공을 할 때에는 반드시 보안경을 착용하여 눈을 보호한다.
④ 바이트는 가공시간의 절약을 위해 가공 중에 교환한다.

53 머시닝센터 작업 시 안전 및 유의사항으로 틀린 것은?

① 기계원점 복귀는 급속이송으로 한다.
② 가공하기 전에 공구경로 반드시 확인을 한다.
③ 공구 교환시 ATC의 작동 역역에 접근하지 않는다.
④ 항상 비상 정지 버튼을 작동시킬 수 있도록 준비한다.

54 절삭 공구 재료로 사용되며 TiC를 주체로 하고 TiN, TiCN 등의 탄화물을 초미립화하여 소결시킨 합금은?

① 초경합금
② 세라믹(Ceramic)
③ 서멧(Cermet)
④ CBN(Cubic Boron Nitride)

55 CNC 프로그램에서 공구기능에 속하는 어드레스는?

① G
② F
③ T
④ M

> 해설 G : 준비기능, F : 이송기능, T : 공구기능, M : 보조기능

51 ③   52 ④   53 ①   54 ③   55 ③

56 CNC 선반에서 공구 위치가 그림과 같을 때 좌표계 설정으로 올바른 것은?

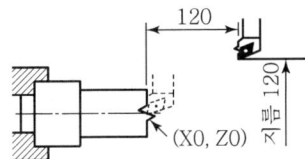

① G50 X120. Z120. ;
② G50 X240. Z120. ;
③ G50 X120. Z240. ;
④ G54 X120. Z120. ;

57 DNC 시스템의 구성요소가 아닌 것은?
① CNC 공작기계
② 중앙 컴퓨터
③ 통신선
④ 플로터

58 머시닝센터에서 가공물의 고정시간을 줄여 생산성을 높이기 위하여 부착하는 장치를 의미하는 약어는?
① FA
② ATC
③ FMS
④ APC

59 CNC 공작기계에서 작업을 수행하기 위한 제어방식이 아닌 것은?
① 윤곽절삭 제어
② 평면절삭 제어
③ 직선절삭 제어
④ 위치결정 제어

60 다음 보기에서 기능 취소를 나타내는 준비 기능을 모두 고른 것은?

| (A) G40 | (B) G70 | (C) G90 |
| (D) G28 | (E) G49 | (F) G80 |

① (B), (C), (D)
② (A), (C), (E)
③ (B), (D), (F)
④ (A), (E), (F)

해설
- G40 : 지름 보정 취소
- G49 : 공구길이 보정 취소
- G80 : 고정사이클 취소
- G28 : 자동원점 복귀
- G90 : 절대지령
- G70 : 다듬질 사이클

56 ① 57 ④ 58 ④ 59 ② 60 ④

SECTION 04 컴퓨터응용선반기능사

[제1과목] 기계재료 및 요소

01 Cr 10~11%, Co 26~58%, Ni 10~16%를 함유하는 철합금으로 온도 변화에 대한 탄성률의 변화가 극히 적고 공기 중이나 수중에서 부식되지 않으며 스프링, 태엽, 기상관측용 기구의 부품에 사용되는 불변강은?

① 인바(Invar)　　　　　　　② 코엘린바(Coelinvar)
③ 퍼멀로이(Permalloy)　　　④ 플래티나이트(Platinite)

02 주철의 흑연화를 촉진시키는 원소가 아닌 것은?

① Al　　　　　② Mn
③ Ni　　　　　④ Si

03 설계도면에 SM40C로 표시된 부품이 있다. 어떤 재료를 사용해야 하는가?

① 인장강도가 40MPa인 일반구조용 탄소강
② 인장강도가 40MPa인 기계구조용 탄소강
③ 탄소를 0.37~0.43% 함유한 일반구조용 탄소강
④ 탄소를 0.37~0.43% 함유한 기계구조용 탄소강

04 담금질한 탄소강을 뜨임 처리하면 어떤 성질이 증가되는가?

① 강도　　② 경도　　③ 인성　　④ 취성

05 철강 재료에 관한 올바른 설명은?

① 용광로에서 생산된 철은 강이다.
② 탄소강은 탄소 함유량이 3.0~4.3% 정도이다.
③ 합금강은 탄소강에 필요한 합금 원소를 첨가한 것이다.
④ 탄소강의 기계적 성질에 가장 큰 영향을 끼치는 원소는 규소(Si)이다.

1 ②　2 ②　3 ④　4 ③　5 ③

06 주조경질합금의 대표적인 스텔라이트의 주성분을 올바르게 나타낸 것은?

① 몰리브덴 – 바나듐 – 탄소 – 티탄
② 크롬 – 탄소 – 니켈 – 마그네슘
③ 탄소 – 텅스텐 – 크롬 – 알루미늄
④ 코발트 – 크롬 – 텅스텐 – 탄소

07 강괴를 탈산 정도에 따라 분류할 때 이에 속하지 않는 것은?

① 림드강 ② 세미 림드강 ③ 킬드강 ④ 세미 킬드강

08 구름베어링 중에서 볼베어링의 구성요소와 관련이 없는 것은?

① 외륜 ② 내륜
③ 니들 ④ 리테이너

09 평기어에서 피치원의 지름이 132mm, 잇수가 44개인 기어의 모듈은?

① 1 ② 3 ③ 4 ④ 6

해설 $M = \dfrac{D}{Z} = \dfrac{132}{44} = 3$

10 나사 및 너트의 이완을 방지하기 위하여 주로 사용되는 핀은?

① 테이퍼 핀 ② 평행 핀 ③ 스프링 핀 ④ 분할 핀

11 그림에서 응력집중 현상이 일어나지 않는 것은?

①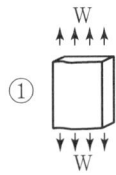
②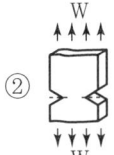
③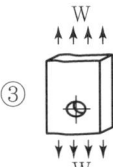
④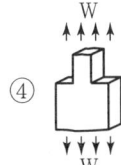

6 ④ 7 ② 8 ③ 9 ② 10 ④ 11 ①

12 압축코일스프링에서 코일의 평균지름(D)이 50mm, 감김 수가 10회, 스프링지수가 5.0일 때 스프링 재료의 지름은 약 몇 mm인가?

① 5
② 10
③ 15
④ 20

13 나사결합부에 진동하중이 작용하던가, 심한 하중 변화가 있으면 어느 순간에 너트는 풀리기 쉽다. 너트의 풀림 방지법으로 사용하지 않는 것은?

① 나비 너트
② 분할 핀
③ 로크 너트
④ 스프링 와셔

14 나사에 관한 설명으로 옳은 것은?

① 1줄 나사와 2줄 나사의 리드(Lead)는 같다.
② 나사의 리드각과 비틀림각의 합은 90°이다.
③ 수나사의 바깥지름은 암나사의 안지름과 같다.
④ 나사의 크기는 수나사의 골지름으로 나타낸다.

15 체인 전동의 특징으로 잘못된 것은?

① 고속 회전의 전동에 적합하다.
② 내열성·내유성·내습성이 있다.
③ 큰 동력 전달이 가능하고 전동 효율이 높다.
④ 미끄럼이 없고 정확한 속도비를 얻을 수 있다.

12 ② 13 ① 14 ② 15 ①

[제2과목] 기계제도(절삭부분)

16 제3각법으로 투상된 그림과 같은 투상도에서 평면도로 가장 적합한 것은?

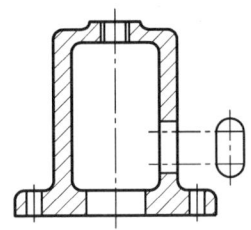

17 그림과 같이 물체의 구멍, 홈 등 특정 부위만의 모양을 도시하는 투상도의 명칭은?

① 보조 투상도 ② 국부 투상도
③ 전개 투상도 ④ 회전 투상도

18 표면거칠기 지시방법에서 '제거가공을 허용하지 않는다.'는 것을 지시하는 것은?

① ∨   ② ⌄
③ 6.3/∨   ④ 6.3/⌄

19 기계제도 도면에 사용되는 가는 실선의 용도로 틀린 것은?

① 치수보조선   ② 치수선
③ 지시선   ④ 피치선

- 해칭선 : 가는 실선으로 도시하며 절단면 등을 명시하기 위하여 쓰는 선
- 피치선 : 가는 일점쇄선으로 도시하며 기어나 스프로킷 등의 부분에 기입하는 피치원이나 피치선, 방향을 변화시킬 때에는 끝을 굵게 이동하는 부분의 이동 위치를 참고로 표시하는 선
- 파단선 : 가는 실선으로 불규칙하게 도시하며 물체의 일부를 파단한 곳을 표시하는 선 또는 끊어낸 부분을 표시하는 선

16 ② 17 ② 18 ② 19 ④

20 그림과 같은 암나사 관련부분의 도시 기호에 대한 설명으로 틀린 것은?

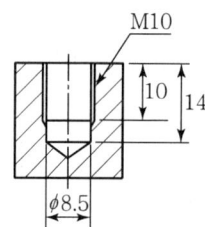

① 드릴의 지름은 8.5mm
② 암나사의 안지름은 10mm
③ 드릴 구멍의 깊이는 14mm
④ 유효 나사부의 길이는 10mm

21 기계제도에서 최대 실체공차 방식의 기호는?

① Ⓝ   ② Ⓛ
③ Ⓜ   ④ Ⓟ

22 상용하는 공차역에서 위 치수허용차와 아래 치수허용차의 절댓값이 같은 것은?

① H   ② js   ③ h   ④ E

23 베어링 호칭번호가 '6308 Z NR'로 되어 있을 때 각각의 기호 및 번호에 대한 설명으로 틀린 것은?

① 63 : 베어링 계열 기호
② 08 : 베어링 안지름 번호
③ Z : 레이디얼 내부 틈새 기호
④ NR : 궤도륜 모양 기호

〔해설〕 ③ Z = 커버

24 치수숫자와 함께 사용되는 기호로 45° 모떼기를 나타내는 기호는?

① C   ② R
③ K   ④ M

20 ② 21 ③ 22 ② 23 ③ 24 ①

25 지시선의 화살표로 나타낸 중심면은 데이텀 중심평면 A에 대칭으로 0.08mm의 간격을 갖는 평행한 두 개의 평면 사이에 있어야 한다고 할 때 들어가야 할 기하공차 기호로 옳은 것은?

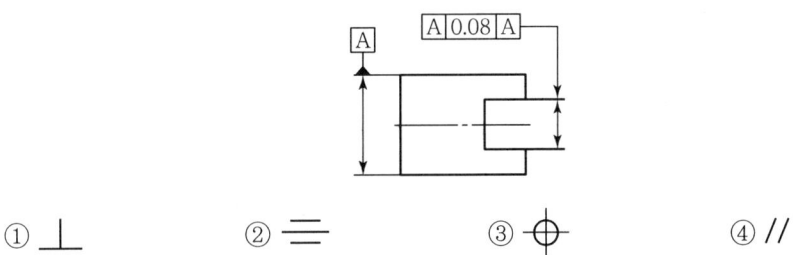

① ⊥ ② = ③ ⌖ ④ //

26 피측정물을 양 센터에 지지하고, 360° 회전시켜 다이얼 게이지의 값과 최솟값의 차이로서 진원도를 측정하는 것은?

① 직경법 ② 반경법 ③ 3점법 ④ 센터법

27 다음과 같은 숫돌바퀴의 표시에서 숫돌입자의 종류를 표시한 것은?

WA 60 K m V

① 60 ② m ③ WA ④ V

WA	60	K	m	V
입자	입도	결합도	조직	결합제

28 자동 모방장치를 이용하여 모형이나 형판을 따라 절삭하는 선반은?

① 모방선반 ② 공구선반 ③ 정면선반 ④ 터릿선반

29 절삭 저항을 변화시키는 요소에 대한 설명으로 올바른 것을 〈보기〉에서 모두 고른 것은?

> ㄱ. 절삭 면적이 커지면 절삭 저항은 감소한다.
> ㄴ. 절삭 속도가 증가하면 절삭 저항은 감소한다.
> ㄷ. 윗면 경사각이 감소하면 절삭 저항은 감소한다.
> ㄹ. 연한 재질의 일감보다는 단단한 재질일수록 절삭 저항이 커진다.

① ㄱ, ㄷ ② ㄴ, ㄹ ③ ㄱ, ㄴ, ㄷ ④ ㄴ, ㄷ, ㄹ

25 ② 26 ② 27 ③ 28 ① 29 ②

30 밀링 작업에서 하향 절삭과 비교한 상향 절삭의 특징으로 올바른 것은?

① 절삭력이 상향으로 작용하여 고정이 불리하다.
② 가공할 때 충격이 있어 높은 강성이 필요하다.
③ 절삭날의 마멸이 적고 공구수명이 길다.
④ 백래시를 제거하여야 한다.

하향 절삭(내려깎기)	상향 절삭(올려깎기)
• 날 마멸이 적고 수명 향상 • 일감 고정 간편 • 날 자리의 간격이 짧고 가공면이 깨끗함 • 칩이 가공면 위에 쌓여 시야가 좋지 않음 • 기계에 무리가 감 • 날이 부러지기 쉬움 • 절삭열 발생, 치수 불량 • 백래시 제거장치 필요	• 기계에 무리가 적음 • 날이 잘 부러지지 않음 • 절삭열로 인한 치수 불량이 적음 • 백래시가 자연히 제거 • 날 마멸이 크고 수명 단축 • 일감 고정이 어려움 • 날 자리의 간격이 크고 가공면이 거침 • 가공면을 잘 볼 수 없음

[제3과목] 기계공작법

31 호닝(Honing)에서 교차각(s)이 몇 도일 때 다듬질양이 가장 큰가?

① 10~15   ② 23~35   ③ 40~50   ④ 55~65

32 기어 가공 시 잇수 분할에 사용되는 밀링 부속장치는?

① 수직축장치   ② 분할대
③ 회전 테이블   ④ 래크 절삭장치

33 주로 일감의 평면을 가공하며, 기둥의 수에 따라 쌍주식과 단주식으로 구분하는 공작 기계는?

① 셰이퍼   ② 슬로터   ③ 플레이너   ④ 브로칭 머신

34 다음 중 공작물에 암나사를 가공하는 작업은?

① 보링 작업   ② 탭 작업
③ 리머 작업   ④ 다이스 작업

30 ①　31 ③　32 ②　33 ③　34 ②

35 회전하는 원형 테이블에 작은 공작물을 여러 개 올려놓음과 동시에 연삭할 때 주로 사용하는 평면 연삭 방식은?

① 수평 평면 연삭
② 수직 평면 연삭
③ 플런지 컷형
④ 회전 테이블 연삭

36 절삭 공구의 구비 조건으로 틀린 것은?

① 충격에 견딜 수 있는 강인성이 있을 것
② 고온에서도 경도가 감소하지 않을 것
③ 인장강도와 내마모성이 작을 것
④ 쉽게 원하는 모양으로 제작이 가능할 것

37 다음 끼워 맞춤에서 요철 틈새 0.1mm를 측정할 경우 가장 적당한 것은?

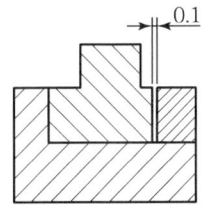

① 내경 마이크로미터
② 다이얼게이지
③ 버니어 캘리퍼스
④ 틈새게이지

38 절삭유제의 특징에 해당하지 않는 것은?

① 공구수명을 감소시키고, 절삭성능을 높여 준다.
② 공구와 칩 사이의 마찰을 감소시킨다.
③ 절삭열을 냉각시킨다.
④ 칩을 씻어주고 절삭부를 깨끗이 닦아 절삭작용을 한다.

39 일반적으로 밀링머신에서 사용하는 테이블 이송과 커터 회전당 이송으로 가장 적합한 것은?

① mm/min, mm/rev
② mm/min, mm/stroke
③ mm/min, mm/sec
④ mm/sec, mm/stroke

35 ④ 36 ③ 37 ④ 38 ① 39 ①

40 공작기계가 갖춰야 할 구비조건으로 틀린 것은?
① 높은 정밀도를 가질 것
② 가공능력이 클 것
③ 내구력이 작을 것
④ 기계효율이 좋을 것

[제4과목] CNC 공작법 및 안전관리

41 일반적인 구성인선 방지대책으로 적절하지 않은 방법은?
① 절삭 깊이를 깊게 할 것
② 경사각을 크게 할 것
③ 윤활성이 좋은 절삭유제를 사용할 것
④ 절삭속도를 크게 할 것

 절삭 깊이를 적게 할 것

42 선반 가공에서 가늘고 긴 가공물을 절삭할 때 사용하는 부속장치는?
① 돌리개
② 방진구
③ 콜릿 척(Collet Chuck)
④ 돌림판

- 면판 : 돌림판과 비슷하나 지름이 큰 경우 사용
- 방진구 : 가늘고 긴 일감이 휘는 것을 방지
- 돌리개 : 센터 작업시 주축의 회전을 일감에 전달하기 위해 사용
- 맨드릴 : 구멍이 뚫린 일감의 원통면이나 옆면을 센터 작업으로 가공

43 컴퓨터에 의한 통합 생산 시스템으로 설계·제조·생산·관리 등을 통합하여 운영하는 시스템은?
① CAM
② FMS
③ DNC
④ CIMS

- CAM(Computer Aided Manufacturing) : '컴퓨터의 지원에 의한 제조'를 말한다. 즉 CAM은 컴퓨터를 이용하여 제조공정의 생산성 향상을 꾀하는 것이다.
- DNC(Direct Numerical Control) : 중앙제어로 다수의 CNC 공작기계를 통제하는 시스템이다.
- FMS(Flexible Manufacturing System) : 공장자동화의 기반이 되는 시스템 기술로써 생산라인의 유연성이 핵심인 것이 장점이다.
- CIMS(Computer Integrated Manufacturing System) : 통합제조정보시스템으로 최근 제조기술

44 CNC 선반에서 지령값 X를 $\phi 50mm$로 가공한 후 측정한 결과 $\phi 49.97mm$이었다. 기존의 X축 보정값이 0.005라면 보정값을 얼마로 수정해야 하는가?
① 0.035
② 0.135
③ 0.025
④ 0.125

50.005 − 49.97 = 0.035

40 ③ 41 ① 42 ② 43 ④ 44 ①

45 CAD/CAM 시스템에서 입력장치에 해당되는 것은?

① 프린터   ② 플로터
③ 모니터   ④ 스캐너

46 그림과 같은 CNC 선반의 점 B에서 점 C까지 가공하는 프로그램을 올바르게 작성한 것은?

① G02 U10. W-5. R5. ;
② G02 X10. Z-5. R5. ;
③ G03 U10. W-5. R5. ;
④ G03 X10. Z-5. R5. ;

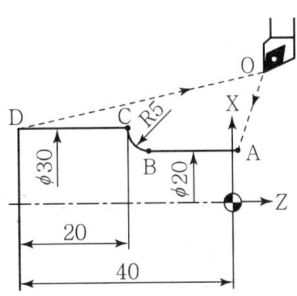

47 선반작업의 안전사항에 대한 내용 중 틀린 것은?

① 작업 중 칩의 처리는 기계를 멈추고 한다.
② 절삭공구는 될 수 있으면 길게 설치한다.
③ 면장갑을 끼고 작업해서는 안 된다.
④ 회전 중 속도를 변경할 때는 주축이 정지한 다음 변경한다.

48 선반작업에서 공작물의 가공 길이가 240mm이고, 공작물의 회전수가 1,200rpm, 이송속도가 0.2mm/rev일 때 1회 가공에 필요한 시간은 몇 분(min)인가?

① 0.2   ② 0.5
③ 1.0   ④ 2.0

49 CNC 공작기계에 대한 기계좌표계의 설명으로 올바른 것은?

① 자동 실행 중 블록의 나머지 이동거리를 표시해 준다.
② 일시적으로 좌표를 0(zero)으로 설정할 때 사용한다.
③ 전원 투입 후 기계 원점 복귀 시 이루어진다.
④ 프로그램 작성자가 임의로 정할 수 있다.

45 ④ 46 ① 47 ② 48 ③ 49 ③

50 서보기구 중 가장 널리 사용되는 다음과 같은 제어 방식은?

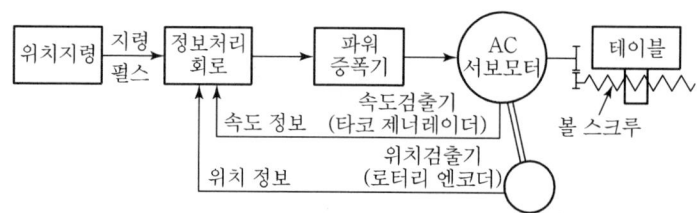

① 반폐쇄회로 방식
② 하이브리드 서보 방식
③ 개방회로 방식
④ 폐쇄회로 방식

51 CNC 공작기계가 가지고 있는 M(보조기능) 기능이 아닌 것은?

① 스핀들 정·역회전 기능
② 절삭유 On, Off 기능
③ 절삭속도 선택 기능
④ 프로그램의 선택적 정지 기능

52 CNC 선반작업 중 측정기 및 공구를 사용할 때의 안전사항으로 틀린 것은?

① 공구는 항상 기계 위에 올려놓고 정리정돈하며 사용한다.
② 측정기는 서로 겹쳐 놓지 않는다.
③ 측정 전 측정기가 맞는지 0점 세팅(Setting)한다.
④ 측정을 할 때는 반드시 기계를 정지한다.

53 CNC 선반에서 G71로 황삭가공한 후 정삭가공하려면 G코드는 무엇을 사용해야 하는가?

① G70   ② G72   ③ G74   ④ G76

54 다음은 머시닝센터에서 프로그램에 의한 보정량 입력을 나타낸 것이다. 설명으로 올바른 것은?

① P : 보정번호, R : 공구번호
② P : 보정번호, R : 보정량
③ P : 공구번호, R : 보정번호
④ P : 보정량,   R : 보정취소

G10 P ____ R ____ ;

50 ① 51 ③ 52 ① 53 ① 54 ②

55 CNC 선반 프로그램에서 주축회전수(rpm) 일정제어 G코드는?

① G96　　② G97　　③ G98　　④ G99

해설
- G96 : 원주속도 일정제어(mm/min)
- G97 : 원주속도 일정제어 취소, rpm 지정
- G98 : 분당 이송속도 지정(mm/min)
- G99 : 주출 회전당 이송속도 지정(mm/rev)

56 다음과 같은 CNC 선반의 평행나사 절삭 프로그램에서 F2.0에 대한 설명으로 맞는 것은?

```
G92 X48.7 Z-25. F2.0.
    X48.2 ;
```

① 나사의 높이 2mm　　② 나사의 리드 2mm
③ 나사의 피치 2mm　　④ 나사의 줄 수 2줄

57 인서트의 크기는 절삭이 가능한 범위 내에서 최소의 크기로 하는데 최대 절삭깊이는 인선길이의 얼마 정도로 유지하는 것이 좋은가?

① 1/2　　② 1/3　　③ 1/4　　④ 1/5

58 다음 중 CNC 선반에서 증분지령(Incremental)으로만 프로그래밍한 것은?

① G01 X20. Z-20. ;　　② G01 U20. W-20. ;
③ G01 X20. W-20. ;　　④ G01 U20. Z-20. ;

59 CNC 공작기계 작동 중 이상이 생겼을 때 취할 행동과 거리가 먼 것은?

① 프로그램에 문제가 없는가 점검한다.
② 비상정지 버튼을 누른다.
③ 주변상태(온도, 습도, 먼지, 노이즈)를 점검한다.
④ 일단 파라미터를 지운다.

60 CNC 선반의 준비기능은 한 번 지령 후 계속 유효한 기능과 1회 유효한 기능으로 나누어진다. 다음 중 계속 유효한 모달(Modal) G코드는?

① G01　　② G04　　③ G28　　④ G30

55 ②　56 ②　57 ①　58 ②　59 ④　60 ①

SECTION 05 | 컴퓨터응용선반기능사

[제1과목] 기계재료 및 요소

01 60% Cu에 40% Zn을 첨가한 것으로 주로 열교환기, 파이프, 대포의 탄피에 쓰이는 황동 합금은?

① 톰백
② 네이버 황동
③ 애드미럴티 황동
④ 문츠 메탈

 ① 문츠 메탈 : 60% Cu-40% Zn 합금으로 상온조직이 $\alpha+\beta$상이고 탈아연부식을 일으키기 쉬우나 강도를 요하는 볼트, 너트, 열간 단조품 등에 사용
② 켈밋 : Cu+Pb 합금으로 고속 고하중 베어링에 사용
③ 톰백(Tombac) : 5~20%의 저아연합금으로 전연성이 좋고 색이 금에 가까운 모조금박으로 금대용으로 사용
④ 하이드로날륨 : Al-Mg계로 대표적인 내식성 합금

02 청동은 주석의 함유량이 몇 % 정도일 때 연신율이 최대가 되는가?

① 4~5%
② 11~15%
③ 16~19%
④ 20~22%

 청동(Bronze, 구리와 주석합금)
넓은 의미에서 황동 이외의 구리합금을 모두 청동이라고 하지만 좁은 의미에선 Cu-Sn합금을 말한다. Sn이 증가할수록 전기전도율과 비중이 감소된다. Sn 17~20%에서 최대 인장강도 값을 가지며 연율은 Sn 4%에서 최대치가 된다. 부식률은 실용금속 중 가장 낮다.

03 용융온도가 3,400℃ 정도로 높은 고용융점 금속으로 전구의 필라멘트 등에 쓰이는 금속재료는?

① 납
② 금
③ 텅스텐
④ 망간

 백금 : 1,769℃, 철 : 1,538℃, 텅스텐 : 3,410℃

04 금속에 있어서 대표적인 결정격자와 관계없는 것은?

① 체심입방격자
② 면심입방격자
③ 조밀입방격자
④ 조밀육방격자

 • 체심입방격자(BCC) : Cr, W, Mo, V, Li, Na, Ta, K, α-Fe, δ-Fe
• 면심입방격자(FCC) : Al, Ag, Au, Cu, Ni, Pb, Ca, Co, γ-Fe
• 조밀육방격자(HCP) : Mg, Zn, Cd, Ti, Be, Zr, Ce

1 ④ 2 ① 3 ③ 4 ③

05 구상흑연 주철에 영향을 미치는 주요 원소로 조합된 것으로 가장 적합한 것은?

① C, Mn, Al, S, Pb
② C, Si, N, P, Cu
③ C, Si, Cr, P, Zn
④ C, Si, Mn, P, S

- 주철은 보통 주방 상태에서 흑연이 편상으로 된다. 그러나 특수한 처리(특수원소첨가, 열처리)를 하면 흑연이 구상으로 되는데 이것을 구상흑연 주철이라 한다.
- 인장강도는 주조상태가 50~70(N/mm²), 풀림상태가 45~55(N/mm²)이다.
- 구상흑연 주철은 조직에 따라 페라이트형, 펄라이트형, 시멘타이트형으로 분류된다. 페라이트형은 그 모양이 마치 황소의 눈과 같다고 하여 소눈 조직(Bull's Eye Structure)이라고 한다.
- 주철을 구상화하기 위하여 Mg, Ca, Ce 등을 첨가하여, 구상화 촉진원소 Cu>Al>Sn>Zr>B>Sb>Pb>Bi>Te이다.

06 재료를 상온에서 다른 형상으로 변형시킨 후 원래 모양으로 회복되는 온도로 가열하면 원래 모양으로 돌아오는 것은?

① 제진 합금
② 형상기억 합금
③ 비정질 합금
④ 초전도 합금

형상기억 합금
재료를 상온에서 다른 형상으로 변형시킨 후 원래의 모양으로 회복되는 온도로 가열하면 원래 모양으로 돌아오는 합금

07 탄소강에 인(P)이 주는 영향이 아닌 것은?

① 연신율 증가
② 충격치 감소
③ 강도 및 경도 증가
④ 가공시 균열

인은 경도 및 강도가 증가하나 연율이 감소하며 상온 취성의 원인이 된다.
- 청열취성 : 강은 온도가 높아지면 전연성이 커지나, 200~300℃에서는 강도는 크지만, 연신율은 대단히 작아져서 결국 메짐성을 증가한다. 이때의 강은 청색의 산화피막을 형성하는데, 이것을 청열취성(메짐성)이라고 한다.
- 적열취성 : 강이 900℃ 이상에서 황이나 산소가 철과 화합하여 산화철이나 황화철을 만든다. 황(S)이 많은 강은 고온에 있어서 여린 성질을 나타내는데 이것을 적열취성이라고 한다.
- 상온취성 : 인(P)은 강의 결정 입자를 조대화시켜서 강을 여리게 만들며, 특히 상온 또는 그 이하의 저온에 있어서는 특별히 현저해 진다. 인(P)은 상온 메짐성 또는 냉간 메짐성의 원인이 된다.

08 3,140N·mm의 비틀림 모멘트를 받는 실제 축의 지름은 약 몇 mm가?(단, 허용전단응력 Ta =2N·/mm²이다.)

① 10mm
② 12.5mm
③ 16.7mm
④ 20mm

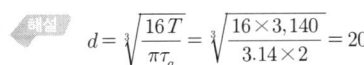

$$d = \sqrt[3]{\frac{16T}{\pi\tau_a}} = \sqrt[3]{\frac{16 \times 3,140}{3.14 \times 2}} = 20$$

5 ④ 6 ② 7 ① 8 ④

09 수나사 중심선의 편심을 방지하는 목적으로 사용되는 너트는?

① 플레이트 너트   ② 슬리브 너트
③ 나비 너트   ④ 플랜지 너트

10 안전율(S) 크기의 개념에 대한 가장 적합한 표현은?

① S > 1   ② S < 1   ③ S ≥ 1   ④ S ≤ 1

11 원뿔 베어링이라고도 하며 축 방향 및 축과 직각 방향의 하중을 동시에 받는 베어링은?

① 레이디얼 베어링   ② 테이퍼 베어링
③ 스러스트 베어링   ④ 슬라이딩 베어링

 ① 레이디얼 베어링(Radial Bearing) : 레이디얼 하중, 즉 축에 직각 방향의 하중을 지지할 때 사용. 미끄럼 베어링에선 저널 베어링이라고도 한다.
② 테이퍼 베어링(Taper Bearing) : 레이디얼 하중과 스러스트 하중이 동시에 작용하는 하중을 지지
③ 스러스트 베어링(Thrust Bearing) : 스러스트 하중, 즉 축단이나 축의 중간에 단을 만들어 축방향의 하중을 받을 때 사용. 피벗 베어링, 칼라 스러스트 베어링

12 모듈이 2이고 잇수가 각각 36, 74개인 두 기어가 맞물려 있을 때 축간 거리는 몇 mm인가?

① 100mm   ② 110mm   ③ 120mm   ④ 130mm

 중심거리(C) = $\frac{1}{2}M(Z_1 + Z_2) = \frac{1}{2}2(36+74) = 110$

13 캠이나 유압장치를 사용하는 브레이크로서 브레이크 슈(Shoe)를 바깥쪽으로 확장하여 밀어 붙이는 것은?

① 드럼 브레이크   ② 원판 브레이크
③ 원추 브레이크   ④ 밴드 브레이크

 ① 드럼 브레이크 : 브레이크슈를 바깥쪽으로 확장하여 밀어 붙이는 데 사용되며 캠이나 유압장치에 사용된다.
② 원판 브레이크 : 축과 동시에 회전하는 원판을 브레이크 패드로 눌러 접촉면 사이의 마찰력에 의하여 제동하는 브레이크로 승용차에 사용된다.
③ 원추 브레이크 : 원추 클러치와 같은 구조로 레버에 가한 조작력에 의해 축 방향에 힘이 생겨 원추면에 작용하는 마찰력에 의해 제동 작용을 한다.
④ 밴드 브레이크 : 브레이크 드럼의 둘레에 강철 밴드를 감아 놓고 레버로 밴드를 잡아당겼을 때 생기는 접촉면 사이의 마찰력에 의하여 제동하는 장치이다.

14 유체가 나사의 접촉면 사이의 틈새나 볼트의 구멍으로 흘러나오는 것을 방지할 필요가 있을 때 사용하는 너트는?

① 캡 너트　　② 홈붙이 너트　　③ 플랜지 너트　　④ 슬리브 너트

> 해설
> - 캡너트 : 유체의 누설을 막는 곳에 사용
> - 사각너트 : 주로 목재에 사용
> - 플랜지 너트 : 구멍이 클 때나 접촉면이 거친 곳에 사용

15 키의 너비만큼 축을 평행하게 가공하고, 안장키보다 약간 큰 토크 전달이 가능하게 제작된 키는?

① 접선 키　　② 평 키　　③ 원뿔 키　　④ 둥근 키

> 해설 하중의 크기순서
> 세레이션 > 스플라인 > 접선 키 > 묻힘(성크)키 > 평 키 > 새들(안장)키 > 둥근 키

[제2과목] 기계제도(절삭부분)

16 기계제도에서 가는 2점 쇄선을 사용하여 도면에 표시하는 경우인 것은?

① 대상물의 일부를 파단한 경계를 표시할 경우
② 인접하는 부분이나 공구, 지그 등의 위치를 참고로 표시할 경우
③ 특수한 가공부분 등 특별한 요구사항을 적용할 범위로 표시할 경우
④ 회전도시 단면도를 절단한 곳의 전·후를 파단하여 그 사이에 그릴 경우

> 해설 가상선의 용도
> - 인접부분을 참고로 표시
> - 공구, 지그의 위치를 참고로 표시
> - 가동부분을 이동 중의 특정한 위치 또는 이동 한계의 위치를 표시
> - 가공 전 또는 가공 후의 형상을 표시
> - 되풀이하는 것을 표시
> - 도시된 단면의 앞쪽에 있는 부분을 표시

17 절단면을 사용하여 대상물을 절단하였다고 가정하고 절단면의 앞부분을 제거하고 그리는 도형은?

① 단면도　　② 입체도　　③ 전개도　　④ 투시도

> 해설
> ① 단면도 : 절단면을 사용하여 대상물을 절단하였다 가정하고 절단면의 앞부분을 제거하여 그리는 도형
> ② 입체도 : 실제 물체의 형상을 그린 도형
> ③ 전개도 : 입체도형의 표면을 적당하게 잘라서 평면 위에 펼쳐 놓은 도형
> ④ 투시도 : 물체를 눈에 보이는 형상 그대로 그린 도형

　14 ①　15 ②　16 ②　17 ①

18 도면에서 도시된 키에 대한 "KS B 1311 Tg 20×12×70"으로 지시된 경우 이에 대한 설명으로 올바른 것은?

① 나사용 구멍 없는 평형키이다.
② 키의 길이가 20mm이다.
③ 키의 높이가 12mm이다.
④ 둥근 바닥 형상을 가지고 있다.

19 기계제도에서 스프링 도시에 관한 설명으로 틀린 것은?

① 코일 스프링, 벌류트 스프링, 스파이럴 스프링 등은 일반적으로 무하중 상태에서 그린다.
② 스프링의 종류 및 모양만을 간략도로 나타내는 경우에는 스프링 재료의 중심선만을 굵은 1점 쇄선으로 나타낸다.
③ 요목표에 단서가 없는 코일 스프링 및 벌류트 스프링은 모두 오른쪽으로 감긴 것을 나타낸다.
④ 겹판 스프링을 도시할 때는 스프링 판이 수평인 상태에서 그린다.

 ② 중심은 가는 1점 쇄선이다.

20 구름 베어링의 기호가 7206 C DB P5로 표시되어 있다. 이 중 정밀도 등급을 나타내는 것은?

① 72　　　　　　　　　② 06
③ DB　　　　　　　　　④ P5

㉠ 첫 번째 숫자 : 형식번호
　• 1 : 복열 자동 조심형
　• 2, 3 : 복열 자동 조심형(큰 너비)
　• 6 : 단열 홈형
　• 7 : 단열 앵귤러 접속형
㉡ 두 번째 숫자 : 치수기호
　• 0, 1 : 특별 경하중형　• 2 : 경하중형
　• 3 : 중간하중형　　　　• 4 : 고하중형
㉢ 세 번째, 네 번째 숫자 : 안지름번호
　• 00 : 안지름 10mm　• 01 : 안지름 12mm
　• 03 : 안지름 15mm　• 04 : 안지름 17mm
　안지름이 20mm 이상 500 미만은 안지름을 5로 나눈 수가 안지름 번호(두 자리)이다.
㉣ 다섯 번째 이후 숫자 : 등급기호
　• 무기호 : 보통급　　• H : 상급
　• P : 정밀급　　　　• SP : 초정밀급

21 그림과 같은 도면에서 'K'의 치수 크기는 얼마인가?

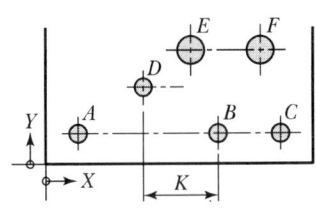

	X	Y	ϕ
A	20	20	13.5
B	140	20	13.5
C	200	20	13.5
D	60	60	13.5
E	100	90	26
F	180	90	26

① 50   ② 60   ③ 70   ④ 80

해설 X축으로 B지점(또는 좌표값)은 140, D지점은 60이므로 140−60=80

22 3각법으로 그린 (보기)와 같은 투상도의 입체도로 가장 적합한 것은?

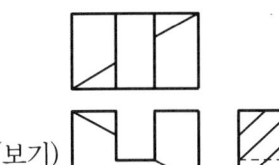

 ①    ②    ③   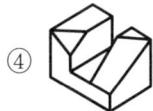 ④

23 기하 공차 중 데이텀이 적용되지 않는 것은?

① 평행도   ② 평면도   ③ 동심도   ④ 직각도

24 다음 중 가공 방법의 기호를 옳게 나타낸 것은?

① 보링가공 : BR   ② 줄 다듬질 : FL
③ 호닝가공 : GBL   ④ 밀링가공 : M

해설

가공 방법	약호	
	I	II
선반가공	L	선반
드릴가공	D	드릴
보링머신가공	B	보링
밀링가공	M	밀링
연삭가공	G	연삭

21 ④ 22 ① 23 ② 24 ④

25 "φ60 H7"에서 각각의 항목에 대한 설명으로 틀린 것은?

① φ : 지름 치수를 의미
② 60 : 기준 치수
③ H : 축의 공차역의 위치
④ 7 : IT 공차 등급

26 다음 중 절삭 공구용 재료가 가져야 할 기계적 성질 중 맞는 것을 모두 고르면?

| ㉠ 고온 경도(Hot Hardness) | ㉡ 취성(Brittleness) |
| ㉢ 내마멸성(Resistance to Wear) | ㉣ 강인성(Toughness) |

① ㉠, ㉡, ㉢
② ㉠, ㉡, ㉣
③ ㉠, ㉢, ㉣
④ ㉡, ㉢, ㉣

 절삭 공구 재료의 구비조건
- 피절삭제보다는 경도와 인성이 클 것
- 고온에서 경도가 감소되지 않을 것
- 내마모성이 클 것
- 절삭저항을 받으므로 강도가 클 것
- 형상을 만들기 용이하고 가격이 쌀 것

27 밀링머신을 이용한 가공에서 상향절삭의 특징이 아닌 것은?

① 백 래시가 발생하므로 이를 제거해야 한다.
② 기계의 강성이 낮아도 무방하다.
③ 절삭이 상향으로 작용하여 공작물의 고정에 불리하다.
④ 공구 수명이 하향절삭에 비해 짧은 편이다.

 상향절삭
- 칩이 날을 방해하지 않는다.
- 밀링 커터의 진행 방향과 테이블의 이송 방향이 반대이므로 이송기구의 백 래시를 제거해야 한다.
- 기계에 무리를 주지 않는다.(절삭동력이 적게 소비된다.)
- 일반적인 가공에 유리하고 치수정밀도의 변화가 적다.
- 절삭날에는 가공 시작부터 끝까지 절삭 저항이 점차 증가하므로 절삭날에 작용하는 충격이 적다.

28 다음 중 연삭 가공의 일반적인 특징이 아닌 것은?

① 경화된 강을 연삭할 수 있다.
② 연삭점의 온도가 낮다.
③ 가공 표면이 매우 매끈하다.
④ 연삭 압력 및 저항이 적다.

25 ③ 26 ③ 27 ① 28 ②

29 다음 중 게이지 블록과 함께 사용하여 삼각함수 계산식을 이용하여 각도를 구하는 것은?

① 수준기
② 사이바
③ 요한슨식 각도게이지
④ 콤비네이션 세트

30 다음 중 일반적으로 절삭유제에서 요구되는 조건으로 거리가 먼 것은?

① 유막의 내압력이 높을 것
② 냉각성이 우수할 것
③ 가격이 저렴할 것
④ 마찰계수가 높을 것

[제3과목] 기계공작법

31 다음 중 연삭숫돌의 구성 요소가 아닌 것은?

① 숫돌 입자 ② 결합제 ③ 기공 ④ 드레싱

 연삭숫돌의 3요소는 숫돌 입자, 결합제, 기공이다. 입자는 숫돌재질을, 결합제는 입자를 결합시키는 접착제를, 기공은 숫돌과 숫돌 사이의 구멍을 말한다.

32 다음 중 가공표면이 가장 매끄러운 면을 얻을 수 있는 칩은?

① 경작형 칩
② 유동형 칩
③ 전단형 칩
④ 균열형 칩

- 유동형 칩(Flow Type Chip) : 칩이 공구의 경사면 위를 유동하는 것과 같이 원활하게 연속적으로 흘러 나가는 형태로서 가공 면이 깨끗하다.
- 전단형 칩(Shear Type Chip) : 연한 재질의 공작물을 작은 경사각으로 저속 가공할 때 생긴다.
- 열단형 칩(Tear Type Chip) : 점성이 큰 재질을 작은 경사각의 공구로 절삭할 때 생긴다.
- 균열형 칩(Crack Type Chip) : 주철과 같은 메진(취성) 재료를 저속 가공할 때 생긴다.

33 다음 중 전주 가공의 일반적인 특징이 아닌 것은?

① 가공 정밀도가 높은 편이다.
② 복잡한 형상 또는 중공축 등을 가공할 수 있다.
③ 제품의 크기에 제한을 받는다.
④ 일반적으로 생산시간이 길다.

29 ② 30 ④ 31 ④ 32 ② 33 ③

34 밀링 커터 중 절단 또는 좁은 홈파기에 가장 적합한 것은?

① 총형 커터(Formed Cutter)
② 엔드 밀(End Mill)
③ 메탈 슬리팅 소(Metal Slitting Saw)
④ 정면 밀링 커터(Face Milling Cutter)

해설
- 엔드 밀 : 일반적으로 가공물의 외측 홈부 좁은 평면 등의 가공에 이용됨
- 메탈 슬리팅 소 : 절단과 홈파기용으로 이용됨

35 부품의 길이 측정에 쓰이는 측정기 중 이미 알고 있는 표준치수와 비교하여 실제 치수를 도출하는 방식의 측정기는?

① 버니어 캘리퍼스
② 측장기
③ 마이크로미터
④ 다이얼 테스트 인디케이터

해설 다이얼 테스트 인디케이터는 실제 치수와 표준치수의 차를 측정한다.

36 선반바이트에서 바이트의 옆면 및 앞면과 가공물의 마찰의 줄이기 위한 각의 명칭으로 옳은 것은?

① 경사각
② 여유각
③ 절삭각
④ 설치각

해설 여유각은 공구의 앞면 및 측면과 일감의 마찰을 방지하기 위한 각이다.

37 드릴의 각부 명칭 중 트위스트 드릴 홈 사이에 좁은 단면 부분은?

① 웨브(Web)
② 마진(Margin)
③ 자루(Shank)
④ 탱(Tang)

38 다음 공작기계 중 일반적으로 가공물이 고정된 상태에서 공구가 직선운동만을 하여 절삭하는 공작기계는?

① 호빙 머신
② 보링 머신
③ 드릴링 머신
④ 브로칭 머신

34 ③ 35 ④ 36 ② 37 ① 38 ④

39 선반에서 주축회전수를 1,200rpm, 이송속도 0.25mm/rev으로 절삭하고자 한다. 실제 가공길이가 500mm라면 가공에 소요되는 시간은 얼마인가?

① 1분 20초　② 1분 30초　③ 1분 40초　④ 1분 50초

$T = \dfrac{L}{n\rho} \times i [\min]$　(T : 가공시간, L : 가공길이, i : 가공횟수)

$T = \dfrac{500\text{mm}}{1,200\text{rev/min} \times 0.25\text{mm/rev}} \times 1[\min] = \dfrac{5}{3}[\min]$

$= \dfrac{5}{3}[\min] \times \dfrac{60\text{sec}}{1\min} = 100\text{sec} = 1\min\ 40\text{sec}$

∴ 1분 40초

40 나사 머리의 모양이 접시모양일 때 테이퍼 원통형으로 절삭 가공하는 것은?

① 리밍(Reaming)　　　　② 카운터 보링(Counter Boring)
③ 카운터 싱키(Counter Sinking)　④ 스폿 페이싱(Spot Facing)

- 스폿 페이싱(Spot Facing) : 볼트 또는 너트 등의 구멍과 직각이 되게 머리부가 접촉되는 부분을 깎아서 만드는 작업이다.
- 카운터 싱킹(Counter Sinking) : 접시머리 나사의 머리가 묻히게 하기 위해 원뿔자리를 만드는 작업이다.
- 태핑(Tapping) : 공작물 내부에 암나사 가공, 태핑을 위한 드릴가공은 나사의 외경 - 피치로 한다.
- 보링(Boring) : 뚫린 구멍을 다시 절삭, 구멍을 넓히고 다듬질 하는 것으로 보링바에 바이트를 사용한다.

[제4과목] CNC 공작법 및 안전관리

41 다음 중 선반(Lathe)을 구성하고 있는 주요 구성 부분에 속하지 않는 것은?

① 분할대　② 왕복대　③ 주축대　④ 베드

42 축에 키 홈 작업을 하려고 할 때 가장 적합한 공작기계는?

① 밀링머신　　　　② CNC 선반
③ CNC Wire Cut 방전가공기　④ 플레이너

43 머시닝 센터에서 G00 G43 Z10. H12 ; 블록으로 공구 길이 보정을 하여 공작물을 가공하였더니 도면의 치수보다 Z값이 0.5mm 작았다. 길이 보정 번호 H12의 보정값을 얼마로 수정하여 가공해야 하는가?(단, H12의 기존의 보정값은 100.0이 입력된 상태이다.)

① 99.05　② 99.5　③ 100.05　④ 100.5

39 ③　40 ③　41 ①　42 ①　43 ④

44 프로그램의 구성에서 단어(Word)는 무엇으로 구성되어 있는가?

① 주소+수치(address+data)
② 주소+주소(address+address)
③ 수치+수치(data+data)
④ 수치+EOB(data+end of block)

> 해설 블록을 구성하는 가장 작은 단위가 워드이며, 워드는 어드레스와 데이터의 조합이다.

45 다음 중 범용 밀링 가공 시의 안전 사항으로 틀린 것은?

① 측정기 및 공구는 밀링 머신의 테이블 위에 올려 놓지 않는다.
② 밀링 머신의 윤활 부분에 적당량의 윤활유를 주입한 후 사용한다.
③ 정면 커터로 평면을 가공할 때 칩이 작업자의 반대쪽으로 날아가도록 한다.
④ 밀링 칩은 예리하여 위험하므로 가공 중에 청소용 브러시로 제거하여야 한다.

> 해설
>
> | M03 | 주축 정회전 |
> |---|---|
> | M05 | 주축 정지 |
> | M30 | 프로그램 정지 & Rewind |
> | M08 | 절삭유 시작 |

46 다음 중 범용 선반 작업 시 보안경을 착용하는 목적으로 가장 적합한 것은?

① 가공 중 비산되는 칩으로부터 눈을 보호
② 절삭유의 심한 냄새로부터 눈을 보호
③ 미끄러운 바닥에 넘어지는 것을 방지
④ 가공 중 강한 섬광을 차단하여 눈을 보호

47 CNC 선반 원호보간(G02, G03)에서 '시작점에서 원호 중심까지의 X축'의 입력 사항으로 옳은 것은?

① 어드레스 I와 벡터량
② 어드레스 K와 벡터량
③ 어드레스 I와 어드레스 K
④ 원호 반지름 R과 벡터량

48 CNC 선반의 프로그램 중 절삭유 공급을 하고자 할 때 사용해야 하는 기능은?

① F 기능　　② M 기능　　③ S 기능　　④ T 기능

44 ①　45 ④　46 ①　47 ①　48 ②

49 그림과 같은 바이트가 이동하며 절삭할 때 공구인선반경 보정으로 옳은 준비기능은?

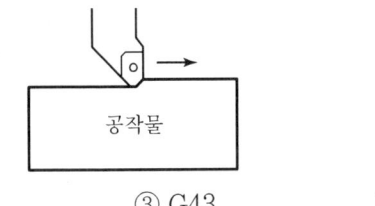

① G41　　② G42　　③ G43　　④ G44

50 다음 프로그램에서 공작물의 직경이 40mm일 때 주축의 회전수는 약 몇 rpm인가?

```
G50 S1300 ;
G96 S130 ;
```

① 828　　　　　　② 130
③ 1035　　　　　　④ 1300

51 다음 중 다듬질 사이클(G70)에 관한 설명으로 잘못된 것은?
① 다듬질 사이클이 완료되면 황삭 사이클과 마찬가지로 초기점으로 복귀하게 된다.
② 다듬질 사이클 지령은 반드시 황삭 가공 바로 다음 블록에 지령해야 한다.
③ 다듬질 사이클을 실행하면 사이클에 지령된 시퀀스(Sequence) 번호를 찾아서 실행한다.
④ 하나의 프로그램 안에 2개 이상의 황삭 사이클을 사용할 때는 시퀀스(Sequence) 번호를 다르게 지령해야 한다.

52 다음 중 머시닝 센터에서 공작물 좌표계를 설정할 때 사용하는 준비 기능은?
① G28　　　　　　② G50
③ G92　　　　　　④ G99

53 CNC 선반에서 나사 가공 시 F는 어떤 값을 지령하는가?
① 나사의 피치　　　② 나사산의 높이
③ 나사의 리드　　　④ 나사절삭 반복횟수

49 ①　50 ③　51 ②　52 ③　53 ③

54 다음 중 CNC 공작 기계에서 위치 결정(G00) 동작을 실행할 경우 가장 주의해야 할 사항은?
① 절삭 칩의 제거
② 충돌에 의한 사고
③ 잔삭이나 미삭의 처리
④ 과절삭에 의한 치수 변화

55 다음 중 CNC 공작기계의 월간 점검사항과 가장 거리가 먼 것은?
① 각 부의 필터(Filter) 점검
② 각 부의 팬(Fan) 점검
③ 백 래시 보정
④ 유량 점검

56 CNC 선반에서 증분값 명령 방식으로만 이루어진 것은?
① G00 U_ W_ ;   ② G00 X_ Z_ ;   ③ G00 X_ W_ ;   ④ G00 U_ Z_ ;

57 다음 중 CAM 시스템에서 정보의 흐름을 단계별로 나타낸 것으로 가장 적합한 것은?
① CL데이터 생성 → 포스트 프로세싱 → 도형 정의 → DNC
② CL데이터 생성 → 도형 정의 → 포스트 프로세싱 → DNC
③ 도형 정의 → 포스트 프로세싱 → CL데이터 생성 → DNC
④ 도형 정의 → CL데이터 생성 → 포스트 프로세싱 → DNC

> **해설** CAM 시스템의 정보처리 흐름의 순서
> 도면 → 모델링(도형 정의, 운동 정의) → 가공 조건 정의 → CL(가공)데이터 작성 → 포스트 프로세싱(CNC 데이터) → 전송 및 CNC 가공
> DNC란 직접수치제어(Direct Numerical Control) 또는 분배수치제어(Distribute Numerical Control)의 약어로서 여러 대의 CNC 공작기계를 하나의 컴퓨터로 제어하는 시스템이다.

58 머시닝 센터의 고정사이클에 관한 설명으로 틀린 것은?

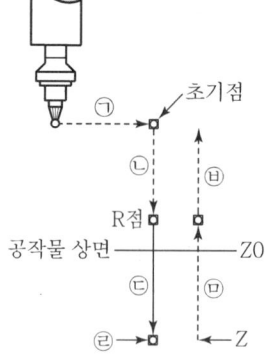

① ㉠은 X, Y축 위치 결정 동작
② ㉡은 R점까지 급속 이송하는 동작
③ ㉢은 구멍을 절삭 가공하는 동작
④ ㉣은 R점까지 급속으로 후퇴하는 동작

54 ② 55 ④ 56 ① 57 ④ 58 ④

59 CNC 공작기계에 이용되고 있는 서버기구의 제어 방식이 아닌 것은?

① 개방회로 방식   ② 반개방회로 방식
③ 폐쇄회로 방식   ④ 반폐쇄회로 방식

 서보기구 종류
- 개방회로 제어방식(Open Loop System)
- 반폐쇄회로 방식(Semi-Closed Loop System)
- 폐쇄회로 방식(Closed Loop System)
- 복합회로 방식(Hybrid Loop System)

60 인서트 팁의 규격 선정법에서 'N'이 나타내는 내용은?

D<u>N</u>MG 150408

① 공차   ② 인서트 형상
③ 여유각   ④ 칩 브레이커 형상

D	인서트 형상	15	절삭날 길이
N	여유각	04	인서트 두께
M	공차	08	날끝 R
G	단면 형상		

59 ②   60 ③

SECTION 06 | 컴퓨터응용선반기능사

[제1과목] 기계재료 및 요소

01 일반 탄소강보다 P, S의 함유량을 많게 하거나 Pb, Se, Zr 등을 첨가하여 제조한 강은?

① 스프링 강 ② 쾌삭강
③ 구조용 탄소강 ④ 탄소 공구강

해설 강의 절삭성을 향상시키기 위하여 인, 납, 황, 망간 등을 첨가한 것을 쾌삭강이라 한다.

02 주철에 대한 설명 중 틀린 것은?

① 취성이 없어 고온에서도 소성변형이 되지 않는다.
② 용융온도가 주강에 비해 낮다.
③ 주조성이 우수하다.
④ 주철 중의 탄소는 흑연과 화합 탄소로 존재한다.

해설 주철의 특징
- 주조성이 우수하고 복잡한 부품의 성형이 가능하다.
- 가격이 저렴하다.
- 잘 녹슬지 않고 칠(도색)이 좋다.
- 마찰저항이 우수하고 절삭가공이 쉽다.
- 압축강도가 인장강도에 비하여 3~4배 정도 좋다.
- 용융점이 낮고 유동성이 좋다.

03 철의 비중으로 맞는 것은?

① 5.5 ② 7.8 ③ 9.5 ④ 11.5

04 순철에 대한 설명 중 틀린 것은?

① 공업용 순철에는 카보닐철, 전해철, 암코철 등이 있다.
② 변압기 철심, 발전기용 박철판 등의 재료로 많이 사용된다.
③ 상온에서 연성 및 전성이 우수하고 용접성이 좋다.
④ 기계적 강도가 높아 기계재료로 많이 사용된다.

1 ② **2** ① **3** ② **4** ④

05 주형에 주조할 때, 경도가 필요한 부분에 칠 메탈(Chill Metal)을 이용하여 그 부분의 경도를 향상시키는 주철은?

① 가단주철
② 구상흑연주철
③ 미하나이트 주철
④ 칠드 주철

 특수 주철의 종류

종류	특징
미하나이트 주철	• 흑연의 형상을 미세 균일하게 하기 위하여 Si, Si-Ca분말을 첨가하여 흑연의 핵 형성을 촉진한다. • 인장강도 35~45kg/mm² • 조직 : 펄라이트+흑연(미세) • 담금질이 가능하다. • 고강도 내마열, 내열성 주철 • 공작 기계 안내면, 내연 기관 실린더 등에 사용
특수 합금주철	• 특수 원소 첨가하여 강도, 내열성, 내마모성 개선 • 내열 주철(크롬 주철) : Austenite 주철로 비자성 니크로실날 • 내산 주철(규소 주철) : 절삭이 안 되므로 연삭가공에 의하여 사용 • 고력 합금주철 : 보통주철+Ni(0.5~2.0)+Cr+Mo의 에시큘러 주철이 있다.
칠드 주철	• 용융 상태에서 금형에 주의하여 접촉면을 백주철로 만든 것 • 각종의 롤러 기차 바퀴에 사용한다. • Si가 적은 용선에 망간을 첨가하여 금형에 주입
구상흑연주철 (노듈러 주철) (덕터일 주철)	• 용융 상태에서 Mg, Ce, Mg-Cu 등을 첨가하여 흑연을 편상에서 구상화로 석출시킨다. • 기계적 성질 인장 강도는 50+70kg/mm²(주조 상태), 풀림 상태에서는 45~55 kg/mm²이다. 연신율은 12~20% 정도로 강과 비슷하다. • 조직은 Cementite형(Mg첨가량이 많고 C, Si가 적고 냉각 속도가 빠를 때), Pearlite형(Cementite와 Ferrite의 중간), Ferrite형(Mg양이 적당, C 및 특히 Si가 많고, 냉각속도 느릴 때)으로 만들어진다. • 성장도 적으며, 산화되기 어렵다 • 가열할 때 발생하는 산화 및 균열 성장이 방지

가단주철	• 백심 가단주철(WMC) 탈탄이 주목적. 산화철을 가하여 950에서 70~100시간 가열
	• 흑심 가단주철(BMC) Fe₃C의 흑연화가 목적
	  -1단계 (850~950 풀림) 유리 Fe₃C 흑연화
	  -2단계 (680~730 풀림) Pearlite 중에 Fe₃C 흑연화
	• 고력 펄라이트 가단주철 (PMC) 흑심 가단주철에 2단계를 생략할 것
	• 가단주철의 탈탄제 : 철광석, 밀 스케일, 헤어 스케일 등의 사화철을 사용

06 초경 절삭공구용 코팅 인서트의 특징이 아닌 것은?

① 내마모성이 우수하다.
② 내크레이터성이 우수하다.
③ 내산화성이 우수하다.
④ 피삭제와 고온반응성이 높다.

5 ④   6 ④

07 황동에 대한 기계적 성질과 물리적 성질을 설명한 것 중 틀린 것은?

① 30% Zn 부근에서 최대의 연신율을 나타낸다.
② 45% Zn에서 인장강도가 최대로 된다.
③ 50% Zn 이상의 황동은 취약하여 구조용재에는 부적합하다.
④ 전도도는 50% Zn에서 최소가 된다.

> **해설** 황동(Cu+Zn 합금)
> • 전기(열)전도도가 Zn 40%까지 감소 그 이상에서는 50%에서 최대이고, 연신율은 Zn 30% 최대이다.
> • 주조성, 가공성, 내식성, 기계적 성질이 좋으며 압연과 단조가 가능하다.
> • 인장강도는 Zn 45% 최대가 되어 그 이상에서는 급감한다. 따라서 Zn 50% 이상의 황동은 취약해진다.

08 코일 스프링의 전체의 평균 지름이 30mm, 소선 지름이 3mm라면 스프링 지수는?

① 0.1 ② 6 ③ 8 ④ 10

> **해설** 스프링 지수 $= \dfrac{\text{스프링의 직경}}{\text{소선의 직경}} = \dfrac{30}{3} = 10$

09 양 끝에 왼 나사 및 오른 나사가 있어서 막대나 로프 등을 조이는 데 사용하는 기계요소는?

① 나비 너트 ② 캡 너트
③ 아이 너트 ④ 턴 버클

10 한 변의 길이가 2cm인 정사각형 단면의 주철제 각봉에 4,000N의 중량을 가진 물체를 올려놓았을 때 생기는 압축응력(N/mm²)은?

① 10N/mm² ② 20N/mm²
③ 30N/mm² ④ 40N/mm²

> **해설** $\sigma(\text{압축응력}) = \dfrac{W(\text{하중})}{A(\text{단면적})} = \dfrac{4,000}{20 \times 20} = 10(\text{N/mm}^2)$

11 기준원 위에서 원판을 굴릴 때 원판 위의 1점이 그리는 궤적으로 나타내는 선은?

① 쌍곡선 ② 포물선
③ 인벌류트 곡선 ④ 사이클로드 곡선

12 축을 설계할 때 고려사항으로 가장 적합하지 않은 것은?

① 변형
② 축간 거리
③ 강도
④ 진동

13 다음은 무엇에 대한 설명인가?

> 2개의 축이 평행하지만 축 선의 위치가 어긋나 있을 때 사용하며, 한 개의 원판 앞뒤에 서로 직각 방향으로 키 모양의 돌기를 만들어 이것을 양 축 사이의 플랜지 사이에 끼워 놓아, 한쪽의 축을 회전시키면 중앙의 원판이 홈에 따라서 미끄러지며 다른 쪽의 축에 회전력을 전달시키는 축 이음 방법이다.

① 셀러 커플링
② 유니버설 커플링
③ 올덤 커플링
④ 마찰 클러치

14 다음 중 다른 벨트에 비하여 탄성과 마찰 계수는 떨어지지만 인장강도가 대단히 크고 벨트수명이 긴 장점을 가지고 있는 것으로 마찰을 크게 하기 위하여 풀리의 표면에 고무, 코르크 등을 붙여 사용하는 것은?

① 가죽 벨트
② 고무 벨트
③ 섬유 벨트
④ 강철 벨트

15 국제 단위계 SI단위를 옳게 표현한 것은?

① 가속도 : km/h
② 체적 : kℓ
③ 응력 : Pa
④ 힘 : N/m²

12 ②　13 ③　14 ④　15 ③

[제2과목] 기계제도(절삭부분)

16 그림과 같은 도면에서 A 부의 치수는?

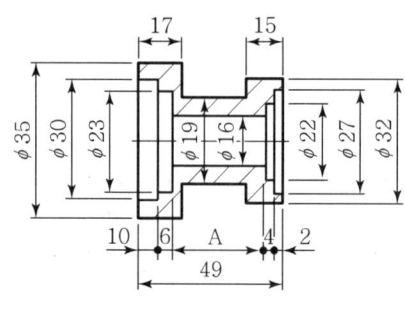

① 27　　② 31　　③ 33　　④ 35

17 스프링의 도시법에서 스프링의 종류 및 모양만을 간략도로 도시하는 경우에 스프링 재료의 중심선의 종류는?

① 가는 1점 쇄선　② 가는 2점 쇄선　③ 가는 실선　④ 굵은 실선

18 그림에서 a는 표면 거칠기의 지시사항 중 어느 것에 해당하는가?

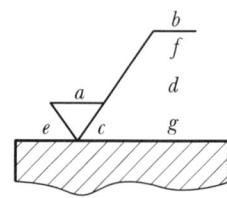

① 가공 방법
② 줄무늬 방향의 기호
③ 표면거칠기의 지시값
④ 표면 파상도

19 기어를 제도할 때 피치원은 어느 선으로 표시하는가?

① 가는 1점 쇄선
② 가는 파선
③ 가는 2점 쇄선
④ 가는 실선

> 해설
> • 굵은 실선 : 외형선
> • 가는 실선 : 치수선, 치수보조선, 지시선, 회전단면선
> • 가는 1점 쇄선 : 중심선, 기준선, 피치선

📝 16 ①　17 ④　18 ③　19 ①

20 기하공차 중 자세공차의 종류로만 짝지어진 것은?

① 진직도 공차, 진원도 공차
② 평행도 공차, 경사도 공차
③ 원통도 공차, 대칭도 공차
④ 윤곽도 공차, 온 흔들림 공차

21 끼워 맞춤에서 ⌀30 H7/p6은 어떤 끼워 맞춤인가?

① 구멍 기준식 헐거운 끼워 맞춤
② 구멍 기준식 억지 끼워 맞춤
③ 축 기준식 헐거운 끼워 맞춤
④ 축 기준식 억지 끼워 맞춤

22 기계제도에서 가는 실선이 사용되지 않는 것은?

① 외형선　　　　② 치수선
③ 지시선　　　　④ 치수 보조선

- 굵은 실선 : 외형선
- 가는 실선 : 치수선, 치수 보조선, 지시선, 회전 단면선
- 파선 : 숨은선

23 그림과 같이 도시된 단면도의 명칭은?

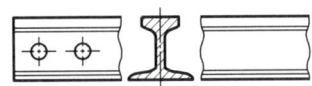

① 회전 도시 단면도　　② 조합에 의한 단면도
③ 부분 단면도　　　　④ 한쪽 단면도

 회전도시 단면도는 핸들이나 바퀴 등의 암, 림, 리브, 훅, 구조물의 부재 등의 절단면은 다음에 따라 90° 회전하여 표시한다.
- 절단할 곳의 전·후를 끊어서 그 사이에 그린다.
- 절단선의 연장선 위에 그린다.
- 도형 내의 절단한 곳에 겹쳐서 가는 실선을 사용하여 그린다.

20 ②　21 ②　22 ①　23 ①

24 그림과 같은 제3각법 정투상도에서 우측면도로 가장 적합한 것은?

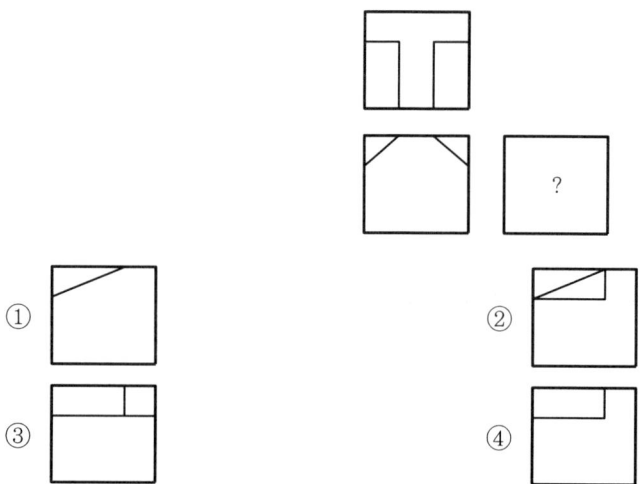

25 테이퍼 및 기울기의 표시방법에 관한 설명으로 틀린 것은?
① 테이퍼는 원칙적으로 중심선에 연하여 기입한다.
② 기울기는 원칙적으로 변에 연하여 기입한다.
③ 테이퍼 또는 기울기의 정도와 방향을 특별히 명확하게 나타낼 필요가 있을 경우에는 별도로 도시한다.
④ 경사면에서 지시선으로 끌어내어 테이퍼 및 기울기를 기입해서는 안 된다.

26 다음 중 절삭공구 재료로 가장 적합하지 않은 것은?
① 탄소공구강　　② 합금공구강
③ 연강　　　　　④ 세라믹

27 지름의 치수를 직접 측정할 수는 없으나 기계부품이 허용 공차 안에 들어 있는지를 검사하는 데 가장 적합한 측정 기기는?
① 한계 게이지　　② 버니어 캘리퍼스
③ 외경 마이크로미터　　④ 사인바

해설　① 한계 게이지 : 최대 허용치수, 최소 허용치수의 한계의 차이

24 ④　25 ④　26 ③　27 ①

28 다음 중 정면 밀링 커터와 엔드 밀을 사용하여 평면 가공, 홈 가공 등을 하는 작업에 가장 적합한 밀링 머신은?

① 공구 밀링 머신
② 특수 미링 머신
③ 모방 밀링 머신
④ 수직 밀링 머신

 수직 밀링 머신(Vertical Milling Machine)
주축헤드가 수직으로 되어 있는 밀링 머신으로 정면 밀링 커터와 엔드 밀 등을 사용하여 평면 가공, 홈가공, T홈 가공, 더브테일 가공 등을 할 수 있으며, 수직 밀링 머신의 주축헤드는 고정형 외에 상하이동형, 수직면 안에 필요한 각도로 경사시킬 수 있는 것 등이 있다.

29 특정한 모양이나 같은 치수의 제품을 대량 생산하는 데 적합하도록 만든 공작기계로서 사용 범위가 한정되어 있고, 다품종 소량의 제품 생산에는 적합하지 않으며 조작이 쉽도록 만든 공작기계는?

① 표준 공작기계
② 만능 공작기계
③ 범용 공작기계
④ 전용 공작기계

 • 전용 공작기계 : 특정한 모양이나 같은 치수의 제품을 대량생산
• 단능 공작기계 : 단순하게 한 가지 가공만 할 수 있는 기계
• 만능 공작기계 : 다양한 가공을 할 수 있도록 고안된 기계

30 다음 중 선반 바이트의 앞면 절삭각(Front Cutting Edge Angle)에 대한 설명으로 옳은 것은?

① 주절인과 바이트의 중심선이 이루는 각
② 부절인과 바이트의 중심선에 직각에서 이루는 각
③ 부절인에서 바이트의 뒤쪽으로 이어지는 면과 수평에서 이루는 각
④ 부절인을 이루는 바이트 앞면의 바이트 수직선과 이루는 각

28 ④ 29 ④ 30 ②

[제3과목] 기계공작법

31 다음 중 자루와 날 부위가 별개로 되어 있는 리머는?

① 조정 리머 ② 팽창 리머
③ 솔리드 리머 ④ 셸 리머

32 선반은 주축대, 심압대, 베드, 이송기구 및 왕복대 등으로 구성되어 있다. 에이프런(Apron)은 어느 부분에 장치되어 있는가?

① 왕복대 ② 이송기구
③ 주축대 ④ 심압대

33 절삭유제에 대한 일반적인 설명으로 틀린 것은?

① 마찰감소, 절삭열 냉각, 가공표면의 거칠기를 향상시킨다.
② 절삭유제에는 수용성과 불수용성 절삭유제 등이 있다.
③ 극압유는 절삭공구가 고온, 고압 상태에서 마찰을 받을 때 사용한다.
④ 올리브유, 면실유, 대두유 등의 식물성 기름은 고속 중 절삭에 적합하다.

34 액체 호닝(Liquid Honing)의 설명 중 잘못된 것은?

① 가공 시간이 짧다.
② 형상이 복잡한 일감에 대해서는 가공이 어렵다.
③ 일감 표면의 산화막이나 도료 등을 제거할 수 있다.
④ 공작물에 피로강도를 향상시킬 수 있다.

 액체 호닝
연마제를 가공액과 혼합하여 압축공기로 재료의 표면에 분사하면 매끈한 다듬질 면을 얻을 수 있는데 이것을 말한다.

35 바깥지름을 연삭하는 원통연삭기 중에서 연삭 숫돌을 숫돌의 반지름 방향으로 이송하면서 공작물을 연삭하는 방식으로 단이 있는 면, 테이퍼 형 등의 연삭에 적합한 형식은?

① 테이블 왕복형 ② 숫돌대 왕복형
③ 플랜지 컷형 ④ 센터리스 연삭형

31 ④ 32 ① 33 ④ 34 ② 35 ③

36 연삭 가공에서 공작물 1회전마다의 이송은 숫돌의 폭 이하로 하여야 한다. 일반적으로 다듬질 연삭 시 이송속도는 대략 몇 m/min 정도로 하여야 하는가?

① 5~10 ② 1~2 ③ 0.2~0.4 ④ 0.01~0.05

37 밀링 머신의 부속장치 중 주축의 회전운동을 직선왕복운동으로 변화시키고, 바이트를 사용하여 가공물의 안지름에 키(Key)홈, 스플라인(Spline), 세레이션(Serration) 등을 가공하는 장치는?

① 슬로팅 장치 ② 밀링 바이스 ③ 래크 절삭 장치 ④ 분할대

> **해설** 슬로팅 장치(Slotting Attachment)
> 수평 밀링 머신이나 만능 밀링 머신의 칼럼에 설치하여 사용한다. 주축 회전운동을 직선 왕복운동으로 변환시켜 슬로터 작업을 할 수 있도록 한 장치이며, 공작물 안지름에 키 홈, 스플라인(Spline), 세레이션(Serrattion) 등을 가공한다. 슬로팅 장치는 주축을 중심으로 좌우 90°씩 선회할 수 있다.

38 밀링 머신에서 홈이나 윤곽을 가공하는데 적합하며 원주면과 단면에 날이 있는 형태의 공구는?

① 엔드 밀 ② 메탈 소 ③ 홈 밀링 커터 ④ 리머

39 나사의 유효지름을 측정하는 가장 정밀한 방법은?

① 삼침법 ② 광학적인 방법
③ 센터 게이지에 의한 방법 ④ 나사마이크로미터에 의한 방법

> **해설** 나사의 유효지름 측정방법에는 나사마이크로미터에 의한 방법, 삼선법에 의한 방법, 공구현미경에 의한 방법 등이 있다.

40 단조품 및 주물품에 볼트 또는 너트를 고정할 때 접촉부가 안정되게 하기 위하여 구멍 주위를 평면으로 깎아 자리를 내는 작업은?

① 스폿 페이싱 ② 태핑
③ 카운터 싱킹 ④ 보링

> **해설**
> - 스폿 페이싱(Spot Facing) : 볼트 또는 너트 등의 구멍과 직각이 되게 머리부가 접촉되는 부분을 깎아서 만드는 작업이다.
> - 카운터 싱킹(Counter Sinking) : 접시머리 나사의 머리가 묻히게 하기 위해 원뿔자리를 만드는 작업이다.
> - 태핑(Tapping) : 공작물 내부에 암나사 가공, 태핑을 위한 드릴가공은 나사의 외경 – 피치로 한다.
> - 보링(Boring) : 뚫린 구멍을 다시 절삭, 구멍을 넓히고 다듬질 하는 것으로 보링바에 바이트를 사용한다.

36 ③ 37 ① 38 ① 39 ① 40 ①

[제4과목] CNC 공작법 및 안전관리

41 크레이터(Crater) 마모를 줄이기 위한 방법이 아닌 것은?
① 절삭공구 경사면 위의 압력을 감소시킨다.
② 절삭공구의 경사각을 작게 한다.
③ 절삭공구 경사면 위의 마찰계수를 감소시킨다.
④ 윤활성이 좋은 냉각제를 사용한다.

42 선반에서 φ45mm의 연강 재료를 노즈 반지름 0.6mm인 초경합금 바이트로 절삭속도 120m/min, 이송을 0.06mm/rev로 하여 다듬질하려고 한다. 이때, 이론적인 표면 거칠기 값은?
① 0.62μm
② 0.68μm
③ 0.75μm
④ 0.81μm

43 다음 머시닝센터 프로그램에서 G98의 의미로 옳은 것은?

G17 G90 G98 G83 Z-25.0 R3.0 Q2.0 F120

① 보조프로그램 호출
② 1회 절입량
③ R점 복귀
④ 초기점 복귀

해설 G98 : 초기점으로 복귀
G99 : R점으로 복귀

44 다음 중 CNC 공작 기계 제어방식의 종류가 아닌 것은?
① 직선 절삭 제어
② 위치 결정 제어
③ 원점 절삭 제어
④ 윤곽 절삭 제어

45 다음 중 나사의 피치가 2mm인 2줄 나사를 가공할 때 나사의 리드값은?
① 2mm
② 4mm
③ 6mm
④ 8mm

41 ② 42 ③ 43 ④ 44 ③ 45 ②

46 다음 CNC 선반 프로그램에서 가공물의 지름이 10mm일 때 주축의 회전수는 몇 rpm인가?

> G50 S2000;
> G96 S120;

① 120 ② 955 ③ 2000 ④ 3820

47 다음 중 CNC 공작기계에서 정보가 흐르는 과정을 가장 올바르게 나열한 것은?

① 도면 → CNC프로그램 → 정보처리 회로 → 기계 본체 → 서보기구 구동 → 가공물
② 도면 → CNC프로그램 → 정보처리 회로 → 서보기구 구동 → 기계 본체 → 가공물
③ 도면 → 정보처리 회로 → CNC프로그램 → 서보기구 구동 → 기계 본체 → 가공물
④ 도면 → CNC프로그램 → 서보기구 구동 → 정보처리 회로 → 기계 본체 → 가공물

> **해설** CAD/CAM의 정보처리순서
> 도면 → 모델링(도형 정의, 운동 정의) → 가공 조건 정의 → CL(가공)데이터 작성 → 포스트 프로세싱 → 전송 및 CNC 가공

48 다음 중 CNC 공작기계의 제어에 사용되는 주소(Address)가 기계의 보조 장치 ON/OFF 제어기능을 의미하는 것은?

① X   ② M
③ P   ④ U

> **해설** F : 이송기능, S : 주축기능, T : 공구기능, M : 보조기능

49 CNC 선반에서 가공 작업 중 바이트에 칩이 감겨 버렸다. 다음 중 칩의 제거 방법으로 가장 올바른 것은?

① 작업 수행 중 손으로 제거한다.
② 작업은 계속하며 칩 제거용 공구로 제거한다.
③ 가공시간 단축을 위하여 작업 완료 후 제거한다.
④ 이송 및 작업을 정지하고, 안전한 영역에서 제거한다.

> **해설** 칩 제거 시에는 반드시 기계 정지 후 갈고리나 칩 제거 기구로 하여야 한다.

46 ③ 47 ② 48 ② 49 ④

50 다음 중 백래시(Backlash) 보정기능의 설명으로 옳은 것은?

① 축의 이동이 한 방향에서 반대 방향으로 이동할 때 발생하는 편차 값을 보정하는 기능
② 볼 스크루의 부분적인 마모현상으로 발생된 피치간의 편차 값을 보정하는 기능
③ 백보링 기능의 편차량을 보정하는 기능
④ 한 방향 위치결정 기능의 편차량을 보정하는 기능

51 1,500rpm으로 회전하는 스핀들에서 3회전의 휴지(Dwell)를 하려고 한다. 다음 중 정지 시간의 프로그램으로 옳은 것은?

① G04 X0.1 ;   ② G04 U0.12 ;   ③ G04 P140 ;   ④ G04 A0.18;

52 다음 중 CNC 프로그램에서 선택적 프로그램(Program) 정지를 나타내는 보조기능은?

① M00   ② M01   ③ M02   ④ M03

53 다음 중 머시닝센터 작업 시에 일시적으로 좌표를 '0(Zero)'로 설정할 때 사용하는 좌표계는?

① 기계 좌표계   ② 극좌표   ③ 상대 좌표계   ④ 잔여 좌표계

54 다음 중 원호 보간에 관한 설명으로 틀린 것은?

① 시계 방향의 원호지령은 G02이다.
② 반시계 방향의 원호지령은 G03이다.
③ 절대 혹은 증분지령 모두 사용할 수 있다.
④ 원호의 크기는 R값으로만 지령해야 한다.

55 머시닝센터의 NC프로그램에서 T02를 기준 공구로 하여 T06 공구를 길이 보정하려고 한다. G43 코드를 이용할 경우 T06 공구의 길이 보정량으로 옳은 것은?

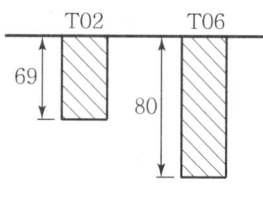

① 11   ② -11   ③ 80   ④ -80

해설 G43을 사용하면 공구길이 보정 +방향이므로 기준공구보다 긴 길이를 +로 보정하면 80-69=11이 된다.

50 ① 51 ② 52 ② 53 ③ 54 ④ 55 ①

56 CNC 선반 프로그램에서 다음과 같은 블록을 올바르게 설명한 것은?

```
G28 U10. W10. ;
```

① 자동 원점 복귀 명령문이다.
② 제2 원점 복귀 명령문이다.
③ 중간점을 경유하지 않고 곧바로 이동한다.
④ G28에서는 X 또는 Z를 사용할 수 없다.

57 CNC 선반의 복합형 고정 사이클 중에서 외경 절삭용 사이클에 해당하는 것은?
① G70   ② G71   ③ G72   ④ G73

58 CAD/CAM용 하드웨어의 구성요소 중 중앙처리장치(CPU)의 구성요소에 해당하는 것은?
① 출력장치   ② 변환장치   ③ 입력장치   ④ 제어장치

 중앙처리장치(CPU) 구성요소
- 연산장치
- 제어장치
- 주기억장치

59 다음 설명에 해당하는 CNC 기능은?

- 일감과 공구의 상대 속도를 지정하는 기능이 있다.
- 분당이송(mm/min)과 회전당이송(mm/rev)이 있다.

① 준비기능(G)   ② 주축기능(S)
③ 이송기능(F)   ④ 보조기능(M)

60 다음 중 밀링작업에서 작업안전에 관한 사항으로 틀린 것은?
① 눈의 높이에서 커터 날 끝의 절삭 상태를 보면서 가공한다.
② 정면커터로 절삭할 때는 칩이 비산하도록 칩 커버를 설치한다.
③ 절삭공구나 공작물을 설치할 때는 전원을 끄거나 완전히 정지시키고 실시한다.
④ 테이블 위에 공구나 측정기를 올려놓지 않는다.

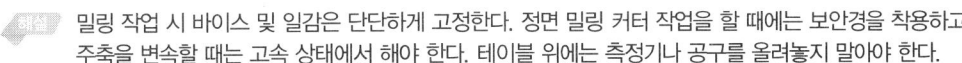 밀링 작업 시 바이스 및 일감은 단단하게 고정한다. 정면 밀링 커터 작업을 할 때에는 보안경을 착용하고, 주축을 변속할 때는 고속 상태에서 해야 한다. 테이블 위에는 측정기나 공구를 올려놓지 말아야 한다.

56 ① 57 ① 58 ④ 59 ③ 60 ①

PART

06

부록

Section 01 | 컴퓨터응용선반기능사 실기 문제
Section 02 | 수험자 유의사항
Section 03 | 나사 가공 절입 깊이
Section 04 | 선반 공구의 형상 및 명칭
Section 05 | CNC 선반의 공구 선정 방법
Section 06 | 공구 손상 및 대책
Section 07 | 공구 수명 판정법
Section 08 | 주요 절삭 공식
Section 09 | 추천 절삭 조건
Section 10 | V-CNC 프로그램 다운로드 및 라이선스 신청 과정

SECTION 01 컴퓨터응용선반기능사 실기 문제

구 분	내 용	비 고
시험 시간	표준시간 : 3시간 30분 - CNC 선반 프로그래밍 : 1시간 - CNC 선반 가공 : 1시간 15분 - 범용 선반 가공 : 1시간 15분	
실기 구성	- 범용 선반 가공에 널링가공 추가 - CNC 선반 가공에 홈가공(척킹 부분) 추가	
재료 지급	- 범용 선반 재료 : 기초 및 모떼기 가공 없이 지급(L : 50mm)	
기 타	- 향후 출제기준에 따라 현재에 여러 작업요소 추가 예정	

과제도면 50 — 컴퓨터응용선반기능사

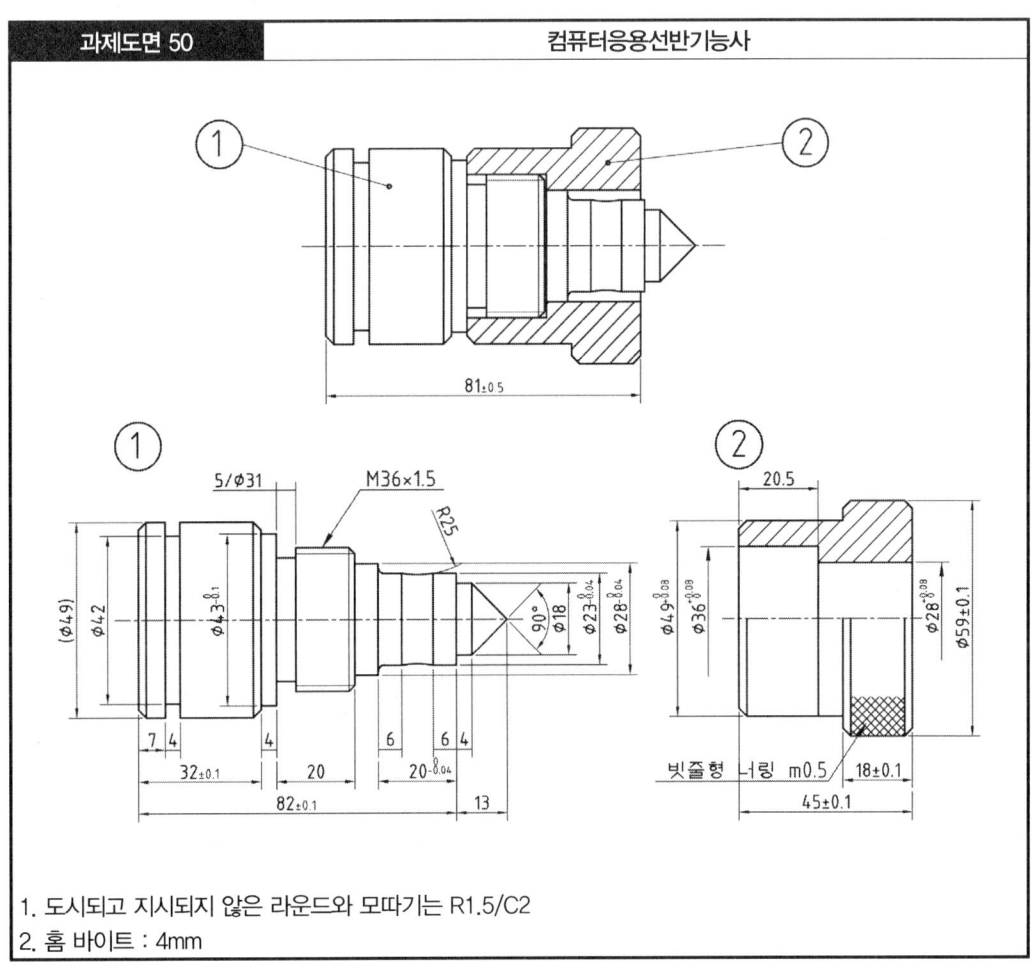

1. 도시되고 지시되지 않은 라운드와 모따기는 R1.5/C2
2. 홈 바이트 : 4mm

SECTION 02 | 수험자 유의사항

> 시험시간 : 3시간 30분, 연장시간 없음
> * CNC선반가공 시간 : 2시간15분(프로그램 1시간, 가공 1시간 15분)
> * 범용선반가공 시간 : 1시간15분

1 요구사항

1.1. 지급된 재료를 이용하여 도면과 같은 부품 ①과 ②를 가공하여 조립한 후 제출하여야 합니다. (①과 ②의 작업순서는 자유이며, 가공 후 제출하여 보관 중인 부품은 조립작업 시 재 지급받아 끼워맞춤 작업에 활용할 수 있습니다.)

1.2. 지급된 도면과 같이 작업할 수 있도록 CNC프로그램 입력장치에서 수동으로 프로그램하여 저장장치에 저장하여 제출하시오.

1.3 주의사항

(1) 지급된 재료는 교환할 수 없습니다.(단, 지급된 재료에 이상이 있다고 감독위원이 판단할 경우 교환이 가능합니다.)
(2) 기계가공 전 복장상태를 확인하고, 안전보호구(안전화, 보안경 등)를 착용하여야 합니다.

1.4 범용선반가공

부품 ②(캡)는 범용선반에서 가공하여야 합니다.

1.5 CNC선반가공

부품 ①(축)은 CNC 선반에서 가공하여야 합니다.
(1) 저장장치에 저장된 프로그램을 CNC 선반에 입력시켜 제품을 가공합니다.
(2) 척에 고정되는 부분($\phi 49$ 등)은 핸들운전(MPG), 반자동, 프로그램에 의한 자동운전 중에서 수험자가 원하는 방법으로 가공할 수 있습니다.
(3) 공구세팅 및 좌표계 설정을 제외하고는 CNC프로그램에 의한 자동운전으로 가공해야 합니다.

❷ 유의사항

2.1 범용 선반가공

(1) 시험시간은 1시간 15분을 초과할 수 없고, 남은 시간을 CNC가공 시간에 사용할 수 없습니다.

2.2 CNC 선반가공

(1) 시험시간은 프로그래밍 1시간, 기계가공시간 1시간 15분을 합하여 2시간 15분이며, 시간이 남을 경우 범용선반 또는 CNC가공시간에 더하여 활용할 수 없습니다.
(2) 작업 완료시 제품은 기계에서 분리하여 제출한 후, 프로그램 및 공구보정값을 반드시 삭제한 후, 다음 수험자가 사용하도록 하여야 한다.
(3) 프로그래밍
　① 시험시간(1시간) 안에 문제도면을 가공하기 위한 CNC프로그램을 작성하고 지급된 저장매체에 저장 후 도면과 같이 제출한다.(PROCESS SHEET 포함)
　② PROCESS SHEET는 프로그래밍을 위한 도구로 사용 여부는 수험자가 결정합니다.
(4) 기계가공
　① 감독위원으로부터 수험자 본인의 저장장치(또는 프로그램)를 받는다.
　② 프로그램을 CNC기계에 입력 후 수험자 본인이 직접 공작물을 장착하고 공작물 좌표계 원점 결정, 공구보정 등을 한다.
　③ 가공 경로를 통해 프로그램의 이상 유무를 감독위원으로부터 확인을 받은 후 가공을 시작한다.(감독위원의 공구 경로 확인 과정은 시험시간에서 제외합니다.)
　④ 가공시 프로그램의 수정은 좌표계 설정 및 절삭조건으로 제한합니다.
　⑤ 고가의 장비이므로 파손의 위험이 없도록 각별히 주의해야 하며, 파손시 수험자가 책임을 집니다.
　⑥ 프로그램이 저장된 저장장치는 작업이 종료된 후, 작품과 동시에 제출합니다.
　⑦ 안전상 가공은 감독위원 입회하에 자동운전을 합니다.
　⑧ 가공작업 중 안전과 관련된 복장상태, 안전보호구(안전화, 보안경 등) 착용 여부 및 사용법, 안전수칙 준수 여부에 대하여 점검하여 채점합니다.

❸ 공통사항

3.1 본인이 지참한 공구와 지정된 시설을 사용하며 안전수칙을 준수해야 합니다.
3.2 각인을 반드시 날인 받아야 하며 날인이 누락된 작품을 제출할 경우에는 채점대상에서 제외합니다.
3.3 문제지를 포함한 모든 제출 자료는 반드시 비번호를 기재한 후 제출합니다.

3.4 다음과 같은 경우에는 채점대상자에서 제외합니다.
   (1) 시험시간 내에 요구사항을 완성하지 못한 경우
   (2) 실격
      ① 프로그램 입력장치를 이용하여 1시간 안에 프로그램을 제출하지 못한 경우
      ② 범용 선반을 이용하여 1시간 15분 안에 작품을 제출하지 못한 경우
      ③ CNC 선반을 이용하여 1시간 15분 안에 작품을 제출하지 못한 경우
   (3) 오작
      ① 주어진 도면과 상이하게 가공되거나 치수가 ±3mm 이상인 부분이 1개소라도 있는 경우
      ② 과다한 절삭깊이로 인하여 작품의 일부분이 파손된 경우
      ③ 라운드, 모떼기, 널링 등 주어진 도면과 형상이 상이하게 가공되거나 누락된 경우
      ④ 분해 조립이 불가능한 작품
   (4) 기타 채점대상에서 제외되는 조건
      ① 제출된 가공 프로그램이 미완성 프로그램으로 가공이 불가능한 경우
      ② 기계조작이 미숙하여 가공이 불가능한 경우나 기계파손 위험 등으로 위해를 일으킬 것으로 판단한 경우
      ③ 검정장에 설치되어 있는 장비에 사용할 수 없는 기능으로 프로그램한 경우
      ④ 공구 및 일감 세팅시 조작 미숙으로 감독위원에게 3회 이상 지적을 받거나 정당한 지시에 불응한 경우
      ⑤ 요구사항이나 수험자 유의사항을 준수하지 않은 경우
      ⑥ 지급된 재료 이외의 재료를 사용한 경우

※ CNC 선반 나사 절삭 데이터

절입 횟수	피치	1회	2회	3회	4회	5회	6회	7회	8회	계	비고
매회 절입 깊이	1.0	0.25	0.20	0.10	0.05					0.60	반경
	1.5	0.35	0.20	0.14	0.10	0.05	0.05			0.89	
	2.0	0.35	0.25	0.19	0.12	0.10	0.08	0.05	0.05	1.19	

SECTION 03 | 나사 가공 절입 깊이

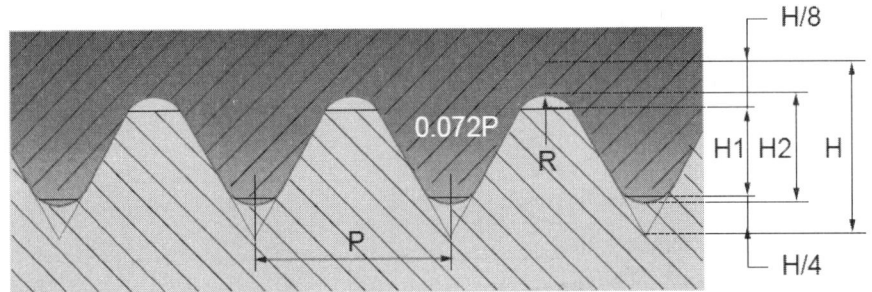

명칭	기호	피치별 나사 절삭 깊이										
피치	P	1	1.25	1.5	1.75	2	2.5	3	3.5	4	4.5	5
절삭 깊이	H2	0.6	0.74	0.89	1.05	1.19	1.49	1.79	2.08	2.38	2.68	2.98
코너 반경	R	0.07	0.09	0.11	0.13	0.14	0.18	0.22	0.25	0.29	0.32	0.36
나사 가공 횟수	1	0.25	0.3	0.3	0.3	0.3	0.3	0.35	0.35	0.35	0.4	0.45
	2	0.2	0.2	0.2	0.25	0.25	0.28	0.3	0.35	0.35	0.35	0.35
	3	0.1	0.11	0.14	0.16	0.2	0.24	0.26	0.3	0.3	0.3	0.32
	4	0.05	0.08	0.12	0.12	0.14	0.2	0.22	0.25	0.26	0.28	0.3
	5		0.05	0.08	0.1	0.11	0.15	0.18	0.2	0.23	0.25	0.25
	6			0.05	0.07	0.08	0.11	0.13	0.15	0.2	0.22	0.25
	7				0.05	0.06	0.09	0.1	0.12	0.17	0.2	0.2
	8					0.05	0.07	0.08	0.1	0.14	0.15	0.17
	9						0.05	0.07	0.08	0.1	0.12	0.15
	10							0.05	0.05	0.1	0.1	0.15
	11								0.05	0.05	0.08	0.08	0.1
	12									0.05	0.05	0.08	0.1
	13										0.05	0.05	0.08
	14											0.05	0

SECTION 04 | 선반 공구의 형상 및 명칭

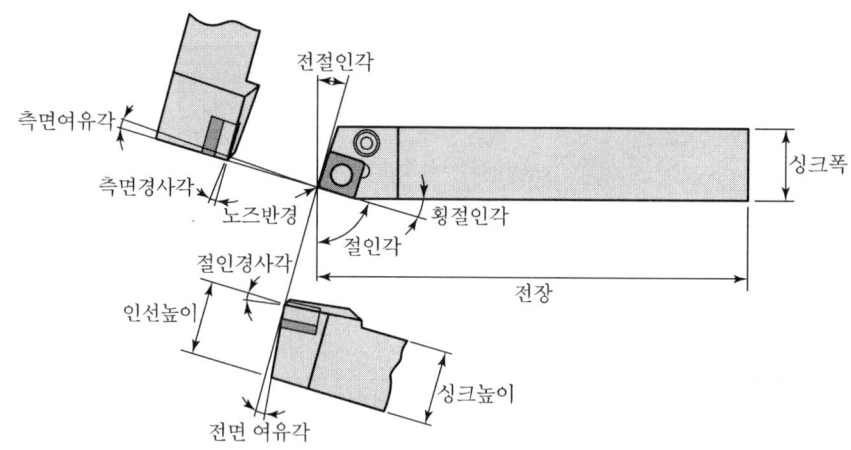

| 인선각도의 역할 |

인선각도	명칭	기능	효과
경사각	측면경사각 절인경사각	절삭저항, 절삭열, 칩배출 공구수명에 영향	• (+)로 하면 절삭성이 우수해짐(절삭저항 감소, 인선강도는 떨어짐) • 피삭성이 우수한 재료나 가는 피삭재 가공시는 (+)로 함 • 흑피ㆍ단속절삭에서 인선강도를 요구할 경우는 작게 또는 (-)로 함
여유각	전면여유각 측면여유각	절삭날 이외의 부분과 절삭면과의 접촉을 제거	작게 하면 인선강도가 강하게 되지만 여유면 마모가 단시간에 커지게 되고 공구수명이 짧아짐
절인각	절인각	칩처리 성능과 절삭력 방향에 영향	크게 하면 칩두께는 두꺼워져 칩처리 성능이 향상
	횡절인각	칩처리 성능과 절삭력 방향에 영향	• 크게 하면 칩두께가 얇아져 칩처리 능력은 나빠지지만 절삭력이 분산되어 인선강도가 향상 • 작게 하면 칩처리 능력이 향상
	전절인각	인선과 절삭면의 마찰을 방지	작게 하면 인선강도가 강하게 되지만 여유면 마모가 단시간에 커지게 되고 공구수명이 짧아짐

1 선삭용 공구 표시법

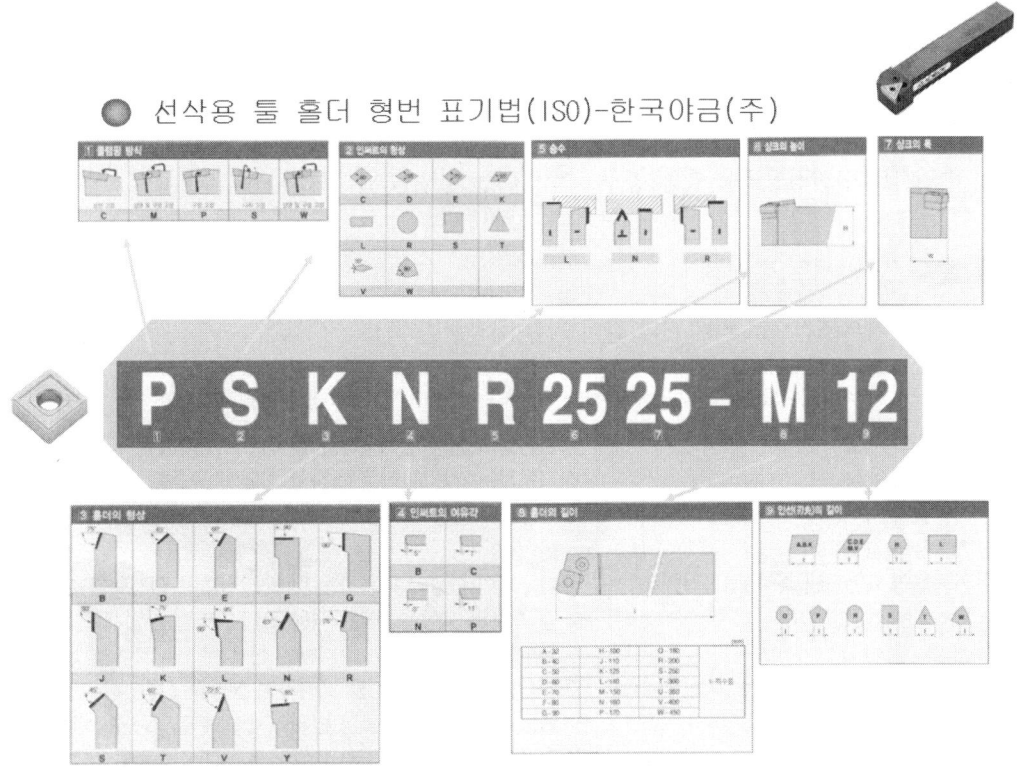

2 바이트의 종류

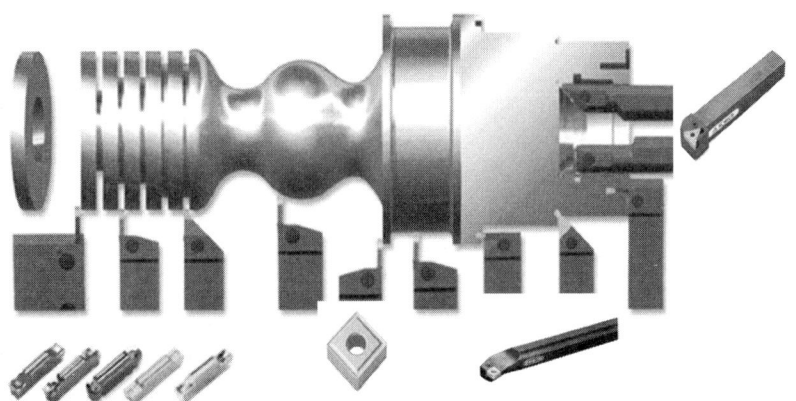

SECTION 05 | CNC 선반의 공구 선정 방법

다양한 툴링시스템의 형상과 범위에서 그 가공조건에 최적인 공구를 선택하는 것은 매우 복잡하고 어려운 일로 생각되지만 여러 절삭상황을 고려하여 공구선정을 단순화시킬 수 있다. 아래 툴 홀더 및 인서트의 선정방법을 통해 공구를 선정하는 방법을 알아보자.

1. 툴 홀더 및 인서트의 선정

아래 A를 기본조건으로 하여 B와 같이 기본선택을 한다.

A : 기본요소	B : 선정방법
• 가공물의 재질 • 가공물의 형상 • 가공물의 치수 • 가공물의 경도 • 가공물의 표면상태(흑피 등) • 요구되는 가공면조도 • 선반의 형식 • 사용하는 선반의 상태(강성, 사용연수 등) • 기계마력 • 가공물의 고정방식	① 가공물의 형상이 허용하는 한 어프로치각이 큰 공구를 선정 ② 사용하는 선반에 적용 가능한 최대의 섕크를 선정 ③ 가공물의 형상이 허용하는 한 인선강도가 높은 인서트 형상을 선정 ④ 가공물의 형상이 허용하는 한 노즈 r이 큰 인서트를 선정 ⑤ 경절삭 및 사상절삭에는 적용 코너수가 많은 인서트를 선정 ⑥ 절삭조건과 절입량이 허용하는 한 작은 인서트를 선정 ⑦ 절삭속도는 절삭조건을 고려하여 신중히 선정 ⑧ 가공조건이 허용가능 한 범위에서 최대 절입량을 선정 ⑨ 가공조건이 허용가능 한 범위에서 최대 이송량을 선정

2. 경사각과 칩의 배출 방향

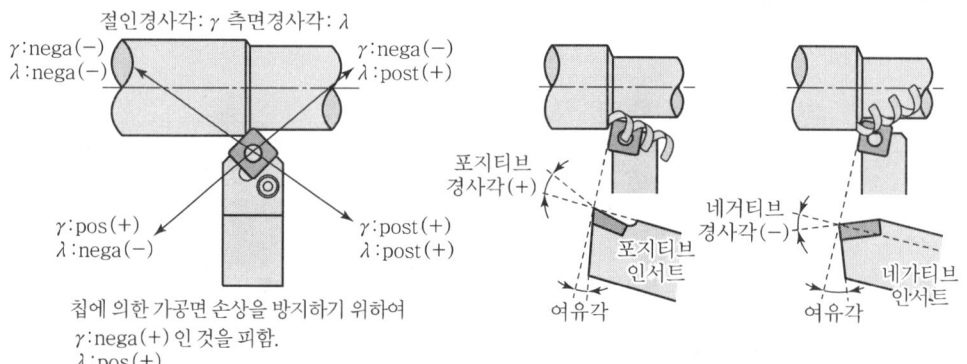

SECTION 06 공구 손상 및 대책

공구 손상 형태	원인	대책
경사면마모 (크레이터마모)	• 공구재종이 너무 연함 • 절삭속도가 너무 빠름 • 이송량이 너무 높음	• 내마모성이 높은 공구재종을 적용 • 절삭속도 하향 • 이송량 하향
결손	• 공구재종이 너무 단단함 • 이송량이 큼 • 절인강도의 부족 • 샹크·홀더의 강성 부족	• 인성이 높은 공구재종을 적용 • 이송량 하향 • 호닝량 확대(R호닝이라면 챔퍼호닝으로 변경) • 샹크사이즈가 큰 것을 적용
소성변형 (절인의 처짐)	• 공구재종이 너무 편함 • 절삭속도가 너무 빠름 • 절입·이송이 너무 높음 • 절인의 온도가 높음	• 내마모성이 높은 공구재종을 적용 • 절삭속도 하향 • 절입·이송을 하향 • 열전도율이 큰 공구재종을 적용
여유면마모 (플랭크마모)	• 피삭재의 경도가 높고 공구경도가 낮은 경우 발생 • 평면상태가 불균일하고 표면경화된 피삭재 가공시 선단부 미세치핑, 마모발생 • 공구재종이 너무 연함 • 절삭속도가 너무 빠름 • 여유각이 너무 작음 • 이송량이 극단적으로 너무 낮음	• 내마모성이 높은 공구재종을 적용 • 절삭속도를 하향 • 여유각을 확대 • 이송량을 상향
열균열 (서멀크랙)	• 절삭열에 의한 팽창과 수축 • 공구재종이 너무 단단함	• 건식절삭을 적용(습식절삭의 경우, 절삭유제는 전체에 충분히 급유) • 인성이 높은 공구재종을 적용
치핑	• 공구재종이 너무 단단함 • 이송량이 큼 • 절인강도의 부족 • 샹크·홀더의 강성 부족	• 인성이 높은 공구재종을 적용 • 이송량 하향 • 호닝량 확대(R호닝이라면 챔퍼호닝으로 변경) • 샹크사이즈가 큰 것을 적용
경계마모	• 흑피부, 질화부 및 가공경화층 등 표면이 단단함 • 톱모양의 칩에 의한 마찰(진동이 발생된다)	• 내마모성이 높은 공구재종을 적용 • 경사각을 크게 하여 절삭성 향상
박리 (플레이킹)	• 절인의 용착·응착 • 칩배출이 나쁨	• 경사각을 크게 하여 절삭성을 개선 • 칩포켓이 큰 것을 적용
파손 (완전손상)	• 마모가 진행되면서 팁의 상당부분이 떨어져나가 절삭이 불가능한 상태 • 팁 전체의 파단	

SECTION 07 공구 수명 판정법

가공재료의 피삭성(被削性)을 조사하거나 공구의 성능을 알기 위하여 공구 수명을 파악하는데, 공구 수명이란 사용 시각으로부터 다시 연삭할 때까지의 시간을 말한다.

공구 수명 판정 방법

(1) 가공면 거칠기가 나빠질 때
(2) 절삭날의 마모가 일정량에 도달했을 때
(3) 공작물 치수의 변화가 일정량에 도달했을 때
(4) 절삭동력의 변화가 증대했을 때
(5) 칩의 색깔 및 형상의 변화와 불꽃이 발생했을 때

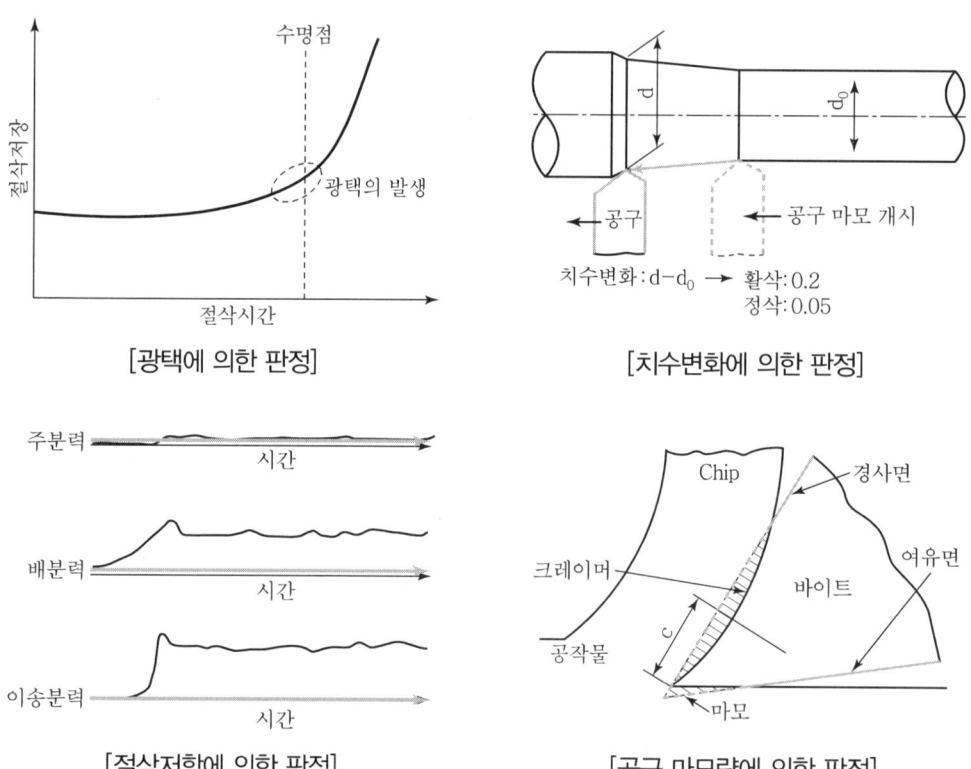

SECTION 08 주요 절삭 공식

절삭속도 $V = \dfrac{\pi DN}{1000}(\text{m/min})$

여기서, V : 절삭속도(m/min)
D : 공작물 외경(mm)
N : 주축 회전수(rpm)
π : 원주율(3.14)

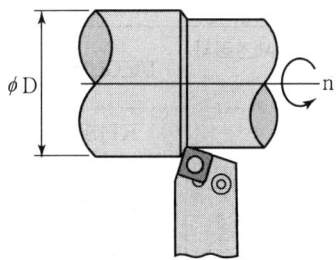

공구이송속도 $f = \dfrac{F}{N}(\text{mm/rev})$

여기서, f : 이송속도(m/min), F : 공작물 외경(mm), N : 주축 회전수(rpm)

소요동력 $W = \dfrac{Ks \times V \times d \times f}{60 \times 102 \times \eta}(kW)$

여기서, Ks : 비절삭저항(kg/mm²), V : 절삭속도(m/min), d : 절삭깊이(mm)
f : 이송(mm/rev), η : 기계효율

$H = \dfrac{W}{0.75}(Hp)$

여기서, W : 소요동력(kW), H : 소요마력(Hp)

가공면 조도(표면 거칠기) $R\max = \dfrac{f^2}{8r} \times 1000\mu$

여기서, $R\max$: 최대 조도높이(u), f : 1회전당 이송(mm/rev), r : 공구인선반경(mm)

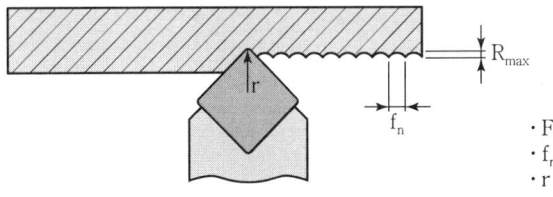

SECTION 09 추천 절삭 조건

1 재종 대비표

재종 \ 제조회사	TAEGUTEC	SANDVIK	TOSHIBA	SUMITOMO	KENNAMETAL
피복초경합금 (COATING)	KT150	GC415 GC425	T821	AC05	AC950
	KT350	GC435	T822	AC10	
	KT200	GC015	T801 T802 T803		AC910
	KT300	GC1025	T553	AC815 AC720	AC250 AC810
		GC135	T530	AC835	AC850
서메트 (CERMET)	CT05		N302	T05A	
	CT10	CT515	N308	T12A	KT150
			N310		
	CT20	CT520	N350	T25A	
	CT30				

주) 상세한 재종은 Insert Tip 제조회사의 홈페이지와 Catalog를 참고하십시오.

2 선삭가공 절삭 조건표

재질	구분	절삭속도 V(m/min)	절삭깊이 D(mm)	이송속도 F(mm/rev)	공구재질
탄 소 강 (인장강도 60kg/mm)	황 삭	150~180	3~5	0.3~0.4	P10~20
	중 삭	160~200	2~3	0.3~0.4	〃
	정 삭	200~220	0.2~0.5	0.08~0.2	P01~10
	나 사	100~120	–	–	P10~20
	홈 가 공	90~110	–	0.05~0.12	〃
	센터드릴	1400~2000rpm	–	0.08~0.15	HSS
	드 릴	25	–	~0.2	HSS
합 금 강 (인장강도 140kg/mm)	황 삭	120~140	3~4	0.3~0.4	P10~20
	정 삭	140~180	0.2~0.5	0.08~0.2	P01~10
	홈 가 공	70~100	–	0.05~0.1	P10~20
주 철	황 삭	130~170	3~5	0.3~0.5	P10~20
	정 삭	150~180	0.2~0.5	0.08~0.2	P01~10
	나 사	90~110	–	–	P10~20
	홈 가 공	80~110	–	0.06~0.15	P10~20
	센터드릴	1400~2000rpm	–	0.08~0.15	HSS
	드 릴	25	–	~0.2	HSS
알루미늄	황 삭	400~1000	2~4	0.2~0.4	K10
	정 삭	700~1600	0.2~0.4	0.08~0.2	〃
	홈 가 공	350~1000	–	0.05~0.15	〃
청 동 황 동	황 삭	150~300	3~5	0.2~0.4	K10
	정 삭	200~500	0.2~0.5	0.08~0.2	〃
	홈 가 공	150~200	–	0.05~0.15	〃
스테인리스 스 틸	황 삭	90~130	2~3	0.2~0.35	P10~20
	정 삭	140~180	0.2~0.5	0.06~0.2	P01~10
	홈 가 공	60~90	–	0.05~0.15	P10~20

주) ① 위 표의 조건은 Coating된 초경 Insert 공구이다.
　② 형상, 각도 및 공구 메이커에 따라 절삭조건이 변경될 수도 있다.

SECTION 10 | V-CNC 프로그램 다운로드 및 라이선스 신청 과정

1 V-CNC 프로그램 다운로드

- (주)큐빅테크의 홈페이지(주소 : www.cubictek.co.kr)에 접속한다.
- 회원 로그인을 진행한다.(등록 회원이 아닌 경우 회원가입을 클릭하여 회원신청을 한다.)

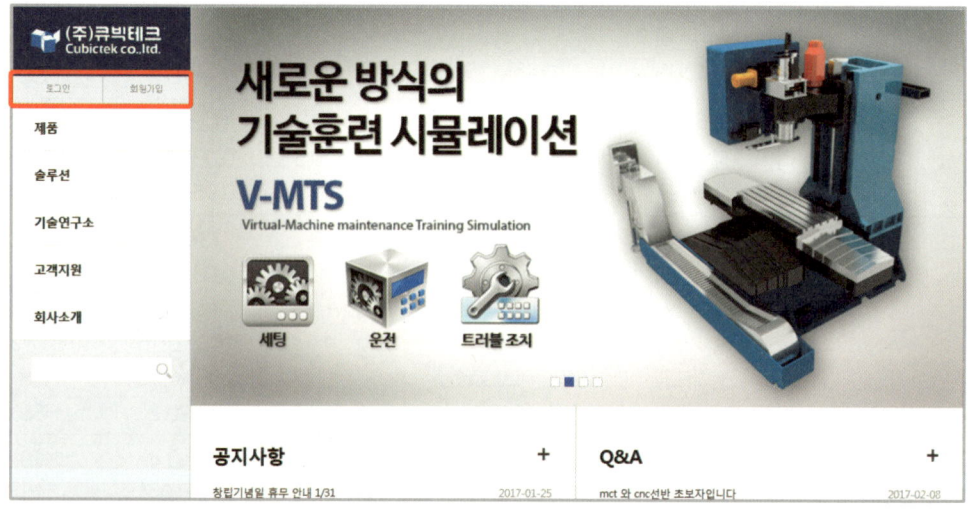

- 홈페이지 로그인 후 고객지원 → 다운로드 메뉴를 클릭한다.

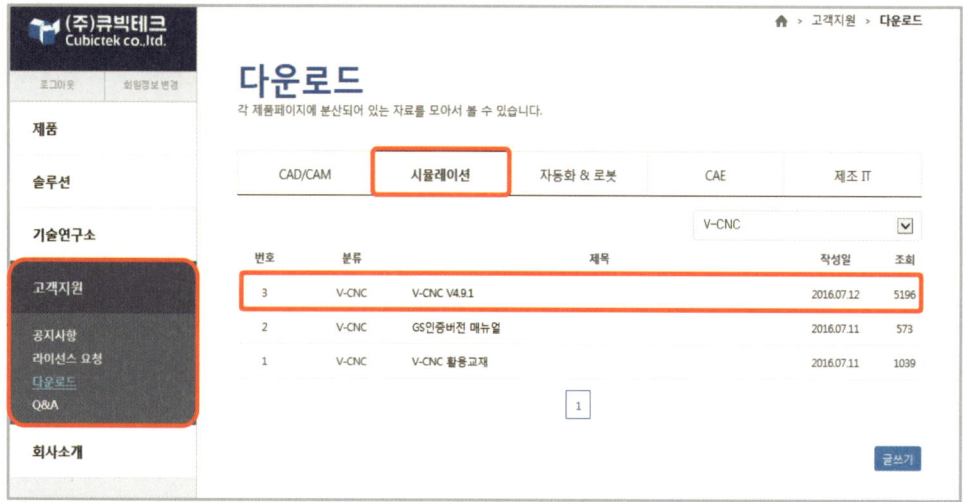

- 시뮬레이션 메뉴를 클릭하면 V-CNC 최신버전 프로그램과 활용교재(PDF)의 다운로드가 가능하며, 프로그램 다운로드 후 압축을 풀어 SETUP.EXE를 실행하고 별다른 입력 없이 설치를 진행하면 된다.

❷ 제품 라이선스 신청

- 제품을 실행하기 위해서는 제품 라이선스가 필요하며 고객지원 → 라이선스 요청을 클릭한 후 공지사항 → 라이선스 신청 방법을 숙지한다.

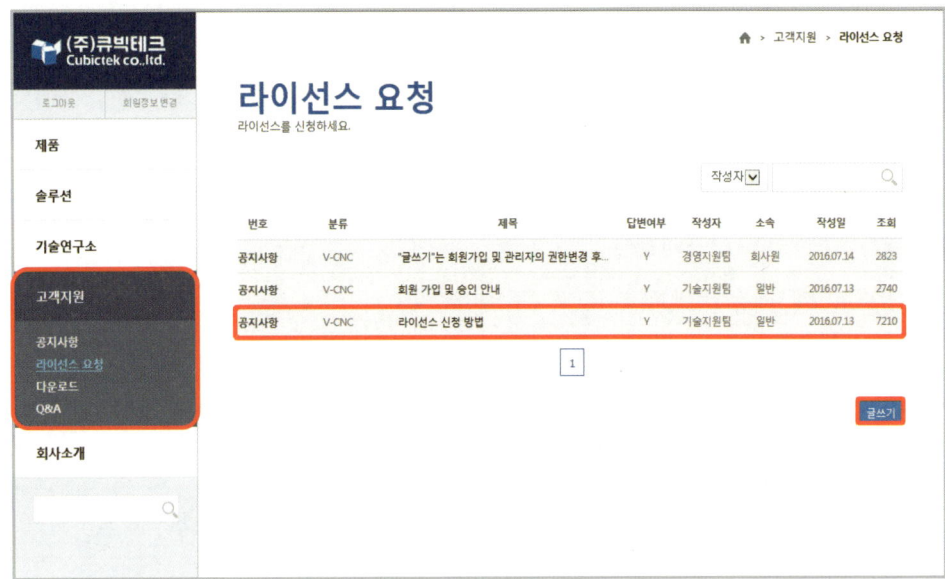

- 제품 라이선스 신청방법에 대한 공지사항을 확인하여 라이선스를 신청한다.

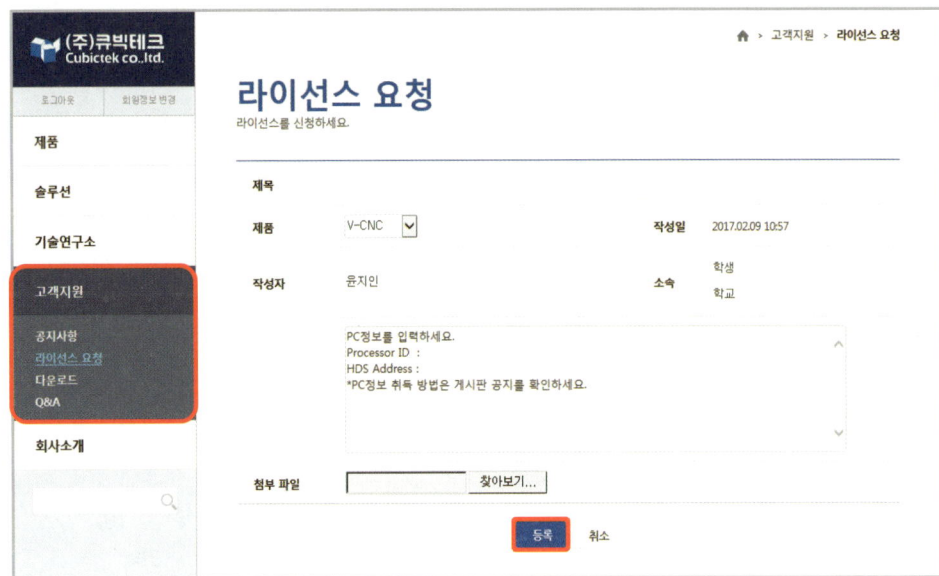

- 답변 글로 3개월간 사용 가능한 제품 라이선스가 발행된다.

참·고·문·헌

- CNC 선반 프로그램과 가공, 배종외, 성안당, 2011
  - 2장 G코드 및 M코드의 지령방법의 문법
- XD씨리즈(18iTB) 프로그램 과정, 한화테크엠(주), 2008
  - 2장 CNC 선반 프로그래밍의 이미지 및 NC 코드
- CNC 프로그램 매뉴얼(PUMA 450), (주)대우
  - 2장 CNC 선반 프로그래밍의 이미지 및 NC 코드
- V-CNC를 활용한 컴퓨터 응용 밀링/선반 가공 기술, (주)큐빅테크, 2013
  - 3장 V-CNC 본문
- Korloy 기술자료, 코오로이, 2013
  - 부록편

Copyright © Cubictek Co.,Ltd. 1996-2018
Homepage www.cubictek.co.kr
Contact Us ts@cubictek.co.kr

GV-CNC Student license가 제공됩니다.
(2020년 2월 1일부터 신청가능)

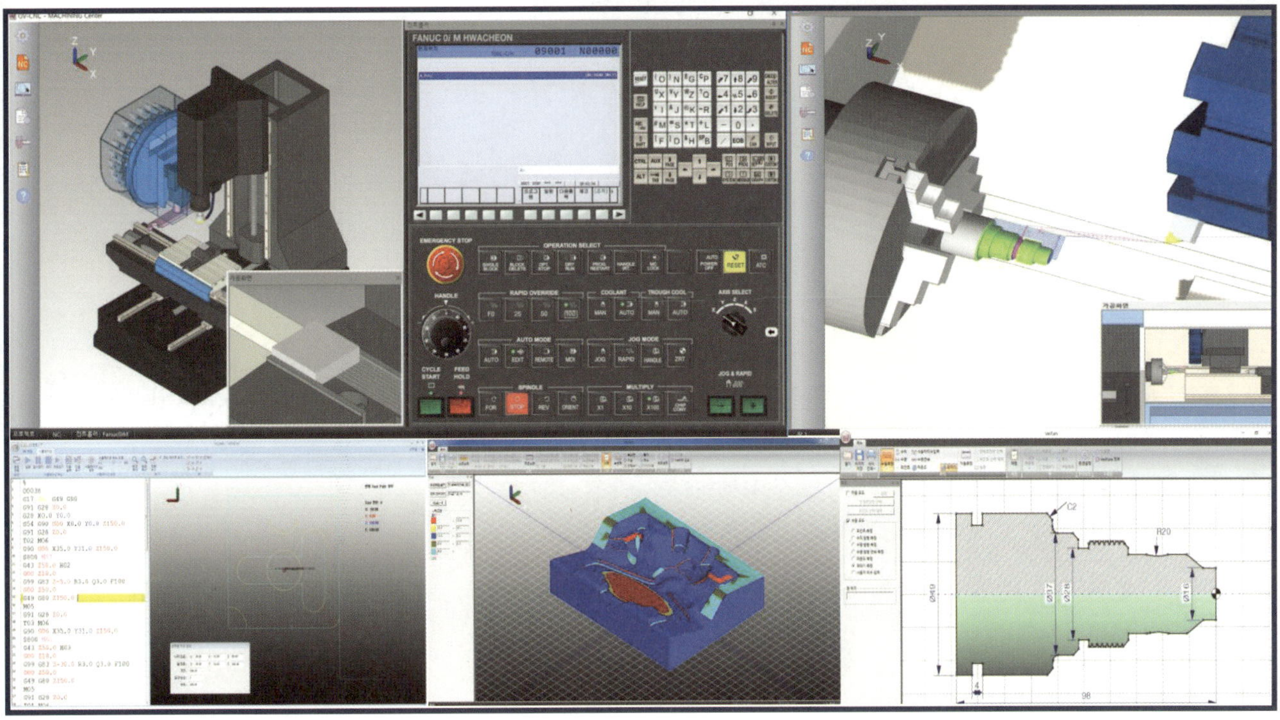

GV-CNC

글로벌 경쟁력을 갖춘 새로운 구성의
CNC 시뮬레이션 소프트웨어입니다.

- NC 프로그램 전용 모듈을 이용한 실시간 프로그램 작성 및 검사
- 현장성 높은 가상 CNC 공작기계
- 공작기계 회사별 컨트롤러 조작판 제공(FANUC, SENTROL)
- 치수검사 및 공구경로, 과미삭검사 기능으로 정확한 결과 검증
- 공작물의 완벽한 치수검사

www.cubictek.co.kr

김 화 정

한국폴리텍대학

[저서]

컴퓨터응용가공 CNC 밀링 실무(2020, 예문사)

컴퓨터응용가공 CNC 선반 실무

발행일 | 2014. 8. 10 초판 발행
2017. 3. 10 개정 1판1쇄
2020. 8. 10 개정 1판2쇄

저 자 | 김화정
발행인 | 정용수
발행처 | 예문사

주 소 | 경기도 파주시 직지길 460(출판도시) 도서출판 예문사
T E L | 031) 955-0550
F A X | 031) 955-0660
등록번호 | 11-76호

- 이 책의 어느 부분도 저작권자나 발행인의 승인 없이 무단 복제하여 이용할 수 없습니다.
- 파본 및 낙장은 구입하신 서점에서 교환하여 드립니다.
- 예문사 홈페이지 http : //www.yeamoonsa.com

정가 : 18,000원

ISBN 978-89-274-2183-2 13550

이 도서의 국립중앙도서관 출판예정도서목록(CIP)은 서지정보유통지원시스템 홈페이지(http://seoji.nl.go.kr)와 국가자료공동목록시스템(http://www.nl.go.kr/kolisnet)에서 이용하실 수 있습니다.
(CIP제어번호 : CIP2017003370)